細胞・生体分子の固定化と機能発現

Immobilization of Cells and Biomolecules for Functional Fabrication

監修：黒田章夫
Supervisor：Akio Kuroda

シーエムシー出版

はじめに

　細胞・生体分子の固定化は，1960年代の固定化酵素の技術開発から始まり，1970年代に入り固定化微生物へと進化した。生体分子の固定化により繰り返し利用できること，また固定化による生体分子の安定化によって非水系でも利用できる等の利点から，これまで多くのバイオリアクターとして工業的に用いられてきた。固定化酵素と固定化微生物の工業利用は，いずれも我が国が世界にさきがけて工業化に成功したことが知られている。これらは，成書「固定化生体触媒，千畑一郎／編，講談社サイエンティフィック」にまとめられている。

　近年では，細胞及び生体分子の機能をさらに効率的に発現させるために，配向性を向上させた固定化技術や非共有結合による固定化によって活性を維持する技術，さらに複数の酵素を組み合わせた固定化技術などが開発され進化を続けている。また，バイオリアクターとしての利用に留まらず，例えばバイオセンサーとして用いるための酵素や抗体の固定化技術も開発されてきた。また，固定化される生物は，微生物から，より取り扱いの難しい動物細胞へと進化しており，医療への応用が考えられている（図1）。

　一方，固定化される担体や材料からみた場合，その表面が修飾されることで新たな機能が付与される。例えば，バイオ分子の特異性を利用した吸着体として機能したり，ハイブリッドな性質を持つ生体融合材料が誕生したりする。また固定化する際に生体分子を蛍光で修飾しておけば，材料の動態を解析するツールとして利用することもできる。固定化される生体分子も機能ペプチドやDNA，さらには膜など多岐に渡り，様々な応用が考えられている（図1）。

　ここで具体的な例をあげて説明してみたい。編者の専門は，無機結合タンパク質／ペプチドの探索と利用である。例えば，シリコン酸化膜に結合するタンパク質を利用することで，シリコン半導体センサー上に目的のタンパク質を容易に配置してバイオセンサーを作り上げることができる。結合タンパク質と目的タンパク質の融合タンパク質として大腸菌内で作る必要があるが，デ

図1　細胞および生体分子の固定化と機能発現

バイスは全く修飾する必要がない。また，配向性よく固定できるため目的タンパク質の活性が高い。本技術はメソポーラシリカを使った固定化酵素としても利用できる（第9章）。また別の例として，アスベスト結合タンパク質を利用することで，アスベストが簡単に検出できる，あるいはアスベストを標識することができる（第29章）。無機結合タンパク質が探索して見つからない場合は，創成することも行う。ランダムペプチドからスクリーニングすることもできるが，編者らは目的の無機結合タンパク質の基になるタンパク質を自然界から選びだし，そこに変異を加えて創成することにした。例えば，氷結合タンパク質は天然の無機結合タンパク質である。それを土台として結合サイトに変異を加えることで新たな無機結合タンパク質を創成することにも成功している。これらを利用して，バイオセンサー，特異的吸着体，バイオリアクターや生体融合材料などへの展開が考えられる。

　本書では，本分野の第一線の研究者により，細胞・生体分子の固定化と機能発現に関して執筆頂いている。第1編では酵素・抗体の固定化，第2編では細胞の固定化，第3編では核酸やペプチドなどの生体物質の固定化を中心に，技術的な進展や固定化した場合の機能発現について執筆頂いている。また本書の特徴として，近年の研究開発により可能になった細胞・生体分子の固定化技術の具体的な操作手順や実験条件，素材，器具の情報を含めて記載頂いている。本書が様々な機関において固定化操作を実際に試す一助となることにより，本分野が益々発展することを期待している。

　　2018年4月

　　　　　　　　　　　　　　　　　　　　　　　　　　　　広島大学
　　　　　　　　　　　　　　　　　　　　　　　　　　　　黒田章夫

執筆者一覧 （執筆順）

黒　田　章　夫　広島大学　大学院先端物質科学研究科　分子生命機能科学専攻　教授

宇　野　重　康　立命館大学　理工学部　電気電子工学科　教授

河　原　翔　梧　立命館大学　理工学研究科　電子システム専攻

藤　本　拓　也　立命館大学　理工学研究科　電子システム専攻

平　川　秀　彦　東京大学　大学院工学系研究科　助教（現在　筑波大学
　　　　　　　　生命環境系　准教授）

松　本　拓　也　神戸大学　大学院科学技術イノベーション研究科　特命助教

田　中　　　勉　神戸大学　大学院工学研究科　応用化学専攻　准教授

高　辻　義　行　九州工業大学　大学院生命体工学研究科　助教

春　山　哲　也　九州工業大学　大学院生命体工学研究科　教授

高　原　茉　莉　北九州工業高等専門学校　生産デザイン工学科　助教

神　谷　典　穂　九州大学　大学院工学研究院　応用化学部門　教授

今　中　洋　行　岡山大学　大学院自然科学研究科　助教

伊　藤　敏　幸　鳥取大学　大学院工学研究科　教授；
　　　　　　　　工学部附属 GSC 研究センター長

李　　　仁　榮　東京農工大学　大学院工学府　生命工学専攻

早　出　広　司　Joint Department of Biomedical Engineering, The University of
　　　　　　　　North Carolina at Chapel Hill & North Carolina State University

松　浦　俊　一　産業技術総合研究所　化学プロセス研究部門　有機物質変換グループ
　　　　　　　　主任研究員

池　田　　　丈　広島大学　大学院先端物質科学研究科　分子生命機能科学専攻　助教

清　田　雄　平　北海道大学　大学院工学研究院　特任助教

山　口　　　浩　東海大学　理学部　化学科　阿蘇教育センター　准教授

宮　崎　真佐也　北海道大学　大学院工学研究院　客員教授；産業技術総合研究所
　　　　　　　　製造技術研究部門　客員研究員

重　藤　　　元　産業技術総合研究所　健康工学研究部門　研究員

舟　橋　久　景　広島大学　大学院先端物質科学研究科　分子生命機能科学専攻
　　　　　　　　准教授

中　村　　　史　産業技術総合研究所　バイオメディカル研究部門　研究グループ長；
　　　　　　　　東京農工大学　大学院工学府　生命工学専攻　客員教授

飯　嶋　益　巳　大阪大学　産業科学研究所　特任准教授（現在　東京農業大学
　　　　　　　　応用生物科学部　食品安全健康学科　准教授）

黒　田　俊　一　大阪大学　産業科学研究所　教授

金　　　美　海　大阪大学　大学院工学研究科　准教授

足 立 収 生　山口大学　農学部　応用微生物学研究室　名誉教授

松 下 一 信　山口大学　創成科学研究科　教授（特命）;
　　　　　　中高温微生物研究センター長

堀　　克 敏　名古屋大学　大学院工学研究科　教授

柿 木 佐知朗　関西大学　化学生命工学部　化学・物質工学科　准教授

山 岡 哲 二　国立循環器病研究センター研究所　生体医工学部　部長

木 野 邦 器　早稲田大学　先進理工学部　応用化学科　教授

古 屋 俊 樹　東京理科大学　理工学部　応用生物科学科　講師

加 納 健 司　京都大学　大学院農学研究科　教授

民 谷 栄 一　大阪大学　大学院工学研究科　教授; 産総研・阪大先端フォトニクス・
　　　　　　バイオセンシングオープンイノベーションラボラトリー　ラボ長

上 野 絹 子　東京農工大学　大学院工学府　生命工学専攻

池 袋 一 典　東京農工大学　大学院工学研究院　教授

蟹 江　　慧　名古屋大学　大学院創薬科学研究科　助教

加 藤 竜 司　名古屋大学　大学院創薬科学研究科　准教授

本 多 裕 之　名古屋大学　予防早期医療創成センター; 大学院工学研究科　教授

小 路 久 敬　東レ・メディカル㈱　医療材事業部門　海外学術担当

飯 塚　　怜　東京大学　大学院薬学系研究科　助教

船 津 高 志　東京大学　大学院薬学系研究科　教授

新 地 浩 之　鹿児島大学　大学院理工学研究科　助教

若 尾 雅 広　鹿児島大学　大学院理工学研究科　助教

隅 田 泰 生　鹿児島大学　大学院理工学研究科　教授

田 口 哲 志　物質・材料研究機構　機能性材料研究拠点　バイオ機能分野
　　　　　　バイオポリマーグループ　グループリーダー

田 畑 美 幸　東京医科医歯科大学　生体材料工学研究所
　　　　　　バイオエレクトロニクス分野　助教

宮 原 裕 二　東京医科医歯科大学　生体材料工学研究所
　　　　　　バイオエレクトロニクス分野　教授

近 藤 敏 啓　お茶の水女子大学　基幹研究院自然科学系　教授

佐 藤　　縁　産業技術総合研究所　省エネルギー研究部門
　　　　　　エネルギー変換・輸送システムグループ　研究グループ長

魚 崎 浩 平　物質・材料研究機構　フェロー; 北海道大学名誉教授

石 田 丈 典　広島大学　大学院先端物質科学研究科　分子生命機能科学専攻　講師

目　　次

I

第5章　セルロース結合性アプタマーを用いた人工セルラーゼの設計

高原茉莉，神谷典穂

第6章　クッションタンパク質を用いたリガンド分子固定化法の開発と利用

今中洋行

第7章　イオン液体溶媒による固定化リパーゼの繰り返し利用システム

伊藤敏幸

【第3編　生体物質の固定化と機能発現】

第20章　プリンタブル電気化学バイオセンサーの開発　　　民谷栄一

第21章　DNA アプタマーの固定化とセンサーへの利用
上野絹子，池袋一典

第29章　アスベスト結合ペプチドによる蛍光標識化とライブセル
　　　　イメージングによる毒性解析への展開　　黒田章夫，石田丈典

第1章　紙ベースの酵素固定化とバイオケミカル　　　センサー

宇野重康[*1]，河原翔梧[*2]，藤本拓也[*3]

1　はじめに

　溶液中あるいは気体中に存在する特定の分子・イオンを検出する技術は，医療・食品・環境など多岐にわたる分野での需要が期待され，産業的な重要性が高いものの一つである。このような技術に基づくセンサーは，センシング部位と測定部位により構成される。センシング部位では，測定対象となる分子・イオンが試薬や感応膜などと反応する。ここでの反応は，測定対象となる分子・イオンに対してのみ選択的に生じることが要求され，センサーの選択性に直結する。一方の測定部位は，このような反応により生じる物理・化学的な変化を読み取る。ここでは，変化をいかに高感度で精度よく読み取るかが要求され，センシング部位と合わせて，検出限界，精度，定量性などを決定する要因となる。

　これらの中で生化学的な技術が介在するのはセンシング部位である。溶液や気体中の分子・イオンを検出するセンサーのセンシング部位には，次の条件が要求される：(a)測定対象物質との化学反応の場となる，(b)測定対象物質との選択的な反応が生じる，(c)単一センシング部位で複数回使用可能な形態あるいは用途である，あるいは(d)低コストで製造可能で単回使用後破棄されても経済性を保つことができる。現在製品化されているものの中で，上記条件(a)，(b)，および(c)を満たすものの一例として，固体素子イオンセンサー，呼気エタノールセンサーなどが挙げられる。また，条件(a)，(b)，および(d)を満たすものとしては，pH試験紙，尿化学分析試験紙，血糖値測定センサーなどがあげられる。このように，繰り返し使用できるセンサーと単回使用後破棄されるセンサーは，それぞれの特徴を生かしつつ市場の中で共存しているのが現状である。

　しかしながら，用途を医療健康分野に限定すると，センシング部位が単回使用後に使い捨てされることが多い。もし仮にセンシング部位での反応が可逆的であり，測定後に検体（検査で用いられる試料）である溶液・気体の洗浄・除去が容易であれば，上記(c)のように単一のセンシング部位を繰り返し使用することが可能であろう。しかしながら，多くの医療用途においてそのような条件は成立しない。なぜならば，検体やその洗浄液・容器などは感染症を媒介する恐れがあり，それと接するセンシング部位は使用後直ちに廃棄されるべきだからである。

＊1　Shigeyasu Uno　立命館大学　理工学部　電気電子工学科　教授

＊2　Shogo Kawahara　立命館大学　理工学研究科　電子システム専攻

＊3　Takuya Fujimoto　立命館大学　理工学研究科　電子システム専攻

このような医療健康分野で用いられる使い捨てセンサーの中でも特に広く用いられているものの一つに，イムノクロマト法に基づく迅速検査キットがある[1]。これは溶液検体をクロマトグラフィペーパーと呼ばれる紙に吸引させ，ペーパー中にあらかじめ含浸させた抗体と測定対象タンパクの特異的結合の有無を可視化するものである。結合の有無は，あらかじめ抗体に付加したマイクロ・ナノスケール粒子により生じる呈色を用いて判定され，試験者の目視により結果判定するため測定部位（装置）を必要としない。このようなセンサーは，B型・C型肝炎ウィルス（HBV，HCV），エイズウィルス（HIV）などの検査[2]，インフルエンザウィルス，ヒト絨毛性ゴナドトロピン（hCG）検出による妊娠検査，黄体形成ホルモン（LH）検出による排卵検査などの各種迅速検査で用いられている[1]。このようにイムノクロマト法に基づく迅速検査は極めて多岐にわたる測定項目に対して有効性が実証されているが，単一センサーあたり単項目での測定しかできない，検出感度が不十分である，目視判定のため定性的であり客観性に乏しい，などの問題点も残されている[1]。

このような問題を解決する一つの方向性は，反応の有無を呈色ではなく電気的変化として測定し検出することであろう。すなわち，ペーパーが吸引した溶液検体での反応を，呈色反応のような定性的手法によってではなく，化学反応を電気的な変化として読み取る電気化学的手法に基づいて定量的に測定することが有効であると考えられる。更にこのようなアプローチは，イムノクロマト迅速検査のみならず，先述した血糖値測定センサーや尿化学分析試験，あるいは各種イオンセンサーなどでも可能であり，将来的に極めて広範囲のセンサーを代替する可能性を持っている。

我々は以上のような視点に立ち，クロマトグラフィペーパーに吸引された溶液中の分子・イオン・タンパク等を測定対象とし，化学反応を電気化学的に測定する手法を用いて，各種バイオケミカルセンサーを研究するに至った。

2 ペーパーバイオケミカルセンサーと酵素固定化

クロマトグラフィペーパーをバイオケミカルセンサーの基板とする技術は，ハーバード大学Whiteside教授のグループから提案されて以来[3]，現在でも非常に活発に学術研究がおこなわれている。このようなペーパーを基板とすることによる利点の一つは，ペーパーが水分を吸引することである。溶液検体は滴下されると直ちにペーパー中に展開するため，センサー上に留まった検体がセンサー外へ漏出することはなく，反応中にセンサーを水平に保つ必要もない。迅速検査のような試験者に高度な手技を期待できない場面では，このような性質が不可欠となる。二つめの利点は，ペーパー上に疎水性領域を作製することで，容易に二次元的な流路を形成できることである。疎水性領域を定義する方法は複数考えうるが，最も簡単な方法では，ワックスプリンターを用いてペーパー上にパターンを印刷し，それを高温アニールすることで行われる[4]。ワックスプリンターのインクは吐出後にペーパー上で固体ワックスとして付着しているが，これを高

温アニール処理することにより，ワックスが溶解してペーパーの厚み方向へ一様に浸透する。このようなアニール処理を経て再び室温へ戻されたセンサーでは，ワックス印刷された部分のみが疎水性となり，印刷されなかった部分はペーパー本来の親水性を保つため，滴下された溶液が吸引される際の流路を形成することが可能となる。三つめの利点は，ペーパー上の電極を印刷法により安価かつ大量に形成できることである。電気伝導性を持ち電気化学的に安定な炭素素材インクがすでに開発されており，これらをスクリーン印刷法などによりペーパー上に作成することが可能である[5]。

　このようなペーパーを用いたセンサーは，センシングにおいて必要となる化学反応を発生させるための試薬類をあらかじめ含有させるうえでも有効である。センシング部位では測定対象物質との化学反応が不可欠であるが，試薬を検体と混合し処理する操作を試験者が行うことは，迅速検査や簡易検査においては敬遠される。むしろ，溶液検体を滴下するだけで直ちに反応が生じ測定できることが要求されるため，センサー上にあらかじめ試薬となる分子を固定化しなければならない。例えば血糖値測定センサーでは，カルボキシメチルセルロースのような親水性高分子により，試薬・酵素を電極上に固定化するプロセスが加えられている[6]。しかしながら，ペーパーにおいてはこのような付加プロセスは不要であり，試薬等を含む溶液を滴下し乾燥させるだけで実現できる。このようなペーパー独自の性質を活用し，我々は図1(a)の手順でペーパーバイオケミカルセンサーを作製した。

　このセンサーでは，ペーパーにあらかじめ含浸された試薬と測定対象物質が生じる特異的な反応を，化学的に安定な素材により作製された電極で電気化学的に検出する。図1(b)の概略図に示されているように，反応においては酵素と電子伝達分子が主な役割を果たす。まず測定対象分子は，それとのみ特異的に反応する酵素との反応により酸化（または還元）される。酵素はこの反応を触媒するものであり，酸化（還元）反応により生じた電子は，別の酸化還元性分子である電子伝達体を還元（酸化）することで受け渡される。この電子伝達体は電極表面に拡散し，電極・溶液間に印加された電位差によって再び酸化（還元）される。この一連の反応が定常的に発生することで，電極には測定対象分子濃度に応じた大きさの電流が生じる。この間に，電子伝達体は酵素と電極の間で拡散により行き来することで電子をシャトル輸送し，測定対象分子は定常的に酸化（還元）され続ける[7]。

　この原理に基づくセンサーが測定対象分子濃度を正確に反映するためには，上記の反応が測定対象分子のみに対して生じる必要がある。そのような選択性は酵素によってもたらされており，本センサー中では酵素が最も重要な働きを担っているといっても過言ではない。したがって，センサー作製時において酵素がペーパーに確実に固定化され，乾燥状態で保管され，それが湿潤したときに活性を取り戻すようにしなければならない。我々がセンサーを作製する際には，これを極めて簡単な方法で行っている。すなわち，基板となるペーパーと電極が作製されたのち，酵素および電子伝達分子を緩衝液に加えたものをセンシング部位に滴下し，水分を乾燥させることで酵素と電子伝達体をペーパーに保持させる（場合により電極形成を酵素乾燥固定後に行うことも

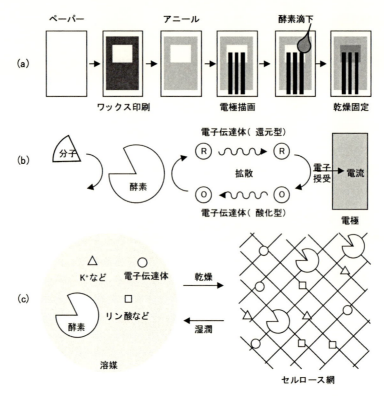

図1　ペーパーバイオケミカルセンサーの作製手順とセンシング原理
(a)作製手順，(b)電気化学的検出原理，(c)酵素のペーパー上での乾燥固定概略図

ある）。この際には，緩衝液の緩衝能をもたらす分子（リン酸など）およびその他の電解質（Na^+，Cl^-，K^+ など）も塩としてペーパー中に残留するため，仮に溶液検体の pH および電解質濃度が酵素活性にとって至適でなかったとしても，これらの塩が再び溶液中に溶解することで，酵素反応に必要な環境がある程度整えられる。

3　溶液中グルコース測定用ペーパーバイオケミカルセンサー

　具体的事例の一つとして，溶液中のグルコース濃度を測定するために作製されたペーパーバイオケミカルセンサーを紹介する[8]。図2(a)は作製されたセンサーの表・裏それぞれの写真を示している。中央のセンシング領域を除く大半の部分はワックス印刷により疎水性となっており，薄く細い線は炭素電極を描画作製するときの目印であり，やはりワックス印刷されたものである。中央近くの白色の領域は，親水性のペーパー領域に酵素・電子伝達体を含むリン酸緩衝液を滴下して乾燥固定させたセンシング領域である。そして黒い線は炭素電極であり，我々は商用の製図用鉛筆（Staedtler 社 Mars Lumograph）で直接描画して作製している。工業的には導電性カーボンインク等を印刷して作製するべきだが，小規模研究室内で多品種少量で作製するうえでは鉛

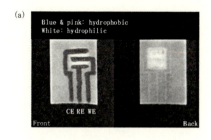

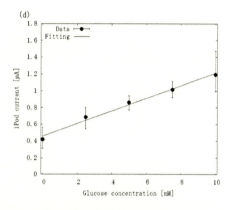

図2　溶液中グルコース測定用ペーパーバイオケミカルセンサー
(a)ペーパーバイオセンサーの写真，(b)ペーパー中での酵素反応，(c)測定の様子，(d)スマート
フォン類似デバイス（iPod touch）により測定された酵素反応に起因する電流のグルコース
濃度依存性（ただし［M］＝［mol/L］）。いずれも文献11）より引用。Copyright (c) 2017
IEICE, 許諾番号：17RA0095

筆による描画のほうが適しており，電気化学的にもある程度の安定性と電子授受性能を有してい
ることがわかっている[9]。三本の電極はそれぞれ作用電極（WE），参照電極（RE），対向電極
（CE）であり，電気化学測定で標準的に用いられるポテンショスタット回路に接続して電流を記
録する[10]。

　図2(b)はこのセンサーで生じる酵素反応を示している。グルコースはグルコースオキシダーゼ
（GOD）により酸化され，電子がヘキサシアノ鉄（III）イオンに渡されることで，ヘキサシアノ
鉄（II）イオンが生成する。電極に正電位を印加することでこれが酸化され，電子が電極へと受
け渡されて電流として観測される。センサーの動作確認段階では，広く電気化学分野で使用され
る電気化学アナライザーで電流測定を行ったが，最終的なセンサーとしての使用状況に合わせ，
スマートフォンで測定する回路システムを開発して実験を行った[11]。図2(c)はそのような回路シ
ステムに接続されたセンサーにグルコース溶液を滴下する様子を示しており，図2(d)はスマート
フォンの代替として使用された iPod touch 上で記録した電流値の溶液中グルコース濃度を示し
ている。実験で用いられたグルコース濃度は，臨床上意義のあるヒト血中グルコース濃度（数ミ
リ mol/L）を網羅する範囲で調整した。図からわかるように，グルコース濃度に比例する電流が
観測されており，この関係を基にして，未知のグルコース濃度の溶液を滴下した際に観測される
電流量から，そこに含まれるグルコース濃度を逆算することが可能となる。

4 気体中エタノール測定用ペーパーバイオケミカルセンサー

もう一つの事例として，気体中エタノール濃度を測定するために作製されたペーパーバイオケミカルセンサーを紹介する[12,13]。図3(a)は作製されたセンサーの写真を示している。センサー上の大半の領域はワックス印刷により疎水性となっており，白色の領域に酵素・電子伝達体が固定されている。センサー上の中央の線は参照電極として機能し，Ag/AgCl インクにより描画されている。このセンサーでは酵素固定と電子伝達体固定を異なるペーパー領域で行い，これを折り返して重ねることで使用する。また，気体中分子を溶液中で測定するため，測定直前にセンシング領域を緩衝液によって湿潤させ，そこに検体ガスを吹きかける。これにより気体中のエタノール分子がペーパーに保持された溶液層中に拡散し，酵素反応が生じる。

図3(b)はこのセンサーで用いられた酵素反応の模式図を示している。アルコールオキシダーゼ（AOD）が触媒することで，エタノールは溶液中溶存酸素とともに反応し，過酸化水素を発生させる。過酸化水素はペルオキシダーゼ（HRP）により水に還元され，それに伴ってヘキサシアノ鉄（III）イオンがヘキサシアノ鉄（II）イオンへと酸化される。生成したヘキサシアノ鉄（II）イオンは電極に印加された負電位により還元されるため，結果的にエタノール濃度に応じた電流が電極に発生する。図3(c)はセンサーを折り返し，湿潤させ，スマートフォン測定システムに接

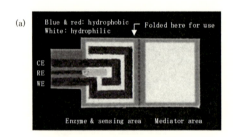

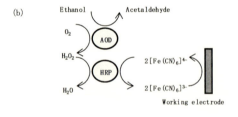

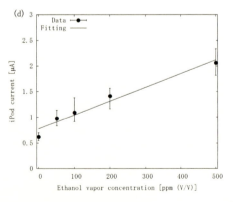

図3 気体中エタノールガス測定用ペーパーバイオケミカルセンサー
(a)ペーパーバイオセンサーの写真，(b)ペーパー中での酵素反応，(c)測定の様子，(d)スマートフォン類似デバイス（iPod touch）により測定された酵素反応に起因する電流のグルコース濃度依存性。いずれも文献11)より引用。Copyright (c) 2017 IEICE, 許諾番号：17RA0095

続した状態で，シリンジによりエタノールガスを吹きかけている様子を示している。図3(d)はこのようにして測定された電流と気体中エタノールガス濃度の相関を示している。図からわかるように，エタノール濃度にほぼ比例した電流が観測されており，センサーとして機能していることがわかる。なお，実験で用いられたエタノール濃度は，日本国内での飲酒運転における呼気中アルコール濃度基準値である約 78 ppm[14] を網羅している。

5 まとめ

本稿では，クロマトグラフィペーパーを基板とし，測定対象分子との酵素反応を生じ，それを電気化学的電流により検出するバイオケミカルセンサーについて紹介した。センサーとして重要な選択性は酵素によりもたらされており，電子伝達体を媒介する電気化学反応を生じる。酵素および電子伝達体は，緩衝液に溶け込んだ状態でセンシング領域に滴下され，乾燥させることで自然にペーパーのセルロース網に固定化される。この際に緩衝液を構成する分子・イオンも合わせて固定されるため，測定対象となる溶液検体にかかわらず酵素の至適条件に近くなる。この原理に基づき，溶液中グルコース測定および気体中エタノール測定を実証した。

このようにして実証されたセンシング手法およびセンサー作製手法は，今後様々な測定対象に向けて最適化することができるだろう。特定の測定対象分子に最適な酵素反応系がすでに整っているのであれば，そこでの酵素・電子伝達体を本センサーの形態で固定化しセンサーを開発することが可能となる。また，ペーパーイムノクロマト法におけるラベルとして酵素を用いることにより，既存のイムノクロマト迅速検査に電気化学的な電流読み取りを追加することで，定量化，多項目化，高感度化を見込むことも考えられる。今後このような技術的発展が進むことを期待する。

謝辞
　本研究は JSPS 科研費 26289111 の助成を受けたものである。

実験項　酵素およびメディエーターのペーパーへの固定化プロセス

［実験操作］
（1）溶液中グルコース測定用ペーパーバイオセンサーにおける酵素固定化

　グルコース測定用バイオセンサーの基板として化学分析用の定性濾紙であるクロマトグラフィペーパー（GE ヘルスケアジャパン Whatman 1CHR）を用いた。ワックスプリンター（Xerox 社 ColorQube 8580）を使用し，Microsoft PowerPoint で作図した電極パターンをクロマトグラフィペーパー上に印刷する。恒温槽（アズワン社 ONW-300S）中にて 120℃で 1 分間加熱することにより，ワックスがクロマトグラフィペーパーの厚み方向へ浸透し，ペーパー上に二

次元の疎水性領域が定義される。電気化学的電極は製図用鉛筆（Staedtler 社 Mars 6B）を使用し，手作業にて直接描画した。グルコース酸化酵素（和光純薬工業 アスペルギルスニガー製，210 units/mg）とヘキサシアノ鉄（III）カリウム（和光純薬工業）をリン酸緩衝生理食塩水（和光純薬工業，0.01 mol/L）に混合し溶解することで，グルコース酸化酵素が 1.05 units/μL，ヘキサシアノ鉄（III）カリウムが 0.038 mol/L となるように調整した。この溶液を親水性領域に 5.0 μL 滴下し，60℃の恒温槽内で 5 分間静置して乾燥させることで，電極上にグルコース酸化酵素を 5.25 units，ヘキサシアノ鉄（III）カリウムを 0.19 μmol 固定した。

(2) 気体中エタノールガス測定用ペーパーバイオセンサーにおける酵素固定化

　エタノールガス測定用バイオセンサーの基本的な作製方法および構造は，上述したグルコース測定用バイオセンサーと同じである。ただし溶液電位の制御性を高めるために，参照電極材料として，カーボン電極ではなく銀塩化銀電極をインク塗布により作製して用いた。親水性領域には，酵素・センシング層と電子伝達体層を設けた。エタノール検出用の酵素として，アルコールオキシダーゼ（シグマアルドリッチ社 ピキアパストリス製）及びペルオキシダーゼ（和光純薬工業 西洋わさび製）の 2 種類を採用した。K_2HPO_4 と KH_2PO_4 を超純水でそれぞれ溶解し，1 mol/L になるように調整した後，これらを混合し，1 mol/L，pH＝7.0 のリン酸緩衝液を準備した。この溶液を超純水で 10 倍希釈し，0.1 mol/L，pH＝7.0 に調整したリン酸緩衝液にこれらの酵素を混合し，ともに濃度が 70 units/mL となるよう調整した。電子伝達体であるヘキサシアノ鉄（II）酸カリウム三水和物（和光純薬工業）も同様に 0.1 mol/L，pH＝7.0 のリン酸緩衝液で溶解し，0.1 mol/L となるよう調整した。各溶液をペーパー上に定義した親水性領域に滴下し，40℃の恒温槽内で 20 分間静置することで乾燥固定した。

文　　献

1) 原哲郎ほか，臨床検査，**54**（1），79（2010）
2) 高瑛姫ほか，臨床病理レビュー特集第 138 号，p.186 （2007）
3) Z. H. Nie *et al., Lab on a Chip,* **10**（4），477-483（2010）
4) A. W. Martinez *et al., Proceedings of the National Academy of Sciences of the United States of America,* **105**（50），19606-19611, Dec 16（2008）
5) A. Hayat *et al., Sensors,* **14**（6），10432-10453（2014）
6) 新野鉄平ほか，血液中のグルコースの測定方法およびそれに用いるセンサー，特開 2005-114359（2005）
7) 池田篤治ほか，バイオ電気化学の実際，p.42，シーエムシー出版（2007）
8) T. Fujimoto *et al., International Journal of Electrical and Computer Engineering,* **7**（3），1423-1429（2017）

9)　E. Bernalte *et al., Biosensors,* **6** (3), 45 (2016)

10)　大堺利行ほか，ベーシック電気化学，化学同人 (2000)

11)　宇野重康ほか，電子情報通信学会和文論文誌，**J101-C** (3), 156-165 (2018)

12)　T. Kuretake *et al., Sensors,* **17** (2), 281 (2017)

13)　S. Kawahara *et al., Telkomnika,* **15** (2), 895-902 (2017)

14)　K. Mitsubayashi *et al., Biosens. Bioel.,* **20** (8), 1573-1579 (2005)

第2章　ヘテロ三量体タンパク質を利用したシトクロム P450 モノオキシゲナーゼの効果的固定化

平川秀彦*

1　はじめに

　シトクロム P450（P450）は古細菌から哺乳類まで幅広く存在する[1]ヘム含有モノオキシゲナーゼであり，CO 付加体が極大吸収波長を 450 nm に持つことからその名が付けられた[2]。P450 は脂肪酸やステロイド，色素の生合成や異物代謝などに関与しており，水酸化，エポキシ化，脱アルキル化，C-C カップリング，脱カルボキシル化など様々な反応を触媒する。P450 がこのように多様な反応を触媒するのは，compound I と呼ばれる活性種が炭素-水素結合を切断し，炭素ラジカルを生成するためである[3]。

　P450 が有するヘムは b 型であり，第五配位座にはシステイン側鎖が配位し，基質非存在下では第六配位座には水分子が配位している。基質の結合に伴い第六配位座にある水分子は脱離し，その後，ヘム鉄が Fe^{2+} へと還元されると，酸素分子が結合し，さらに電子を受け取り compound I を生成する。P450 の触媒サイクルで消費される電子はフェレドキシンなどの電子伝達タンパク質（ドメイン）を介して供給される。そのため，一般に P450 は単独では触媒活性を発揮することができず，電子伝達タンパク質（ドメイン）と電子伝達タンパク質の還元酵素（ドメイン）を必要とする。膜タンパク質である真核生物由来 P450 は，ミトコンドリア由来 P450 を除いて，電子伝達ドメインと還元ドメインから成るシトクロム P450 還元酵素から電子を受ける。一方，水溶性タンパク質である原核生物由来 P450 の多くはフェレドキシンとフェレドキシン還元酵素を介して電子を受け取る。例えば，モデルとして研究されてきた *Pseudomonas putida* 由来 P450（P450cam）はプチダレドキシン還元酵素（PdR）によって還元されたプチダレドキシン（PdX）から電子を受け取ることにより D-カンファーの水酸化を触媒する。

　電子伝達タンパク質においては鉄-硫黄クラスターなどの補欠分子族を覆っているタンパク質表面から電子が出入りするため，電子伝達タンパク質の P450 との相互作用領域は還元酵素との相互作用領域と重なっている。したがって，P450 への電子伝達は P450，電子伝達タンパク質，還元酵素が三者複合体を形成して行われるのではなく，電子伝達タンパク質が P450-還元酵素間を往復（シャトル）することによって行われる。そこで，P450，特に水溶性 P450 を固定化酵素として利用するためには，シャトル分子としての機能を維持したまま電子伝達タンパク質を

---

　*　Hidehiko Hirakawa　東京大学　大学院工学系研究科　助教

　　　　　　　　　　　　（現在　筑波大学　生命環境系　准教授）

P450 及び還元酵素と共に固定化する必要がある。

　酵素の固定化法は，担体結合法，架橋化法，包括法の三つに大きく分けられる。担体結合法及び架橋化法はタンパク質の移動を妨げる固定化法であるため，P450，電子伝達タンパク質，還元酵素の共固定化に適用した場合，電子伝達タンパク質はシャトル分子としての機能を維持できない。また，包括法を適用したとしても，電子伝達タンパク質が P450-還元酵素間を往復できるような空間に三つのタンパク質を確実に配置する工夫が必要である。このように既往の固定化法を単に P450，電子伝達タンパク質，還元酵素の共固定化に適用しても，P450 を固定化酵素として利用することは困難であり，実際，共固定化は報告されてこなかった。筆者らはヘテロ三量体タンパク質を利用することにより，水溶性 P450，電子伝達タンパク質，還元酵素を選択的に集合させる技術を開発してきた。この技術を応用することにより，P450，電子伝達タンパク質，還元酵素の共凝集[4]や担体共固定化[5]に成功している。本章では，ヘテロ三量体タンパク質を利用した P450，電子伝達タンパク質，還元酵素の担体上への共固定化法について紹介する。

2　*Sulfolobus solfataricus* 由来核内増殖抗原を利用した担体固定のコンセプト

　核内増殖抗原（PCNA）は DNA スライディングクランプとして働くリング状タンパク質である。真核生物及びユーリ古細菌が有する PCNA はホモ三量体タンパク質であるのに対して，クレン古細菌の一部は三つの PCNA 遺伝子を有し，ホモ三量体 PCNA を有する[6~9]。好熱性古細菌 *Sulfolobus solfataricus* 由来 PCNA は三つの異なるサブユニットから成るホモ三量体タンパク質である。この PCNA を構成する三つのサブユニット（PCNA1，PCNA2，PCNA3）はそれぞれ単量体タンパク質として発現させることができ，等モル濃度で混合すると速やかにヘテロ三量体を形成する[6]。その際，PCNA1 と PCNA2 が安定なヘテロ二量体を形成した後，PCNA3 が結合する。PCNA3 の解離定数は 0.2 μM 程度であるため，100 μM 以上で混合することにより，ヘテロ三量体のみが得られる。P450，電子伝達タンパク質，還元酵素をこれらに融合し，等モル濃度で混合することにより，PCNA リング上に集合させることができる。この集合体を PUPPET（PCNA-united protein complex of P450 and electron transfer-related proteins）と呼んでいる[10]。

　PUPPET では PCNA リング上において還元酵素から電子伝達タンパク質を介して P450 へと電子が伝達され，その結果，P450 はモノオキシゲナーゼ活性を発揮する。したがって，PUPPET を PCNA 選択的に担体上に固定化することができれば，シャトル分子として機能を損なうことなく電子伝達タンパク質を P450，還元酵素と共に固定化することができる。PUPPET を形成させた後で選択的に PCNA 部分を固定化するのは困難であるものの，PCNA サブユニットを固定化した担体上に PUPPET を形成させることにより，PCNA 選択的な PUPPET の担体固定化を実現できる。幸いなことに，PCNA リングは対称的な構造をしており，どの末端に融

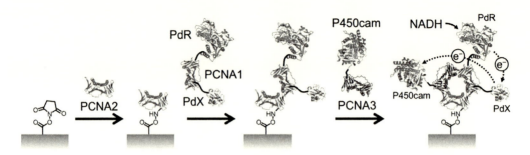

図1　PCNA を利用した P450 システムを構成するタンパク質の共固定化

合しても相互作用可能な位置にタンパク質を配置することができる。すなわち，二つの PCNA サブユニットだけに P450，電子伝達タンパク質，還元酵素を融合し，何も融合していないもう一つの PCNA サブユニットと混合しても，PUPPET を得ることができる。したがって，PCNA サブユニットの一つを担体に固定化した後，電子伝達タンパク質と還元酵素を融合した PCNA サブユニットと P450 を融合した PCNA サブユニットを結合させれば，担体上で PUPPET を形成させることができる。このコンセプトを実証するために，*P. putida* P450 システムを構成する P450cam，PdX，PdR の共固定化を試みた（図1）。

3　融合タンパク質の構築

　担体への直接固定には PCNA2 を用いた。三つの PCNA サブユニットのうち，PCNA2 は N-ヒドロキシスクシンイミド（NHS）を利用したアミンカップリングにより固定化しても PCNA1 との結合能，さらには PCNA1 と結合した後の PCNA3 との結合能を失わないからである。PCNA1 には PdR と PdX を融合し，PCNA3 には P450cam を融合した。P450cam と PdX を融合して発現させた場合，P450cam が部分的に失活した状態で発現し，完全な活性型には戻らないことが報告されている[11]。そのため，PdX と P450cam を同時に含む融合タンパク質の構築は避けた。

　S. solfataricus PCNA はシステイン残基を持たないため，システイン置換により PCNA サブユニット間にジスルフィド結合を導入し，三量体状態を安定化させることができる[12]。そこで，三量体形成時に PCNA1-PCNA3 間と PCNA2-PCNA3 間にジスルフィド結合を形成させるために，PCNA1，PCNA2，PCNA3 はそれぞれ G108C 置換体，L171C 置換体，R112C/T180C 置換体を用いた。

　PCNA サブユニットと電子伝達タンパク質を連結するペプチドリンカーは PUPPET のモノオキシゲナーゼ活性に大きな影響を与え，$Gly_4SerPro_nGly_4Ser$（$n = 10\sim20$）を用いるのが良い[13]。プロリンのコドンは CCX であるため，プロリンの繰り返しを含むリンカーをコードする DNA 配列はシトシンリッチであり，合成や確認が難しい。そこで，Golden Gate assembly[14] を利用し

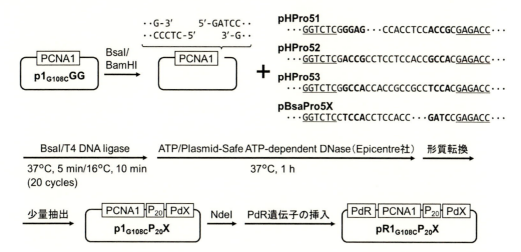

図2　Golden Gate assembly による PdR-PCNA1-PdX 融合タンパク質の発現ベクターの構築

プラスミド p1$_{\text{G108C}}$P$_{20}$X（Addgene plasmid #85096）は p1$_{\text{G108C}}$GG（Addgene plasmid #85092），pHPro51（Addgene plasmid #85097），（Addgene plasmid #85098），（Addgene plasmid #85099），pBsaPro5X（Addgene plasmid #85100）のアセンブリにより得た。

て短いプロリンの繰り返しをコードする DNA 配列をアセンブルし，PCNA1 と PdX を Gly$_4$SerPro$_{20}$Gly$_4$Ser リンカーで連結した融合タンパク質の遺伝子を構築した（図2）。

4　タンパク質の発現・精製

　PdR-PCNA1-PdX 融合タンパク質，PCNA2，P450cam-PCNA3 融合タンパク質は pET ベクターをベースとするプラスミド pR1$_{\text{G108C}}$P$_{20}$X（Addgene plasmid #85086），pET15b＋PCNA2$_{\text{L171C}}$（Addgene plasmid #66177），pC3$_{\text{R112C/T180C}}$（Addgene plasmid #85088）で形質転換した大腸菌 BL21 Star（DE3）（Invitrogen）により発現させた。タンパク質発現のための培養には Terrific Broth（TB）培地を使った。形質転換のためのプレート培養やコロニーからの前培養では 1％ グルコースを含む培地を使った。さらに，前培養では対数増殖期を超えないように注意した。pET システムを用いたタンパク質発現ではあるが，経験上，TB 培地での培養では宿主大腸菌が pLysS を持たない場合に IPTG によるタンパク質の発現制御機構は機能しない。そのため，OD$_{600}$ が 0.5 程度に達した時，IPTG は添加せずに，培養温度を 37℃ から 27℃ に下げて一晩培養を続けた。PdR-PCNA1-PdX の発現では TB 培地に 200 mg/l クエン酸鉄アンモニウム（和光純薬工業）を添加し，P450cam-PCNA3 の発現ではクエン酸鉄アンモニウムに加えて 1 mM 5-アミノレブリン酸（和光純薬工業）を添加した。

　培養後，大腸菌を 150 mM KCl，10 mM イミダゾール，1 mM DTT を含む 20 mM リン酸カリウム緩衝液で懸濁し，超音波破砕により細胞抽出液を得た。尚，P450cam は D-カンファーの

非存在下では不安定であるため，P450cam-PCNA3 融合タンパク質の精製においては 1 mM 以上の D-カンファーを含む緩衝液を用いた。細胞抽出液の遠心分離後，目的タンパク質は HisTrap Q FF crude カラム（GE Healthcare）を用いて粗精製した。PdR-PCNA1-PdX 融合タンパク質及び P450cam-PCNA3 融合タンパク質は有色であるため，これらの融合タンパク質に関しては有色の画分を回収した。S. solfataricus PCNA は酸性タンパク質であるため，陰イオン交換体には強く結合する。融合タンパク質についてもその性質を基本的には有しており，回収した画分を直に HiTrap FF カラム（GE Healthcare）に吸着させ，洗浄後，KCl 濃度勾配により溶出させた。PCNA サブユニットに融合するタンパク質が陰イオン交換体との結合を弱める場合は，回収した画分に氷冷したイオン交換水を加えて 3 倍程度に希釈する。イミダゾール存在下では P450 は凝集しやすいため，HisTrap FF crude カラムからの溶出後，速やかに陰イオン交換クロマトグラフィー精製を行うことが望ましい。陰イオン交換クロマトグラフィー精製の後，サイズ排除クロマトグラフィーにより最終精製を行った。PdR-PCNA1-PdX 融合タンパク質及び P450cam-PCNA3 融合タンパク質の色は P450cam，PdX，PdR が持つ補欠分子族に由来する。そこで，陰イオン交換クロマトグラフィー精製及びサイズ排除クロマトグラフィー精製では，タンパク質自体の 280 nm の吸光度との特異的な吸収波長の吸光度の比を指標として，純度の高い画分を選択した。

5 固定化 PUPPET の調製

まず，PCNA2 を NHS で活性化された磁気ビーズ NHS Mag Sepharose（GE Healthcare）に結合させた。PCNA2 の結合量は，Bradford 法を用いて未吸着量を測定することにより見積もった。次に，担体に結合させた PCNA2 に対して，PdR-PCNA1-PdX 融合タンパク質と P450cam-PCNA3 融合タンパク質を結合させた。酸化型グルタチオンを含む緩衝液中で PCNA2 固定化磁気ビーズを PdR-PCNA1-PdX 融合タンパク質と P450cam-PCNA3 融合タンパク質と共に 4℃で一晩インキュベートした。融合タンパク質の固定化量は未吸着画分の SDS-PAGE 解析により見積もった。また，磁気ビーズを Laemmli バッファー中でボイルし，遊離した融合タンパク質を SDS-PAGE 解析することにより，融合タンパク質の磁気ビーズへの固定化を確認した。その結果，PCNA3 に R112C/T180C 置換を導入しない場合，P450cam-PCNA3 融合タンパク質はほとんど結合しないことが明らかとなった。これは PCNA3 の結合速度は速いものの解離速度も速く，洗浄操作中に P450cam-PCNA3 融合タンパク質が洗い流されてしまったためである。したがって，PCNA サブユニット間へのジスルフィド結合の導入は PUPPET の固定化には必須である。

6 固定化 PUPPET の活性評価

一般に，P450 による反応は，基質消費，生成物生産，酸素消費，あるいは補酵素 NAD(P)H

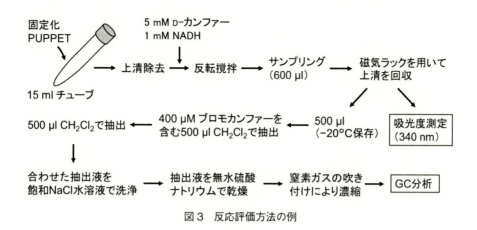

図 3　反応評価方法の例

消費により評価する。酸素消費と NAD(P)H 消費はそれぞれクラーク型酸素電極と分光光度計を用いたリアルタイム測定が可能であり，初速度の測定に適している。しかし，分光光度計は懸濁液中での反応の測定には不向きであり，クラーク型酸素電極ではマグネチックスターラーを使った撹拌が必要であるため，磁気ビーズを含む反応溶液の測定には利用できない。そこで，一定時間毎に反応懸濁液をサンプリングし，磁石により速やかに固定化 PUPPET を除いた反応溶液の 340 nm における吸光度測定し，NADH の消費速度を評価した。また，反応溶液から基質と生成物を抽出し，ガスクロマトグラフィー分析を行った（図 3）。補酵素消費と基質消費の比からカップリング効率（補酵素由来の電子が基質の変換反応に利用された割合）を決定したところ，ほぼ 100% であり，効率良く電子が伝達されることが明らかとなった。

7　おわりに

S. solfataricus PCNA を利用することにより複数のタンパク質・酵素は近接した状態で「固定化」されているにも関わらず「運動」できる。この特徴により，固定化した状態でも P450 は電子伝達タンパク質を介して還元酵素から電子を受け取り，モノオキシゲナーゼ活性を発揮できる。本手法では，汎用的な方法で発現させた組換えタンパク質を，市販の NHS 活性化担体に順番に結合させるだけで，P450，電子伝達タンパク質，還元酵素の共固定化を実現しており，特殊な技術や材料を必要としない。本章では精製した融合タンパク質を利用する例を紹介したが，PCNA サブユニット間の相互作用は特異的であるため，PCNA2 を結合させた担体に，融合タンパク質を含む細胞抽出液を加えるだけでも固定化は可能であろう。また，本手法には，目的タンパク質を担体と直接作用させることなく固定化するという特徴もあり，固定化プロセス中の失活を防ぐことができる。したがって，本手法は P450 以外の酵素・タンパク質の固定化においても十分にメリットのあるものであると考えている。

実験項　磁気ビーズ上での PUPPET 形成

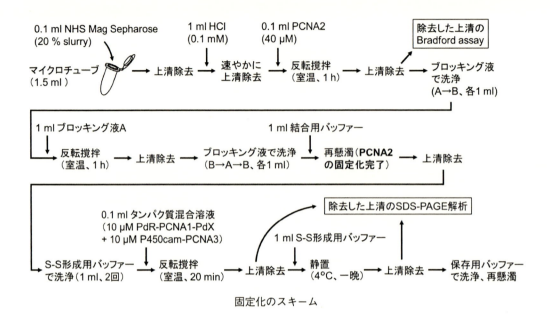

固定化のスキーム

[実験操作]

　NHS 活性化担体として NHS Mag Sepharose（GE Healthcare，20% スラリー）を用いた。100 μl の NHS Mag Sepharose を 1.5 ml のマイクロチューブに移し，磁気ラック MagRack 6（GE Healthcare）にセットし，上清を除いた。チューブを磁気ラックから取り出し，氷冷した 1 ml の 1 mM HCl を添加して懸濁した後，すぐに磁気ラックを用いて上清を除いた。結合用バッファー（50 mM リン酸カリウム，150 mM KCl，1 mM DTT，pH 7.4）を用いて 40 μM に調製した PCNA2 を 100 μl 添加し，室温で 1 時間，反転撹拌した。磁気ラックを用いて上清を除いた後，チューブを磁気ラックから取り出し，1 ml のブロッキング液 A（0.5 M エタノールアミン，0.5 M NaCl，1 mM DTT，pH 8.3）を加えて再懸濁した。磁気ラックを用いてブロッキング液 A を除いた後，1 ml のブロッキング液 B（0.1 M 酢酸ナトリウム，0.5 M NaCl，1 mM DTT，pH 4.0）で洗浄した。ブロッキング液 B を除いた後，再び 1 ml のブロッキング液 A を加え，室温で 1 時間，反転撹拌した。ブロッキング液 A を除いた後，1 ml のブロッキング液 B で洗浄した。さらに，ブロッキング液 A での洗浄とブロッキング液 B での洗浄を行った。その後，1 ml の結合用バッファーを加えて，PCNA2 結合磁気ビーズを再懸濁した。

　PdR-PCNA1-PdX 融合タンパク質と P450cam-PCNA3 融合タンパク質を S-S 形成用バッファー（50 mM リン酸カリウム，150 mM KCl，10 mM 酸化型グルタチオン，5 mM D-カンファー，pH 7.4）中で混合し，それぞれを 10 μM ずつ含む 100 μl のタンパク質溶液を調製した。

PCNA2 結合磁気ビーズの懸濁液を含むチューブを磁気ラックにセットし，上清を除いた。PCNA2 を結合させた担体を 1 ml の S-S 形成用バッファーで 2 回洗浄した後，上で調製したタンパク質溶液を加えた。室温で 20 分間，反転撹拌した後，上清を除き，0.5 ml の S-S 形成用バッファーを加えて 4℃で一晩静置した。このインキュベーションは 20 時間を超えないように注意した。上清を除いた後，0.5 ml の保存用バッファー（50 mM リン酸カリウム，150 mM KCl，5 mM D-カンファー，pH 7.4）で 2 回洗浄した。その後，0.8 ml の保存用バッファーで再懸濁し，固定化 PUPPET を得た。

文　　献

1) D. R. Nelson, *Biochim. Biophys. Acta*, **1866**, 141 (2017)
2) T. Omura, R. Sato, *J. Biol. Chem.*, **237**, 1375 (1962)
3) B. Meunier, S. P. de Visser, S. Shaik, *Chem. Rev.*, **104**, 3947 (2004)
4) C. Y. Tan, H. Hirakawa, T. Nagamune, *Sci. Rep.*, **5**, 8648 (2015)
5) Tan, C. Y. *et al.*, *Angew. Chemie Int. Ed.*, **55**, 15002 (2016)
6) I. Dionne, R. K. Nookala, S. P. Jackson, A. J. Doherty, S. D. Bell, *Mol. Cell*, **11**, 275 (2003)
7) K. Imamura, K. Fukunaga, Y. Kawarabayasi, Y. Ishino, *Mol. Microbiol.*, **64**, 308 (2007)
8) S. Lu, *et al.*, *Biochem. Biophys. Res. Commun.*, **376**, 369 (2008)
9) F. Iwata, H. Hirakawa, T. Nagamune, *Sci. Rep.*, **6**, 26588 (2016)
10) H. Hirakawa, T. Nagamune, *ChemBioChem*, **11**, 1517 (2010)
11) O. Sibbesen, J. J. De Voss, P. R. Ortiz de Montellano, *J. Biol. Chem.*, **271**, 22462 (1996)
12) H. Hirakawa, A. Kakitani, T. Nagamune, *Biotechnol. Bioeng.*, **110**, 1858 (2013)
13) T. Haga, H. Hirakawa, T. Nagamune, *PLoS One*, **8**, e75114 (2013)
14) J. Liang, R. Chao, Z. Abil, Z. Bao, H. Zhao, *ACS Synth. Biol.*, **3**, 67 (2014)

第3章 Sortase A を用いたタンパク質配向固定化技術の開発

松本拓也[*1]，田中　勉[*2]

1　はじめに

　酵素や抗体などのタンパク質は微粒子や電極等の担体に固定化されることによって，固定化酵素やバイオセンサーとして利用されている。これらの性能はタンパク質を固定化する手法に大きく左右されるため，適切なタンパク質固定化法の選択は重要な要素の一つである。一般的な固定化法として，物理吸着法，化学吸着法，会合法，包括法などが挙げられるが，いずれの手法を用いる場合においても，固定化するタンパク質の機能をなるべく損なうことなく担体に固定化できることが理想である。そういった点で，タンパク質固定化に関する研究の一つのゴールとして，タンパク質を固定化する向きや配置を制御可能な「配向固定化」の実現が挙げられる。しかしながら，タンパク質は複数種のアミノ酸からなる高分子化合物であるため，一般的に「配向固定化」が非常に難しい。本章では，この「配向固定化」を条件付きで達成可能な酵素修飾法のうち，Sortase A を用いたタンパク質固定化法について紹介する。

2　酵素を用いたタンパク質固定化法

　通常，タンパク質を担体に固定化する場合，タンパク質の表面電荷を利用して静電的相互作用で吸着させる，あるいはタンパク質表面に露出した官能基をターゲットに適当な架橋剤を用いて共有結合させるといった形でタンパク質表面の性質を利用して担体と接着させることが多い。しかしながら，タンパク質は一般的に複数種のアミノ酸からなる高分子化合物であるため，表面に存在する電荷や官能基が一様ではない。そのため，吸着部位の制御や選択的な共有結合の形成が困難であり，このことがタンパク質の配向固定化が困難である直接的な原因となっている。具体例を挙げると，アミノ基をターゲットとして化学修飾法によりタンパク質を固定化する場合，アミノ基を側鎖にもつリジン残基が表面に露出していることが必要条件になる。ここで，複数のリジン残基がタンパク質表面に存在している場合，単純な架橋剤を用いた化学修飾法では，担体と共有結合を形成させるリジン残基を選択して固定化することは難しい。このように，化学修飾法などのアミノ酸残基特異的な固定化法では「配向固定化」が非常に困難な課題であることが理解

＊1　Takuya Matsumoto　神戸大学　大学院科学技術イノベーション研究科　特命助教

＊2　Tsutomu Tanaka　神戸大学　大学院工学研究科　応用化学専攻　准教授

できる。

　これに対して，酵素修飾法では酵素の基質特異性を利用する。タンパク質修飾に用いられる酵素としては，本章で紹介する sortase A の他に，transglutaminse，biotin ligase，aminoacyl tRNA transferase，phosphopantetheinyl transferase 等が知られているが，いずれの酵素を用いる場合においても，タンパク質に存在する特定の部位を選択的に認識し，その部位に目的化合物を修飾することが可能である[1]。ここでいう特定の部位とは，主にタンパク質中に存在する特定のペプチド配列のことを指し，これを認識する働きをもつ酵素触媒反応を利用することで「部位特異的な」修飾が可能になる。本章では，この部位特異的なタンパク質修飾法を用いたタンパク質固定化法のうち，sortase A を用いた場合について，その特徴・実験戦略等について具体的に紹介する。

3　Sortase A とは

　病原性をもつグラム陽性細菌の発病機序や感染性に関わる要素の一つとして細胞表層に存在する様々な病原性タンパク質が挙げられる。内皮細胞への吸着性の向上や免疫回避など多種多様な機能を持つものが存在するが，これらの病原性因子は cell wall sorting signal（CWSS）と呼ばれる C 末端に存在する共通のペンタペプチド配列で分類することができる。CWSS は sortase ファミリーに属するペプチド転移酵素の働きによって，細胞表層ペプチドグリカンに共有結合で提示される。図 1 のように，Sortase は特定の CWSS をもつ分泌タンパク質をそれぞれ分類（sort）し，ペプチドグリカン上に提示する役割を持つ酵素である。Sortase A はハウスキーピング sortase として知られており，LPXTG を含む配列をもつ分泌タンパク質を認識し，提示する

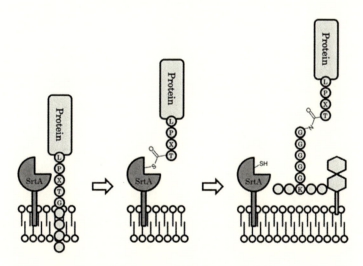

図 1　Sortase A による分泌タンパク質のペプチドグリカン層への提示
（Clancy *et al.*, 2010 を改変[2]）

働きをもつ[2]。以上のように，病原性細菌の感染機構の解明やそれを基にした創薬ターゲットとして注目を集めてきた sortase A に対して，2008 年 Mao らは *Staphylococcus aureus* に由来する sortase A が触媒するペプチド転移配列に着目し，これをタンパク質修飾法に応用した[3]。

4　Sortase A を用いたタンパク質修飾技術

Sortase A は目的タンパク質の C 末端付近に存在する LPXTG 配列を認識し，ペプチドグリカン層のオリゴグリシン配列にペプチドを転移させる反応を触媒する。本反応は概して，LPXTG と $(G)_n$（$n = 1 \sim 5$）からなる二種類のペプチド連結反応と考えることができ，これをタンパク質への小分子連結に利用した例が Mao らの報告である[3]。Sortase A は目的タンパク質の C 末端付近に存在する LPXTG 配列を認識し，LPXT と G の間を切断した後，アシル酵素中間体を形成する。その後，1〜5 個からなるオリゴグリシンの N 末端アミノ基が求核攻撃を行うことで，結果として LPXTG とオリゴグリシンの間でペプチド結合が形成される（図2）。Mao らは，タンパク質の C 末端に LPXTG からなるペプチド配列を遺伝子工学的に付与した一方で，オリゴグリシンのカルボキシ末端に蛍光小分子を付与した合成ペプチドを用意することで，両者を Ca^{2+} 存在下で部位特異的に連結することが可能であることを証明した。図3に示すように，Sortase A を用いたタンパク質修飾反応（sortagging）では，sortase A がタンパク質とタンパク質（あるいは他の分子）を繋ぎ合わせる酵素ステープラーのような働きを担う。本反応は高々 3〜5 アミノ酸からなる短いペプチド配列を連結したいタンパク質あるいは小分子の C/N 末端に介在させることで，比較的高効率で連結することが可能であり，汎用性が非常に高い。実際に，タンパク質-タンパク質[4,5]，タンパク質-脂質[6]，タンパク質-糖[7]などのバイオコンジュゲートの作製例がすでに報告されており，近年ではとりわけ抗体薬物複合体開発への利用が盛んに見受けられる[8,9]。また，sortagging はそのハンドリング性の高さから，タンパク質の N 末端あるいは C 末端に官能基を直接修飾する手段としてアジド基やヒドラジド基等の導入[10,11]，細胞表面タンパク質の蛍光やビオチンラベリング[12,13]，環状化ペプチド・タンパク質の調製[14,15]，機能性ハイドロゲルの作成など幅広い用途に利用されてきている[16,17]。

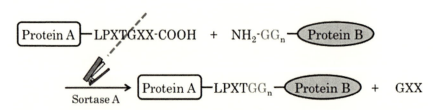

図2　Sortase A を用いたペプチド転移反応によるタンパク質 A とタンパク質 B の連結

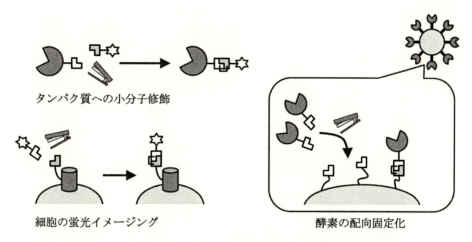

図 3　Sortase A を用いたタンパク質修飾技術（Sortagging）の利用例

5　Sortase A を用いたタンパク質配向固定化技術

　一方で，筆者らは sortagging をタンパク質固定化に利用する手法について検討を行ってきた。前節で紹介したように，sortase A の認識配列とオリゴグリシン配列を固定化タンパク質および固定化したい担体にそれぞれ付与することで，sortagging を用いて両者を結合させることができる。筆者らは，固定化酵素を調製する際に sortagging を用いることで，酵素を条件付きで C 末端特異的にポリスチレン微粒子上に配向固定化することに成功した[18]。本章では，sortagging による C 末端特異的な酵素（タンパク質）固定化技術と調製した固定化酵素の性能について紹介する。

　まず，固定化したいタンパク質および固定化したい担体にそれぞれ sortase A の認識配列とオリゴグリシン配列を付与する必要がある。本研究において，筆者らはタンパク質の C 末端に LPETG を含むペプチド配列を，ポリスチレン微粒子上にオリゴグリシンをアミノ基が表面に露出する形でそれぞれ付与した（逆にタンパク質の N 末端にオリゴグリシン配列を，ポリスチレン微粒子上に LPXTG 配列をカルボキシル基が表面に露出する形で付与することで N 末端特異的な固定化が可能である）。筆者らは，*Thermobifida fusca* 由来の β-グルコシダーゼ（BGL）および *Streptococcus bovis* 148 由来の α-アミラーゼ（AmyA）の C 末端側に遺伝子工学的手法を用いて LPETG 配列を挿入した。ここで，sortase A は認識配列である LPETG 部位とアシル-酵素複合体を形成するため，目的タンパク質の C 末端付近に存在する sortase A の認識部位が立体障害の少ない状態であることが好ましい。そのため，固定化したいタンパク質の構造によっては，C 末端側に LPETG 配列を付与するだけでは sortase A が基質部位と巧く接触できない場合もあるが，ほとんどの場合において LPETG 配列の前部分にリンカー配列（GGGGS リンカー等）を適切に挿入することで解決することができる。本研究においては，LPETG 配列を付与した BGL

（BGL-LP），GGGGSLPETG 配列を付与した AmyA（AmyA-GS-LP）をそれぞれ調製した。固定化する担体としては 0.5 μm のポリスチレン微粒子を選択した。図4に実験戦略の概要を示す。アミノ基が修飾された微粒子に対して，Fmoc 基でアミノ基を保護したトリグリシンを水溶性の 1-エチル-3-(-3-ジメチルアミノプロピル) カルボジイミド塩酸塩（EDC）を用いて修飾した。20％ピペリジンで Fmoc 基を脱保護することで，トリグリシンをアミノ基が露出した形で提示した微粒子を得た。調製した微粒子に対して，BGL-LP あるいは AmyA-GS-LP をそれぞれ sortase A を用いて Ca²⁺存在下条件で反応させることで酵素固定化微粒子を得た。未反応の酵素および sortase A は微粒子を 0.1％Tween を含む PBS 溶液で洗浄し，取り除くことで BGL-LP あるいは AmyA-GS-LP が C 末端特異的に固定化されたポリスチレン微粒子を得た。また，比較対象として，トリグリシン修飾微粒子の表面アミノ基を N-ヒドロキシスクシンイミド（NHS）化した微粒子と BGL-LP あるいは AmyA-GS-LP を反応させることで，化学修飾法で固定化した微粒子を得た。本実験における酵素固定化量は sortagging を用いた場合は BGL-LP：22.7±1.7 μg/mg，AmyA-GS-LP：21.4±1.8 μg/mg，化学修飾法を用いた場合は BGL-LP：21.3±3.5 μg/mg，AmyA-GS-LP：24.4±0.3 μg/mg であり，いずれの固定化法を用いた場合においてもほぼ同程度であった。

　本実験で固定化した酵素はそれぞれ糖化酵素であるため，BGL-LP に関しては 4-ニトロフェニル-β-D-グルコピラノシドの分解活性を，AmyA-GS-LP に関しては α-アミラーゼ活性測定

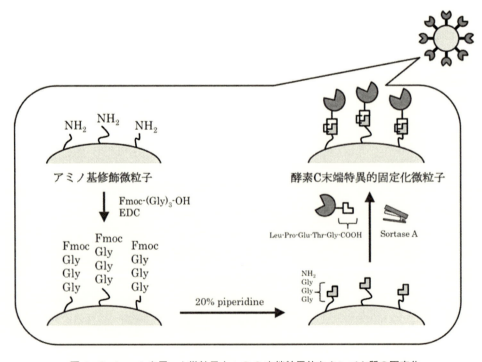

図4　Sortase A を用いた微粒子上への C 末端特異的なタンパク質の固定化

キット（キッコーマン）を用いて基質の分解活性を測定した。得られた酵素固定化微粒子の比活性をそれぞれ比較した結果を図5に示す。固定化されていない遊離状態の酵素活性（sortagging で固定化した場合と同量）と比較して，BGL-LP・AmyA-GS-LP ともに sortagging で固定化した場合ほとんど活性が変化していない一方で，化学修飾法で固定化した場合は基質の分解活性が低下していることが分かる。前節で述べた通り，これは化学修飾法では NHS 基とタンパク質表面のアミノ基とのアミノ酸残基特異的なランダムな固定化反応により一部の固定化酵素の活性が損なわれてしまったことに起因すると考えられる。それに対して，sortagging を用いた場合では酵素を C 末端特異的に固定化することが可能であるため，本実験で用いた BGL-LP あるいは AmyA-GS-LP の固定化に関しては基質の分解活性を高く維持した状態で固定化可能であることが示唆された。

　一般的に固定化酵素を用いる利点として，酵素が再利用可能になるということに加えて，酵素や固定化法によっては酸・塩基や熱に対する耐性が向上することが挙げられる[19]。化学修飾法やその他の固定化法に関しては過去の報告で十分な議論が行われている反面，sortagging を用いた固定化法に関しては知見が乏しい。よって本研究において，pH 依存性・熱安定性などに関して調査を行った。pH6.0 における遊離状態の BGL-LP の酵素活性を 100％ としたとき，pH8.0 で45.2％まで低下する。化学修飾法による固定化 BGL-LP の活性が pH6.0：28.0％ → pH8.0：20.9％と酵素活性の pH 依存性が低かったことに対して，sortagging による固定化 BGL-LP は遊離状態の BGL-LP と同様の挙動を示した（pH8.0：49.6％）。熱耐性に関して，BGL-LP を 60℃で 0〜180 min インキュベート後に酵素活性を測定したところ，化学修飾法における固定化 BGL-LP がほとんど酵素活性を損なわなかったことに対して，sortagging により固定化された BGL-LP は 30 min のインキュベートで酵素活性が 3 分の 1 程度まで低下し，遊離状態の BGL-LP と同じ挙動を示した。以上のことから，sortagging による固定化では熱や pH に対する耐性の向上は見られなかったが，酵素を C 末端特異的に一点で固定化することで遊離状態に近い形で固定化可能であるということが示唆された。

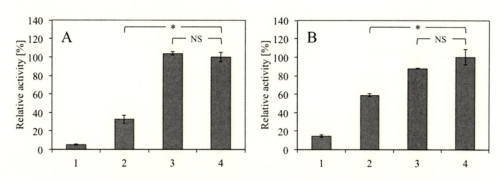

図5　微粒子に固定化した酵素の比活性比較；A. BGL-LP および B. AmyA-GS-LP
1. 物理吸着，2. 化学修飾，3. sortagging，4. 遊離酵素

6　おわりに

　本章では sortase A を用いた C 末端特異的な酵素固定化法について紹介した。Sortase A が触媒するペプチド転移反応を利用することで，C 末端に sortase A の認識配列を持つタンパク質という条件付きでタンパク質を配向固定化することに成功した。本手法は，数アミノ酸からなるペプチド基質をタンパク質および固定化担体それぞれに修飾することで適用可能であるという点で非常にハンドリング性が高く，筆者らが報告した固定化酵素以外にも既に様々な形で利用されている[20, 21]。条件付きではあるがタンパク質を配向固定化できる酵素修飾法は非常に魅力的な技術であり，sortagging を用いた固定化法も含めて今後の発展が大いに期待される分野である。

実験項　Sortase A を用いたポリスチレン微粒子へのタンパク質の配向固定化

[実験操作][18]

（1）トリグリシン修飾微粒子の調製

　500 nm アミン修飾ポリスチレン微粒子（Partikeltechnologie GmbH）60 μL を 0.1 M MES buffer（pH 4.8）で 2 回洗浄した後，再懸濁した。Fmoc-GGG-OH をジメチルホルムアミド（DMF）に溶かし，終濃度が 1 mM になるように加えた。EDC 溶液（0.1 M MES buffer）を終濃度 3 mM になるよう添加し，微粒子が沈殿しないよう 2 h 振盪した。微粒子を 0.1 M MES buffer で 1 回，蒸留水で 2 回洗浄した。続いて，20％ピペリジン溶液に再懸濁し，30 min 振盪した。蒸留水で 2 回洗浄した後，0.1％ Tween 20 を含む PBS で 2 回洗浄した[a, b]。

（2）Sortase A を用いた酵素固定化微粒子の調製

　トリグリシン修飾微粒子 1 mg，4 μM BGL-LP（AmyA-GS-LP）[c]，2 μM sortase A を 0.5 mM CaCl$_2$ を含む 0.1 M Tris buffer（pH 7.0〜8.0）中，室温で 4 h 緩やかに振盪した[d]。反応溶液を 10 min 遠心分離した後に上清を取り除き，0.1％ Tween 20 を含む PBS で 3 回洗浄した[a, e]。

[注意・特徴など補足事項]

a）　得られた微粒子は 0.1％ Tween 20 を含む PBS 中 4℃で保存した。

b）　微粒子に修飾した Fmoc トリグリシンの脱保護後のトリグリシン修飾率はカイザー試薬キット（国産化学社）等を用いて定量的に評価可能である。

c）　市販プラスミドのマルチクローニングサイトに，終始コドンの前に LPETG 配列を含む目的タンパク質の遺伝子配列を挿入することで，T7 発現系や Cold shock 発現系等の大腸菌を用いた既存の組換えタンパク質発現系を用いて LPETG 配列を持つタンパク質を得た。

d）　Sortase A によるペプチド転移反応の最適温度は 30〜37℃として知られているが，本実験では，固定化反応条件による目的酵素の活性損失を抑制するために室温で sortagging を

行った。Sortagging の効率はある程度低下するが，反応時間を長くすることで十分な固定化量を得ることが可能である。

e)　最終的に固定化されたタンパク質量は任意のタンパク質定量法で測定可能である。本実験ではBCA タンパク質アッセイキット（Pierce）を用いて測定した。

文　　　献

1)　T. Matsumoto, T. Tanaka, A. Kondo, *Biotechnol. J.*, **7**, 1137（2012）

2)　T. Clancy *et al.*, *Biopolymers*, **94**, 385（2010）

3)　H. Mao *et al.*, *J. Am. Chem Soc.*, **126**, 2670（2004）

4)　T. Matsumoto *et al.*, *J. Biotechnol.*, **152**, 37（2011）

5)　D. A. Levary *et al.*, *PLoS One*, **6**, e18342（2011）

6)　J. M. Antos *et al.*, *J. Am. Chem Soc.*, **130**, 16338.（2008）

7)　S. Samantaray *et al.*, *J. Am. Chem Soc.*, **130**, 2132（2008）

8)　P. Agarwal and C. R. Bertozzi, *Bioconjug. Chem.*, **26**, 176（2015）

9)　R. R. Beerli *et al.*, *PLoS One*, **10**, e0131177.（2015）

10)　M. D. Witte *et al.*, *Nat. Protoc.*, **8**, 1808（2013）

11)　Y. M. Li *et al.*, *Angew. Chem. Int. Ed. Engl.*, **53**, 2198（2014）

12)　M. W. Popp *et al.*, *Nat. Chem. Biol.*, **3**, 707（2007）

13)　T. Tanaka *et al.*, *Chembiochem*, **9**, 802（2008）

14)　M. W. Popp *et al.*, *Proc. Natl. Acad. Sci. U S A.*, **108**, 3169（2011）

15)　Z. Wu, X. Guo, Z. Guo, *Chem. Commun.*（*Camb*）., **47**, 9218（2011）

16)　E. Cambria *et al.*, *Biomacromolecules*, **16**, 2316（2015）

17)　T. Matsumoto *et al.*, *Biosens. Bioelectron.*, **99**, 56（2018）

18)　Y. Hata *et al.*, *Macromol. Biosci.*, **15**, 1375（2015）

19)　相澤益男ほか，最新酵素利用技術と応用展開，p.230，シーエムシー

20)　M. Raeeszadeh-Sarmazdeh, R. Parthasarathy, E. T. Boder, *Colloids. Surf. B Biointerfaces*, **128**, 457（2015）

21)　H. O. Ham *et al.*, *Nat. Commun.*, **7**, 11140（2016）

第4章　電気化学反応や自己組織化による分子固定化技術と応用：ペプチドからタンパク質分子まで

高辻義行[*1]，春山哲也[*2]

1　はじめに

　材料に生体親和性や応答特性を付与する手段として，タンパク質・ペプチド・有機分子を表面に修飾する方法がある。

　材料，とくに金属などの無機材料の表面に，有機分子やペプチドあるいはタンパク質を修飾することは容易ではない。有機物同士（例：有機ポリマーとタンパク質）であれば，双方に化学結合で利用できる官能基があり，それを利用した化学架橋反応は，様々な種類があり，そのための架橋試薬も数多く市販されている。しかし，固定化したい担体材料が無機材料の場合は，少々難しい。なぜならば，架橋反応に適した官能基が，無機材料表面には見いだせないためである。例えば，金属材料。金属は物理強度が高く，加工性も良いなどの特性から，インプラントや人工関節の材料として広く利用されている。そうした場合の金属表面にペプチドやタンパク質をはじめとする有機分子を修飾することによって，生体親和性を高めるアプローチがある。しかし，前述の理由により，金属表面へ有機分子を修飾することは容易ではない。固相への分子修飾方法としては，物理吸着法，架橋法（化学結合法），包括法，自己組織化法の4つがコンベンショナルとして主な手法である。

　物理吸着法は，分子−固相の間で生じるファンデルワールス力による非特異的吸着現象である。実際には，ファンデルワールス力だけでなく，疎水性相互作用なども働いて起こる吸着である。しかし，非特異かつ弱い結合エネルギーによる吸着であり，固相表面の機能化を行うためのタンパク質・ペプチド・有機分子の修飾としては，多くの場合において，不充分である。

　架橋法（化学結合法）は，タンパク質・ペプチド・有機分子がその表面に有する官能基を利用して化学結合を形成する方法である。そこで問題となるのが，固相側（金属やガラスなど）の表面には，多くの場合で架橋反応に利用できる官能基が無いことである。ガラスにおいては，米コーニング社が開発したシランカップリング法により，ガラス表面にあたかも分子アンカーを設けて，そこにタンパク質・ペプチド・有機分子を化学結合させる方法がある。この方法は，結合強度も高く，固相がガラスであれば利用でき，Thermo Fisher Science を始めとする化学メーカーが様々な官能基に対応した架橋試薬をラインアップしていることから，様々なタンパク質・

＊1　Yoshiyuki Takatsuji　九州工業大学　大学院生命体工学研究科　助教
＊2　Tetsuya Haruyama　九州工業大学　大学院生命体工学研究科　教授

ペプチド・有機分子に対して汎用性は高い。しかし，ほぼガラスのみしか固相として選択できないという制限がある。

　包括法は，簡単に言えば，高分子の網で包み込む方法である。導電性高分子を用いる系では，モノマー（例：Pyrrole や aniline）と固相表面に修飾したい分子とを混合し，その混合液中で，電解重合あるいは化学重合を行うと，固相表面に高分子が絡みつく過程で，混合してあった修飾目的分子が，高分子中に取り込まれ，結果として目的分子を包括固定化できるという方法である。この方法は，表面に露出するのは，固定化目的分子でなく，包括に用いる高分子であることが，表面機能化という視点での課題である。

　自己組織化法は，多くの場合は単分子膜であるので，Self-Assembled Monolayer membrane（SAM 膜）と呼ばれる。自己組織化する分子同士の結合（言い換えると，横の結合）のほか，固相との結合に基づくものもある。その例が，金とチオール基との間で形成するメルカプチド結合である。これは固相である金表面の金結晶に S が結合するある種の配位結合であるので，たとえばアミノ酸のシステインのように，側鎖に SH が露出している分子であれば，金の固相との間でメルカプチド結合を形成し得る[1]。このメルカプチド結合は，金表面の結晶面方位によって結合のし易さ（結合を形成し得る密度）が異なるために，高密度で分子修飾したい場合は，金固相表面の結晶面方位の制御が必要になる。また，金以外の一部の金属固相でもメルカプチド結合は形成し得るが，いずれにせよ，その結合は，結晶面方位に依存するところに課題がある。

　以上に概説した既存の固相への分子修飾法は，それぞれ優れた手法であると同時に，用途に依っての課題もあり，それらを解決する分子固定法（分子による固相の修飾方法）の必要性は高い。

　本章では，固相表面へのタンパク質・ペプチド・有機分子の修飾を行う新しい方法について説明する。

2　電気化学反応を利用した分子固定化法（EC tag 法）

2.1　ペプチドタグ

　前節でも述べた自己組織化法（Self-assembled monolayer；SAM）は，固定化を行なうタンパク質などの分子と固相との距離や界面環境を設計できる優れた方法であると言える。多くの固相の分子修飾研究が SAM により行なわれてきている。しかし，タンパク質は大きな分子（平均的なタンパク質分子サイズは，差し渡し長さが通常 10 nm〜20 nm）であり，特定官能基がシングルサイトで存在するわけではない（タンパク質分子への架橋反応はタンパク質を形成するアミノ酸の側鎖官能基を修飾サイトとするが，同じ官能基が分子表面に複数存在することが普通である）。そのため SAM を介した電極上でのタンパク質層形成を行なっても，タンパク質分子の配向は制御できている訳ではない。このことは，機能性タンパク質で SAM を形成しても，机上で設計したような界面を必ずしも構築できないことを示唆している。また，化学架橋試薬とタンパ

ク質分子との架橋反応によって，タンパク質の活性低下を招くことも多い。固定化する機能性分子が，タンパク質などの大きなサイズであると，その機能には，分子のある投影面で発現されることが多く，そのような場合には，固相上に於ける分子配向性が極めて重要となるであろう。従来の方法とはことなるタンパク質分子固定化技術の開発が必要となった。それが表題に掲げる「電気化学反応を利用した分子固定化法（EC tag 法）」である。

タンパク質やペプチドは，アミノ酸が重合して出来ている機能性分子である。その配列は遺伝子配列によって決まっており，ペプチド配列として導入可能な「固定化用タグ」であれば，遺伝子工学手法によりタンパク質分子にそのタグを容易に挿入でき，かつ分子が固定化された時の分子配向を設計することが出来ると考えた。

特異的分子アフィニティを有するペプチド配列は複数が知られている。アフィニティを有するごく短いペプチド配列，あるいは小さなタンパク質分子（またはドメイン構造）の主なものである。著者らは，新しい分子の配向を設計制御できる分子を固相に固定化する方法を構想するにあたって，様々なアフィニティタグについて広く検討し，2価金属イオンにアフィニティを有するHis tag に着目した。His tag はタンパク質構成アミノ酸のひとつであるヒスチジンが複数つながったホモペプチドのことである。ヒスチジンの側鎖官能基であるイミダゾール基のN原子が配位子となり，金属イオンと配位結合を形成する。著者はペプチド配位子であるヒスチジンホモペプチドに2価金属を配位した状態で，電解還元（電極により電子を受容し還元反応が進行する）を行えば，その電極表面に金属を還元析出でき，金属-tag 複合体として固定化できるのではないかと考えた。中心金属のレドックスに影響されないところに，この着想のポイントがある。このことを実験的に確かめる事とした。

2.2　EC tag による分子の電解固定化1：ペプチドの固定化

ペプチドは合成法が確立しているので，任意の配列で設計・合成することができる。まず，ここではタグとなるヒスチジンホモペプチドによる電解固定化の検討を行った。

図1は，ヒスチジンホモペプチドを固定化タグとする電解固定化を検討するために分子設計・合成したリポーターペプチドタグの構造模式図である。ヒスチジン6分子から成るヒスチジンホモペプチド（ヘキサヒスチジン）に，ポリエチレングリコールと，フルオレセインイソチオシアネート（FITC）を結合している。ヘキサヒスチジンは，金属イオン配位子としての機能領域であり，FITC は蛍光分子としてレポーター機能領域として設計した。それらの間に挿入したポリエチレングリコールは，FITC が疎水性の高い分子であるために，疎水性相互作用による分子凝集や固相への非特異吸着を抑制するための水和領域として設計している。

このリポーターペプチドタグのヘキサヒスチジン領域に，金属イオン（本実験では銅イオンを使用）を配位させ，その溶液中に金属（Pt）電極を入れ，Cu イオンの電解還元電位に合わせた電位で電解還元を行った。その後，電極表面を蛍光顕微鏡により固定化されたリポーターペプチドタグのFITC 由来の蛍光強度に基づき分析した。その結果，還元電解により，このリポーター

ペプチドタグを高密度に固定化できることが明らかとなった。つまり，ヘキサヒスチジンに金属イオンを配位させ，その金属イオンを還元することで，金属は電極表面に析出し，そのときヘキサヒスチジンとの結合を保持し，分子固定化を出来ることを明らかにした[2]。

　以上のことから，ヘキサヒスチジン-金属イオンをタグとする分子固定化法は，電気化学的に

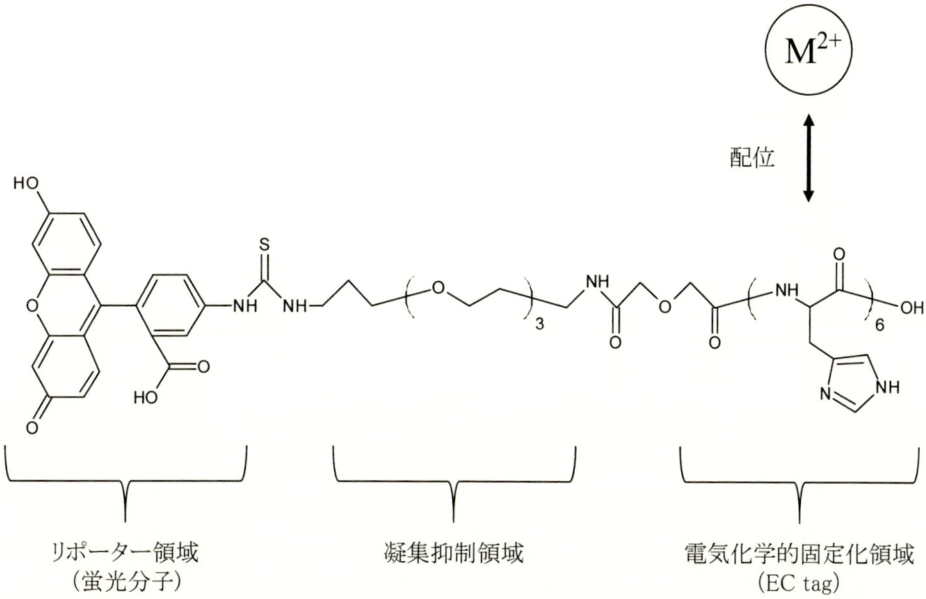

リポーター領域
（蛍光分子）

凝集抑制領域

電気化学的固定化領域
（EC tag）

図1　電気化学固定化法の評価に用いたレポーター機能を持った EC tag 分子の構造も模式図

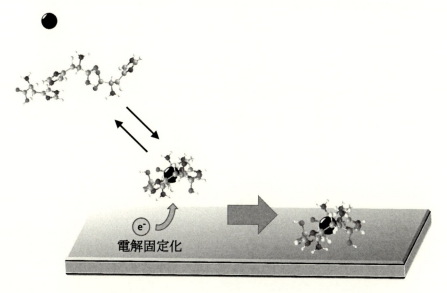

電解固定化

図2　電気化学固定化法（EC tag 法）の固定化プロセスの概要図

固定化でき，その電解量によって固定化量も制御できる導電性材料（金属，カーボンなど）への分子固定に優れる方法であると結論した。そこで，分子の電解固定化に用いるヘキサヒスチジンを EC tag と称し，この方法を，Electrochemical tag 法（EC tag 法）とした（図2）[3]。

2.3　EC tag による分子の電解固定化 2：タンパク質分子の固定化

　図3は，EC tag 法による電気化学的タンパク質固定のために設計したタンパク質（EC tag-Protein A タンパク質）の構造模式図である。Protein A は抗体の Fc ドメインとの特異結合能を有する機能性タンパク質で，ここで固定化目的タンパク質として用いた。この ECtag-Protein A タンパク質のペプチド配位子部分に Ni^{2+} を配位させ，緩衝塩と支持電解質を含む水溶液に溶かし，それを電解液とし，電極（Pt）を作用電極として電解還元を行った。そののち，ルシフェラーゼ標識の抗体を，電極上に固定化されている Protein A にアフィニティ結合させ，それにより電極上に提示されたルシフェラーゼによる発行反応を行って，Protein A の固定化量を検討した。その結果，還元電位を印加した電極の表面だけがルシフェラーゼ発光し，EC tag 法によるタンパク質分子固定化を行い得ることが示された[3]。

　タンパク質を固液界面で固相に固定化する場合，問題になるのはタンパク質が固相に非特異的に吸着を起こし易いことによる，非特異吸着である。この非特異吸着は，設計した分子界面の形成を妨げるため，非特異吸着を抑制排除しなくてはならない。我々は，高分子糖であるデキストリンやシクロデキストリンを液相に存在させることで，タンパク質などが固相に非特異吸着することを顕著に抑制できる方法も創案している[4]。

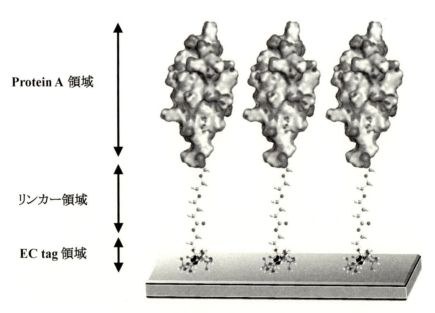

Protein A 領域

リンカー領域

EC tag 領域

図3　プロテイン A の電気化学的固定化に用いた Protein A-EC tag 融合分子
（遺伝子工学的手法で構築した融合分子）

EC tag 法は，タンパク質から低分子有機化合物まで幅広く，金属表面に固定化できる。しかも，固液界面における電解固定化プロセスで固定化を行い得るため，マスプロダクションにも適合し得る。バイオセンサへの応用研究などがあるが[5]，そうしたバイオ工学分野にとどまらず，有機電子材料としての電子移動を円滑にする分子界面設計や[6]，電子材料の封止技術などへの応用研究も行なわれている[7]。

3　自己組織化タンパク質を分子キャリアとするタンパク質分子固定化法（HFB ドロップスタンプ法）

前節でも，タンパク質やペプチドを固液界面で固相に固定化する場合，非特異吸着が技術的課題であることを述べた。ここで解説する「HFB ドロップスタンプ法」は，気液界面でタンパク質自己組織化膜を形成したのち，スタンプを押す様に固相表面にその膜を移す方法であり，非特異吸着が生じず，また分子密度などの精密設計が行い易い方法である。

HFB は，ハイドロフォビンと言われる界面タンパク質であり，糸状菌の細胞壁などに多く存在する特殊な両親媒性タンパク質であり，様々な種類がある。特異な構造のタンパク質で，分子形が概ね煉瓦のような直方体で，その1面にあたるタンパク質配列には疎水性アミノ酸が多く，且つその4隅にある4つのS-S結合によって，疎水性アミノ酸が分子表面に露出し，疎水性パッチ領域を作っている（図4)[8]。このハイドロフォビンは，気液界面で精密かつ強靭なハニカム様構造を，自己組織化により形成できる機能性タンパク質である。その特性を利用すると，気相側を向いている疎水性パッチを利用して，固相表面に，ハニカム様膜構造を維持したまま，スタンププロセスによって容易に貼り付けることが出来る（図5)[9]。これを我々はHFBドロップスタンプ法と呼んでいる。このハニカム様構造を持った自己組織化膜は，膜自体が強靭で，その厚さ

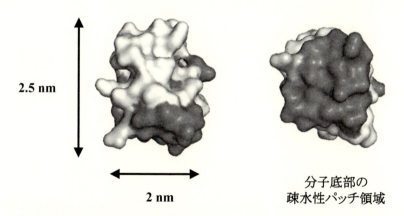

2.5 nm

2 nm

分子底部の
疎水性パッチ領域

図4　HFB 分子（様々な種類のあるハイドロフォビンのうちの1つ，HFBI）の
タンパク質構造
（RSCB Protein Data Bank（2FZ6）：
https://www.rcsb.org/pdb/explore/explore.do?structureId=2fz6）

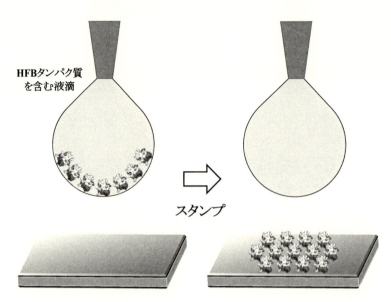

**HFBタンパク質
を含む液滴**

スタンプ

図5　HFB をキャリアとしてタンパク質固定化を行なうドロップスタンプ法
　　　プロセスの概念図

は 2〜3 nm であるにも関わらず，水の表面張力よりも強い座屈強度を有する[10]。

　この HFB タンパク質を分子キャリアとして用いて，これと目的タンパク質に遺伝子工学的に結合した融合タンパク質を作製し，HFB ドロップスタンプ法による固相表面へのタンパク質膜形成を行っている[11]。この HFB ドロップスタンプ法を用いると，固定化密度の制御や，固定化分子への揺動性付与など，機能性の高い分子界面を設計・構築できる。次項に，その研究例を解説する。

3.1　HFB を分子キャリアとして利用した酵素の揺動固定化による固定化酵素の活性向上

　HFB（総称：Hydrophobin）はタンパク質なので，その遺伝子上で，他のタンパク質（例：酵素）と融合して，それを宿主中で発現することにより，HFB-酵素融合タンパク質を，多量に得ることが出来る。この融合タンパク質を気液界面で自己組織化し，ハニカム様膜を形成する。特筆すべきは，「HFB-酵素融合分子」と「HFB 分子」とを予め任意の比率で混合しておくことによって，固定化酵素の密度（固定化する酵素の量）を制御できる。さらに，この混合によって得られる固定化酵素は，固定化した固相表面で非局在に存在し，偏った局在化が生じない。

　このとき，HFB と酵素を結合する部分を柔軟かつ長めのペプチド鎖として設計すると，固定化された酵素は，固相表面で揺動性を獲得する（図6）。固定化酵素は殆どの場合で，その触媒活性が低下する。しかし，この揺動性が付与された固定化酵素は，遊離の酵素と同等の比活性を保持できることが明らかとなっており，揺動性分子界面という新しい分子界面設計のコンセプトを示している[11,12]。

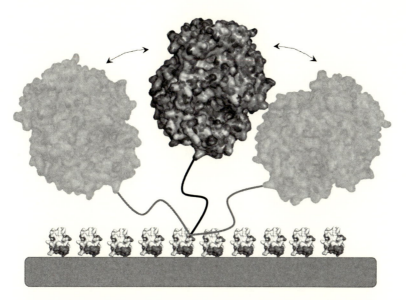

図6　HFB ドロップスタンプ法によって実現した揺動性分子界面の模式図

実験項1　EC tag による分子の電解固定化1（ペプチドの固定化）[2~4]

［実験操作］

　電極の前処理として，FTO 電極を1 M 硫酸および超純水中において，28 kHz で超音波処理を行う。その後，0.1 M 塩化カリウム溶液中で繰り返し電位操作し，表面処理を行う。

　ペプチド分子の固定化は三電極系を用い，以下の条件で行った。作用極は前処理した FTO 電極，対極は白金板，参照極は銀塩化銀電極，溶液は 15 μM EC tag 分子，15 μM 硫酸銅，0.1 M 塩化カリウム硝酸カリム溶液を pH 5 に調製し，－630 mV vs Ag/AgCl で電解還元を 10 分間行う。

実験項2　EC tag による分子の電解固定化2（タンパク質の固定化）[3]

［実験操作］

　電極の前処理として，白金微小電極を1 M 硫酸および超純水中において，28 kHz で超音波処理を行う。その後，0.1 M 塩化カリウム溶液中で繰り返し電位操作し，表面処理を行う。

　100 μM リン酸緩衝液（pH 5.7）に，EC tag 配列を含んだタンパク質（Protein A-EC tag）を 0.3 mg/mL，塩化ニッケルを 200 mM になるよう調製する。この調製した溶液を 0.1 M リン酸緩衝液（pH 7.4）に対して透析し，余剰なニッケルイオンを除く。タンパク質の固定化は三電極系を用い，以下の条件で行った。作用極は白金微小電極，対極は白金電極，参照極は銀塩化銀電極を用い，配位している中心金属が還元される電位を印可し，固定化する。

実験項3 HFB タンパク質を固定化キャリアとした酵素の揺動固定化[11]

[実験操作]

　HFB と HFB-酵素融合分子を，全モル濃度一定に任意の混合比率で 20 mM リン酸緩衝液（pH 7.0）に溶解させる。疎水化処理を施した基板へ，溶液を流し，20 mM リン酸緩衝液で洗浄を行う。混合した比率に応じて HFB と HFB-酵素癒合分子が疎水性基板上に自己組織化膜を形成するため，任意の酵素量を固定化することができ，酵素へ揺動性を付与することができる。

文　　　献

1）Munenori Imamura, Tetsuya Haruyama, Eiry Kobatake, Yoshihito Ikariyama, Masuo Aizawa, Self-assembly of Mediator-modified Enzyme in Porous Gold-black Electrode for Biosensing. *Sensors and Actuator B*, **24-25**, 113-116 (1995)

2）Hiroaki Sakamoto and Tetsuya Haruyama, Electrochemical preparation of junction between a molecule and solid surface through a metal coordinative peptidic tag, *Colloids and Surfaces B : Biointerfaces*, **79**, 83-87 (2010)

3）Tetsuya Haruyama, Tsutomu Sakai, Kouhei Matsuno, Protein Layer Coating on Metal Surface by Reversible Electrochemical Process through Genetical Introduced Tag. *Biomaterials*, **26/24**, 4944-4947 (2005)

4）Ryo Wakabayashi and Tetsuya Haruyama, Suppressive method for unspecific adsorption on a semiconductor electrode in the specific molecular immobilization process using EC tag method, *Electrochemistry*, **80** (5), 302-304 (2012)

5）Yoshiyuki Takatsuji, Ryo Wakabayashi, Tatsuya Sakakura and Tetsuya Haruyama, A "Swingable" straight-chain affinity molecule immobilized on a semi-conductor electrode for photo-excited current-based molecular sensing, *Electrochimica Acta*, **180**, 202-207 (2015)

6）Yoshiyuki Takatsuji, Tatsuya Sakakura, Naoya Murakami, and Tetsuya Haruyama, Smooth electron transfer from a photoexcited dye to semiconductor electrode through a swingable molecular interface, *Electrochemistry*, **84** (6), 390-393 (2016)

7）古野綾太, 高辻義行, 久保公彦, 春山哲也, 有機分子-金属複合界面の形成によるリードフレームとエポキシ樹脂の接着強度向上, IEEJ Transactions on Sensors and Micromechanisms（電気学会論文誌 E）, **36** (2), 31-35 (2016)

8）RSCB Protein Data Bank（2FZ6）：
https://www.rcsb.org/pdb/explore/explore.do?structureId=2fz6

9）Atsushi Iwanaga, Hitoshi Asakawa, Takeshi Fukuma, Momoka Nakamichi, Sakurako Shigematsu, Markus B. Linder and Tetsuya Haruyama, Ordered nano-structure of a stamped self-organized protein layer on a HOPG surface using a HFB carrier, *Colloids and Surfaces B : Biointerfaces*, **84**, 395-399 (2011)

10) Ryota Yamasaki, Yoshiyuki Takatsuji, Hitoshi Asakawa, Takeshi Fukuma, and Tetsuya Haruyama, Flattened-top domical water drops formed through self-organization of hydrophobin membranes : a structural and mechanistic study using AFM, *ACS nano*, **10** (1), 81-87 (2016)

11) Yoshiyuki Takatsujia, Ryota Yamasakia, Atsushi Iwanaga, Michael Lienemann, Markus B. Linder, Tetsuya Haruyama, Solid-support immobilization of a "swing" fusion protein for enhanced glucose oxidase catalytic activity., *Colloids and Surfaces B*, **112**, 186-191 (2013)

12) Tetsuya Haruyama, Design and fabrication of a molecular interface on an electrode with functional protein molecules for bio-electronic properties, *Electrochemistry*, **78** (11), 888-895 (2010)

第5章 セルロース結合性アプタマーを用いた人工セルラーゼの設計

高原茉莉[*1]，神谷典穂[*2]

1 はじめに

現在，温室効果ガスの削減を目標として，化石燃料に代わるエネルギー源が模索されている。特に，再生可能なバイオマスを分解し，得られた糖を発酵させて，環境に優しい液体燃料バイオエタノールに変換するバイオリファイナリー技術が注目されている。植物由来のバイオマスは，トウモロコシやサトウキビを原料とする糖質系バイオマス，草本類，木質材料から構成されるリグノセルロース系バイオマスの二種類に大別される。前者の糖質系バイオマスは，食物や飼料の供給と競合するため，後者の非食糧資源であるセルロース系バイオマスからのバイオエタノール生産が理想的である。しかし，セルロース系バイオマスからのエタノール変換過程において，バイオマスを加水分解して糖を得る糖化工程がボトルネックの一つとなっている。これは，糖質系バイオマスを構成するデンプンと比較して，木質系バイオマスは，剛直な結晶性セルロース（β-1,4-グリコシド結合によりグルコースが重合した多糖）から構成され，単糖への加水分解が律速となっているためである。このボトルネック工程を解消する触媒として注目されているのが，セルロースにおけるβ-1,4-グリコシド結合の加水分解反応を加速する酵素，セルラーゼである[1,2]。セルラーゼを用いた酵素糖化法では，比較的低温（37℃〜100℃）で，エンドグルカナーゼ（セルロース鎖内にランダムに作用してオリゴ糖を生成），セロビオハイドラーゼ（セルロース鎖末端から作用してオリゴ糖を生成），β-グルコシダーゼ（生成したオリゴ糖を単糖に分解）の三種類の酵素が協奏的に作用し，結晶性セルロース基質を単糖まで変換する（図1）。酵素糖化では，スケールが大きくなると酵素が大量に必要となり，基質に非特異吸着した酵素の再利用が困難であるため，熱処理，酸・アルカリ処理などの従来法に経済性では劣る。しかし，セルラーゼは穏やかな条件下での糖化が可能で，過分解物が生じず，単糖収率が高いという優れた性質を有しているため，効率的な次世代糖化触媒として期待されている。

比較的低温且つ常圧条件下で，セルラーゼが難溶性セルロース基質を効率的に糖化可能な理由として，セルラーゼの中でも，特にエンドグルカナーゼ，セロビオハイドラーゼの多くが有するセルロース結合モジュール（CBM）の存在が挙げられる。CBMを介して基質と相互作用し，加水分解過程を担う触媒ドメインが固相基質表面に濃縮される[3,4]。一般に，セルラーゼの基質と

＊1　Mari Takahara　北九州工業高等専門学校　生産デザイン工学科　助教

＊2　Noriho Kamiya　九州大学　大学院工学研究院　応用化学部門　教授

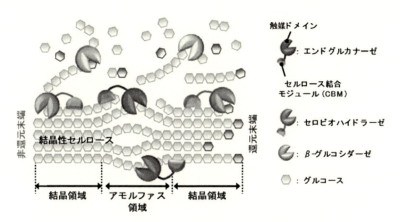

図1　セルラーゼによるセルロース基質加水分解機構

なる結晶性セルロースは水及び有機溶媒への溶解度が低く，加水分解反応は固液反応となる。触媒ドメインだけでは，固体基質への近接が困難となり加水分解活性が低下するが，基質結合部位であるCBMは疎水性相互作用によりセルロースへと結合し[5]，セルラーゼの触媒ドメインが固相基質への近接が可能となる。その結果，有効触媒濃度が向上し，セルラーゼの活性が固液反応においても高く維持される。以上のように，セルロース加水分解反応においては，セルラーゼの触媒ドメインだけでなく，基質への結合部位であるCBMが，その触媒活性に非常に重要な役割を果たしている。そのため，筆者らは，基質結合部位の分子設計に基づくセルラーゼの高機能化を目標とし，CBMにはない刺激応答性を有するセルロース結合性DNAアプタマーと触媒ドメインを組み合わせることで，機能性人工セルラーゼの開発に取り組んだ。本章では，セルロース結合性DNAアプタマーの性質及び配列設計，触媒ドメインとセルロース結合性DNAアプタマーの部位特異的複合化法，設計した人工セルラーゼと天然セルラーゼの機能比較を紹介する。

2　セルロース結合性 DNA の性質及び配列設計

　セルラーゼの活性には基質との結合部位が重要であるため，天然セルラーゼが有するCBMを模したセルロース結合性人工生体分子が研究されている。例えば，*Trichoderma reesei* 由来セルラーゼにおけるCBM配列を基に設計された18残基のセルロース結合性ペプチド[6]，ファージディスプレイ法により選抜されたセルロース結合性ペプチド[7]が報告されており，大量合成及び結合力の制御が容易なセルロース結合性ペプチドをCBMの代わりに用いることで，酵素糖化におけるコスト削減の可能性が示唆されている。しかし，酵素糖化には酵素の再利用が困難という課題がある。酵素の再利用が困難となっている原因として，CBMにより基質に吸着したセルラーゼの回収の難しさが挙げられる。そこで筆者らは，大量合成可能且つ酵素の再利用が容易なセルロース結合性分子として，DNAアプタマーに注目した。DNAアプタマーは標的分子と特

異的に相互作用する人工核酸で，試験管内進化法により任意の標的分子に対して取得される[8,9]。多くのDNAアプタマーの結合特性として，Na$^+$，K$^+$などの塩によりグアニン（G）四重鎖構造が安定化されて，標的分子へ結合するという塩濃度応答性を示すことが報告されている[10]。そのため，天然のCBMをセルロース結合性DNAアプタマーで置換した，触媒ドメイン-DNAアプタマー複合体は，天然セルラーゼのCBMでは達成できなかったDNAアプタマー特有の塩濃度応答性の結合制御が可能となる。即ち，塩を含む溶液中では，触媒ドメイン-DNAアプタマー複合体はセルロース基質に結合して，触媒ドメインが基質近傍で作用して効率的に加水分解する。そして加水分解反応飽和後，キレート剤で脱塩すると，DNAはセルロース基質から遊離し，複合体は容易に分離される。即ち，塩の有無という刺激応答性による結合のスイッチングで，再利用可能な人工セルラーゼ（触媒ドメイン-DNAアプタマー複合体）の設計が期待できる（図2）。

具体的なDNA配列としては，100 mM NaCl及び5 mM MgCl$_2$を含む結合緩衝液（20 mM Tris-HCl, 0.01%（w/v）SDS, pH 7.5, R. T.）でBreakerらが取得した，60-merのセルロース結合性DNAアプタマー（CelApt）である[11]。ここで，筆者らは後述のモデルとして使用する好熱菌由来セルラーゼ触媒ドメインは50℃で活性を示すため，①50℃においてもDNA二次構造を熱力学的に安定化させ，さらに，②DNA末端にリンカー配列（dT$_n$）を付与して，触媒ドメインとの複合化の際の立体障害及び機能損失を最小限にすることを配列設計の指針とした。まずCelApt配列に①G-C塩基対を1対，②T配列を10塩基を追加したセルロース結合性DNAアプタマー（CelApt$_{72}$）を再設計した（図3A）。CelApt$_{72}$の二次構造は，Mfold（http://unafold.rna.albany.edu/?q=mfold/DNA-Folding-Form）により[12]，G含有率が高いステム-ループ構造を有することが予測された。そこで，CelApt$_{72}$の高次構造を調べるため，CelApt配列の逆配列（reverse）をコントロールとして，20℃及び50℃における円二色性（CD）スペクトル測定を行った（図3B）。20℃のCDスペクトル測定においては，塩濃度に依存せず，CelApt$_{72}$は265 nmに正の極大ピーク，245 nmに負の極小ピークを示したため，並行G四重鎖形成が示された[10]。し

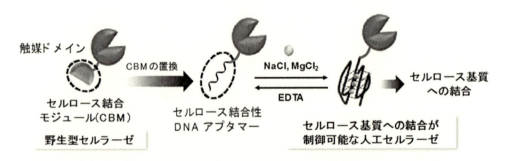

図2　DNAアプタマーを用いた塩応答性人工セルラーゼの設計及び作用機構
[Reprinted with permission from *Biomacromolecules*, **17**, 3356-3362（2016）. Copyright 2018 American Chemical Society.]

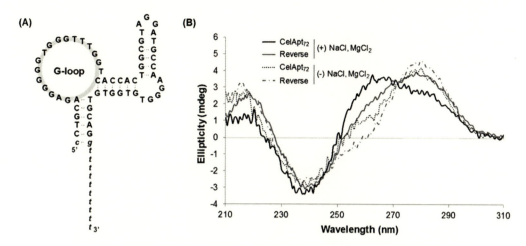

図3　（A）Mfold による CelApt$_{72}$ の二次構造予測。斜体の小文字が追加塩基対
　　（B）50℃における CelApt$_{72}$ 及び逆配列 reverse の CD スペクトル

[Reprinted with permission from *Biomacromolecules*, **17**, 3356-3362 (2016). Copyright 2018 American Chemical Society.]

かし，50℃における CelApt$_{72}$ の測定では，塩（100 mM NaCl，5 mM MgCl$_2$）を含む緩衝液中においてのみ，CelApt$_{72}$ は 265 nm に正の極大ピーク，245 nm に負の極小ピークを示し，50℃においては塩濃度依存的な G 四重鎖形成と言える。一方，コントロールの逆配列 DNA はいずれの条件においても，250 nm に正のピーク，280 nm に負のピークを示したことから，一本鎖 DNA もしくは二本鎖 DNA の形成が予測された。逆配列 DNA（reverse）では並行 G 四重鎖構造に特徴的なピークを示さなかったことから，CelApt$_{72}$ は，50℃において配列特異的且つ塩濃度依存的に G 四重鎖構造を形成し，セルロース結合モチーフとなることが示唆された。

　次に CelApt$_{72}$ のセルロース基質種への結合特性を検証した。Breaker らは，カラム中のセルロース粉末を標的として CelApt を取得し，セルロース鎖中の β-1,4-グリコシド結合特異的に結合することを報告している[11]。しかし，結晶度の異なるセルロースへの CelApt 結合特性の知見は得られていない。そこで，蛍光 FITC 修飾 CelApt$_{72}$（FITC-CelApt$_{72}$，5 μM）を，塩（100 mM NaCl，5 mM MgCl$_2$）を含む，もしくは塩を含まない結合緩衝液において，結晶度の異なるセルロース基質に 50℃で作用させて，結合挙動を蛍光顕微鏡で観察した。セルロース基質は結晶性セルロースとして Avicel（10 mg/mL），アモルファスセルロースとしてリン酸膨潤セルロース（PASC）（3.5 mg/mL）を用いた。蛍光顕微鏡観察では，緩衝液中に塩が含まれない条件では，セルロース粒子のみ観察される一方，塩が含まれる条件ではセルロース粒子表面に FITC-CelApt$_{72}$ 由来の蛍光が観察された（図4）。よって，CelApt$_{72}$ は緩衝液中に塩が含まれる場合のみ，Avicel，PASC いずれのセルロース基質へと結合することが確認された。また，塩を含む結合緩衝液中で，Avicel，PASC へ結合した FITC-CelApt$_{72}$ を定量すると，Avicel と比較してアモルファス領域を多く含む PASC の方が高い結合量を示した。以上より，CelApt$_{72}$ は結晶度の

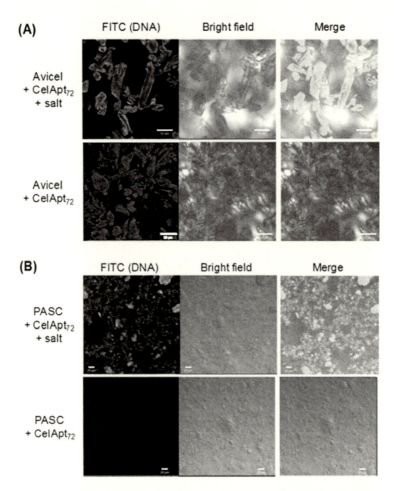

図4 蛍光顕微鏡による FITC-CelApt₇₂ 及びセルロース基質間の相互作用観察
(A) Avicel 基質。(B) PASC 基質。

異なるセルロース基質に結合するが，アモルファス領域により結合する傾向があり，人工セルラーゼのセルロース結合部位として応用可能なことが示唆された。

3 微生物由来トランスグルタミナーゼ（MTG）を用いた人工セルラーゼの合成

人工セルラーゼ触媒ドメインと CelApt₇₂ の複合化においては，双方の機能損失を最小限にするために部位特異的な複合化が重要となる。そこで，筆者らは，部位特異性，生体適合性，高い反応効率を満たす，微生物由来トランスグルタミナーゼ（MTG）が触媒する架橋反応によるバ

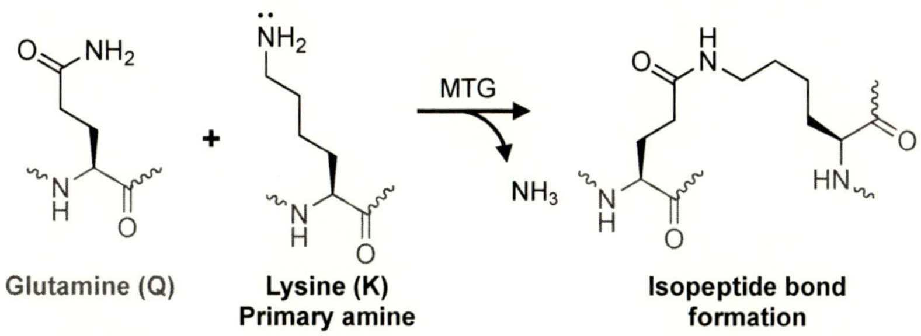

図5　微生物由来トランスグルタミナーゼ（MTG）が触媒する架橋反応スキーム

イオコンジュゲーション法に着目した[13, 14]。MTGは特定のグルタミン（Q残基）とリジン（K残基）の側鎖間における架橋反応を触媒する酵素で，部位特異的にイソペプチド結合を形成する（図5）。現在までに，筆者らはDNAをQ側基質として，MTGが認識可能なQを含むジペプチド *N*-carbobenzyloxy glutaminyl glycine（Z–QG）を修飾したZ–QG–DNAと，目的タンパク質をK側基質として，MTGが認識可能なKを含む配列（K-tag；MRH*K*）を遺伝子工学的手法で目的タンパク質に融合し，MTGを介した部位特異的なDNA–タンパク質コンジュゲーション法を開発してきた[15, 16]。このMTG反応による複合化を人工セルラーゼ，即ちCelApt$_{72}$-触媒ドメインコンジュゲートの開発へ応用した。

　モデルセルラーゼとして，好熱菌 *Thermobifida fusca* 由来のエンドグルカナーゼ Cel6A における触媒ドメインを選択し，遺伝子工学的手法によりC末端にMTGが認識可能なK-tagが融合された触媒ドメイン（Cel6A$_{CD}$）単体を調製する[17]。そして再設計したCelApt$_{72}$の3′-末端に，DNAポリメラーゼを利用して，Z–QG修飾ヌクレオチドを一分子だけ導入したZ–QG–CelApt$_{72}$を合成する[16]。Cel6A$_{CD}$（1 μM）及びZ–QG–CelApt$_{72}$（1 μM），MTG（0.1 U/mL）を20 mMリン酸緩衝液（pH 6.0）中で混合し，4℃で一晩MTG反応を進行させることで，Cel6A$_{CD}$に対してCelApt$_{72}$がほぼ100%修飾された，人工セルラーゼCelApt$_{72}$-Cel6A$_{CD}$複合体を取得した。同様に逆配列revrse-Cel6A$_{CD}$複合体をコントロール用に調製した。このように効率的且つ部位特異的な複合化法で得られた新規人工セルラーゼは，天然セルラーゼ及びCBMが欠損したCel6A$_{CD}$単体とのセルロース加水分解活性を比較することで機能評価を行った。

4　人工セルラーゼと天然セルラーゼの比較

　CelApt$_{72}$-Cel6A$_{CD}$複合体をセルロース加水分解反応に使用し，人工セルラーゼの機能評価を行った。セルロース加水分解反応では，CelApt$_{72}$-Cel6A$_{CD}$複合体，逆配列reverse-Cel6A$_{CD}$複合体，Cel6A$_{CD}$（CBMが欠損した触媒ドメイン単体），Cel6A（CBMと触媒ドメインを両方有する全長体エンドグルカナーゼ）の触媒ドメイン濃度が，Avicel（10 mg/mL）基質の場合100 nM，もしくはPASC（3.5 mg/mL）基質40 nMとなるように，塩（100 mM NaCl, 5 mM

$MgCl_2$）を含む，もしくは含まない結合緩衝液に添加し，50℃，1000 rpm で 48 時間撹拌して反応させた。セルロース加水分解活性は，48 時間後に生成した還元末端をテトラゾリウムブルー（TZ）法により還元末端糖量を定量し，相対活性として評価した。相対酵素活性は，塩を含む緩衝液，含まない緩衝液それぞれについて，各種セルロース基質に対する 48 時間後の $Cel6A_{CD}$ 単体により生成した還元糖量を 1.0 と定義した。この相対活性から，触媒ドメイン単体（$Cel6A_{CD}$），天然型セルラーゼ（Cel6A）との機能性を比較した（図 6）。$Cel6A_{CD}$ 単体もしくは Cel6A による Avicel 基質，PASC 基質に対する相対活性は，緩衝液中に塩を含む場合も含まない場合も同等であり，$Cel6A_{CD}$，天然型 Cel6A の活性は塩濃度に依存しなかった。$CelApt_{72}$ の逆配列 DNA を用いた reverse-$Cel6A_{CD}$ も同様に塩濃度に依存しない活性を示し，$Cel6A_{CD}$ 単体と同等の活性に留まった。一方，$CelApt_{72}$-$Cel6A_{CD}$ の活性は，Avicel，PASC 基質どちらにおいても，緩衝液中に塩を含む場合は，野生型の Cel6A に匹敵する活性を示した。このことから，配列特異的な活性向上は，セルロース基質への結合に由来すると言える。さらに，$CelApt_{72}$-$Cel6A_{CD}$ は，緩衝液中に塩を含まない場合 $Cel6A_{CD}$ 単体と同等の値を示し，結合部位のない触媒ドメイン $Cel6A_{CD}$ と同様の挙動を示した。このように天然型セルラーゼでは見られない，塩濃度による触媒活性のスイッチングが可能なことが示された。即ち，DNA アプタマーが，塩により高次構造を形成してセルロースへの結合能力を獲得し，CBM 様の機能を発現したためこのような結合スイッチングが可能となったと考えられる。以上より，$CelApt_{72}$-$Cel6A_{CD}$ は配列特異的かつ塩濃度依存的に天然型 Cel6A に匹敵するセルロース加水分解活性を発現することが示された。

　塩濃度応答的なセルロース結合性の発現は，Mfold の予測と CD スペクトル測定結果から，塩によって結合モチーフの G 四重鎖構造が安定化されるため，もしくは Cranston らの検討で報告されているセルロース表面と DNA のリン酸骨格の負電荷間に生じる共存イオンを介した塩橋のため[18]，と考察できる。このように高塩濃度で DNA アプタマーが結合性を示すのは，天然型セ

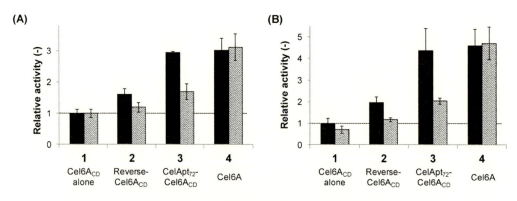

図6　セルロース加水分解反応における相対活性
（A）Avicel 基質，（B）PASC 基質。

［Reprinted with permission from *Biomacromolecules*, **17**, 3356-3362 （2016）. Copyright 2018 American Chemical Society.］

ルラーゼの CBM が高塩濃度でセルロース材料から解離する（例えば，イオン交換クロマトグラフィーによる精製）現象と対照的な結果となっている。

　さらに，結晶度の異なるセルロース基質に対する活性向上率に注目すると，$CelApt_{72}$-$Cel6A_{CD}$, Cel6A は，$Cel6A_{CD}$ 単体と比較して，Avicel 基質において 3.0 倍（図 6A），PASC 基質において 4.5 倍の活性（図 6B）を示す。即ち $CelApt_{72}$, CBM は共にアモルファス性の PASC に対してより効率的な加水分解を可能にする。このようにアモルファス性基質に対してより加水分解活性が向上するのは，$CelApt_{72}$ がアモルファス領域選択的に結合するという特性解析結果と一致する。CelApt が β-1,4-グリコシド結合と α-1,4-グリコシド結合を識別して，セルロース鎖中の β-1,4-グリコシド結合に結合することを考慮すると[11]，CelApt は，溶液中に露出したセルロース鎖における β-1,4-グリコシド結合に作用していることが予想される。結晶性セルロースと比較すると，緩んだ結晶構造のアモルファス性セルロースの方が，溶液中にセルロース鎖を露出しうるため，$CelApt_{72}$ が Avicel より PASC により吸着し，活性向上率も高いと筆者らは考えている。

　また，水溶性セルロース基質カルボキシメチルセルロース（CMC）の加水分解反応においては，Cel6A, $Cel6A_{CD}$ 単体，コンジュゲートでほぼ同等の活性となり，固液反応においては，基質結合部位により触媒ドメインの有効触媒濃度を向上させることが重要だと言える。DNA アプタマーはセルロース以外の固体基質に対しても取得可能であるため[19]，セルラーゼに限らず，固液界面で作用する結合モジュールとして，人工生体触媒の設計における幅広い応用が期待される。

5　おわりに

　本章では，水溶性の低い固相基質に作用する酵素の触媒活性の発現において，基質結合部位の存在が鍵を握ることに注目し，天然系とは異なる機能を発現する人工セルロース結合性部位を用いて，人工セルラーゼの開発を試みた。まず，基質結合部位として選択したセルロース結合性 DNA アプタマーについて，酵素反応条件における DNA 二次構造の熱力学安定性，触媒ドメインとの効率的な複合化の 2 点を考慮し，塩基配列を追加した $CelApt_{72}$ を設計した。CD スペクトルから，$CelApt_{72}$ は 50℃ で塩濃度（Na^+, Mg^{2+}）に依存して結合モチーフである G 四重鎖構造が形成されること，結晶度の異なるセルロース基質（Avicel, PASC）に $CelApt_{72}$ を作用させると，両基質に対して $CelApt_{72}$ が結合することを確認した。特に $CelApt_{72}$ は PASC への吸着量が Avicel より多かったことから，$CelApt_{72}$ がアモルファス領域選択的に結合する傾向を見出した。

　$CelApt_{72}$ と $Cel6A_{CD}$ の連結には，筆者らが確立した MTG を用いた部位特異的複合化法を用いることで人工セルラーゼ $CelApt_{72}$-$Cel6A_{CD}$ 複合体を合成した。セルロース加水分解活性によりその機能を評価したところ，天然型セルラーゼは塩濃度依存性を示さない一方，$CelApt_{72}$-$Cel6A_{CD}$ は配列特異的かつ塩濃度に依存した触媒活性を示した。特に，塩（Na^+, Mg^{2+}）が含ま

れる緩衝液中において，CelApt$_{72}$–Cel6A$_{CD}$ は，触媒ドメイン Cel6A$_{CD}$ 単体と比較して最大 4.5 倍の活性を発現し，天然型セルラーゼに匹敵する触媒活性を示した。

以上のことから，セルロース結合性 DNA アプタマーの分子設計，熱力学的安定性の評価，結合特性の評価を行い，最適設計したアプタマーとエンドグルカナーゼ触媒ドメインを酵素反応法で複合化し，天然型に匹敵する触媒活性と，天然型には見られない塩濃度応答性を示す人工セルラーゼの開発に成功した。今後の展開として，キレート剤を用いたセルロース基質からの CelApt$_{72}$–Cel6A$_{CD}$ の分離と再利用性の検討，セロビオハイドラーゼ触媒ドメインへの CelApt$_{72}$ の付与が加水分解活性に与える効果など，人工セルラーゼの実用化と汎用化に向けた研究開発が考えられる。

実験項　MTG を用いた人工セルラーゼの合成[20]

［実験操作］

本研究で用いた Cel6A$_{CD}$ は，東北大学梅津光央研究室の中澤光博士より提供された。具体的には，In-Fusion Cloning Kit で In-Fusion Cloning Kit で触媒ドメイン（Carbohydrate Active Enzymes Database：http://www.cazy.org/ からアミノ酸配列取得）の C 末端に GGGS-MRHKGS-HHHHHH 配列を pET22 ベクターにクローニングし[a,b]，E. coli BL21（DE3）に形質転換し，既報に従い Cel6A$_{CD}$ の発現・精製を行った[17]。Cel6A$_{CD}$ 濃度は 280 nm の吸光度から決定し，純度は SDS-PAGE から評価した。

Z-QG-CelApt$_{72}$ は，terminal deoxynucleotidyl transferase（TdT）を用いて CelApt$_{72}$ へ Z-QG を 1 分子導入することで合成した（スキーム A）[c]。TdT 反応は，CelApt$_{72}$（5 μM），Z-QG-ddUTP（0.05 mM），5 mM CoCl$_2$，TdT（20 U/μL）を，TdT 反応緩衝液（200 mM potassium cacodylate，25 mM Tris-HCl，0.25 mg/mL BSA，pH 6.6，50 μL）に氷浴で混合し，37℃，1 時間行なった。その後終濃度 20 mM となるように EDTA を添加し，反応停止させた。反応停止後，QIAquick Nucleotide Removal Kit により精製し，未修飾 CelApt$_{72}$ 及び未反応 Z-QG-ddUTP，TdT を除去した。精製後，得られた Z-QG DNA は，NanoDrop 2000（Thermo Fisher Scientific）を用いて 260 nm の吸収を測定することで，濃度決定を行った。15％変性 PAGE により Z-QG-CelApt$_{72}$ の合成を評価した。

得られた MTG 反応性基質，Cel6A$_{CD}$（1 μM）及び Z-QG-CelApt$_{72}$（1 μM），MTG（0.1 U/mL）を 20 mM リン酸緩衝液（pH 6.0）中で混合し，4℃で一晩 MTG 反応を進行させ（スキーム B），終濃度 1 mM となるように N-エチルマレイミド（NEM）を添加して MTG を失活させて反応停止した[d]。その後，MTG 反応産物は，サイズ排除クラマトグラフィー及び SDS-PAGE により評価した。

スキームA

スキームB

［注意・特徴など補足事項］

a) 遺伝子組換えによる K-tag 挿入位置は，目的タンパク質の性質に合わせて，N 末端，C 末端，もしくはループ部位などタンパク質表面に露出しやすい部位とする。ラベル対象のタンパク質表面の露出した位置に，塩基性アミノ酸に囲まれた K が存在する場合，野生型タンパク質であっても MTG がその K を認識することで基質となる可能性がある。

b) 目的タンパク質に MTG が認識可能な Q（複数の疎水性アミノ酸に囲まれた Q）が存在する場合，MTG 反応において K-tag と自己架橋する可能性があるため，目的タンパク質の内在性 Q もしくは K の MTG 反応性を事前に確認しておく。

c) TdT 反応において，Z-QG-ddUTP の代わりに Z-QG-dUTP を用いると，Z-QG が複数導入された (Z-QG)$_m$-CelApt$_{72}$ が調製可能である[21]。後の MTG 反応では，Cel6A$_{CD}$ が CelApt$_{72}$ 鎖上の複数の Z-QG と複合化し，CelApt$_{72}$-(Cel6A$_{CD}$)$_n$ が調製可能あるため，TdT 反応時の基質選択により，DNA1 本鎖あたりのタンパク質シングルラベルとマルチラベルを制御可能である。

d) MTG 反応が，[Z-QG-CelApt$_{72}$] / [Cel6A$_{CD}$]=1 で十分進行しない場合，[Z-QG-CelApt$_{72}$] / [Cel6A$_{CD}$]=2, 5 と Z-QG-CelApt$_{72}$ を過剰にしていくと，Cel6A$_{CD}$ の CelApt$_{72}$ ラベル率が向上する。

謝辞

本研究は JSPS 科研費 JP16H04581 の助成を受けたものです。

文　　献

1)　M. Dashtban *et al.*, *Int. J. Biol. Sci.*, **5**, 578 (2009)
2)　C. M. Payne *et al.*, *Chem. Rev.*, **115**, 1308 (2015)
3)　L. Tavagnacco *et al.*, *Carbohydr. Res.*, **346**, 839 (2011)
4)　A. B. Boraston *et al.*, *Biochem J.*, **382**, 769 (2004)
5)　H. J. Gilbert *et al.*, *Curr. Opin. Struct. Biol.*, **23**, 669 (2013)
6)　N. Khazanov *et al.*, *J. Phys. Chem. B*, **120**, 309 (2016)
7)　H. Nakazawa *et al.*, *Green Chem.*, **15**, 365 (2013)
8)　A. D. Ellington *et al.*, *Nature*, **346**, 818 (1990)
9)　C. Tuerk *et al.*, *Science*, **249**, 505 (1990)
10)　R. Ueki *et al.*, *Chem. Commun.*, **50**, 13131 (2014)
11)　B. J. Boese *et al.*, *Nucleic Acids Res.*, **35**, 6378 (2007)
12)　M. Zuker, *Nucleic Acids Res.*, **31**, 3406 (2003)
13)　K. Yokoyama *et al.*, *Appl. Microbiol. Biotechnol.*, **64**, 447 (2004)
14)　P. Strop, *Bioconjugate Chem.*, **25**, 855 (2014)
15)　M. Kitaoka *et al.*, *Chem. -Eur. J.*, **17**, 5387 (2011)
16)　M. Takahara *et al.*, *J. Biosci. Bioeng.*, **116**, 660 (2013)
17)　H. Nakazawa *et a.l*, *ACS Catal.*, **3**, 1342 (2013)
18)　T. Sato *et al.*, *Biomacromolecules*, **13**, 3173 (2012)
19)　K. Tsukakoshi *et al.*, *Anal. Chem.*, **84**, 5542 (2012)
20)　M. Takahara *et al.*, *Biomacromolecules*, **17**, 3356 (2016)
21)　M. Takahara *et al.*, *Biotechnol. J.*, **11**, 814 (2016)

第6章　クッションタンパク質を用いたリガンド分子固定化法の開発と利用

今中洋行*

1　はじめに

　生物の細胞内外では，タンパク質，ペプチド，核酸，糖鎖や脂質などの生体分子がそれぞれ相互作用を通じて機能発現し，多様なシステムの下で厳密な活動の制御を受け，生命を維持している[1]。そして，それぞれの生体分子は，周辺環境に適した形で独自の進化を遂げ，その機能の多様性の高さを含め，応用開発への試みが様々になされている。中でも生体分子が有する，相互作用する標的分子に対する高い認識特異性は特筆すべき特性といえる。そのため，生体分子間で生じる相互作用を制御し，検出・解析を通じてその特性を明らかにすることは，生命現象の解明だけでなく，医薬スクリーニング，クロマトグラフィー，生体材料やバイオセンサーの開発など基礎から応用まで幅広い領域・目的で役に立つ知見につながるといえる[2]。もちろん相互作用の検出や利用は溶液中，リガンド分子が遊離した状態でも可能であるが，実用的な応用展開を想定した場合，リガンド分子の固体表面への固定化を忘れるわけにはいかない。そして，多様な固体表面に対するリガンド生体分子の固定化技術（図1参照）はライフサイエンス分野の中核技術の一つであり，その際，目的に応じていかに「狙った量」を「機能を維持した状態」で「効率よく」固定化できるかが非常に重要である。

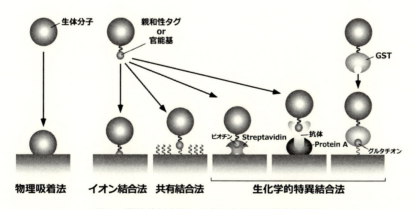

図1　固体基材表面への主な生体分子固定化技術

＊　Hiroyuki Imanaka　岡山大学　大学院自然科学研究科　助教

2　リガンド生体分子の固体表面への固定化方法

　リガンド生体分子の固体表面への機能的な固定化には前述の要素が求められているが，固定化操作として今もって主としてなされているのが，物理吸着である。固定化基材およびリガンド分子のそれぞれに何も処理を施さない場合，最も簡便な固定化法といえるが，その引き換えに固定化の際の配向制御ができず，固定化後のリガンド分子変性の抑制も困難であり，時に脱離も生じるため，あるレベル以上の機能維持は期待できない。

　一方，あらかじめ固定化基材表面を化学修飾し，化学反応あるいは酵素反応を通じてリガンド分子を固定化する手法もいろいろ報告されている。その中でもリガンド分子を修飾，改変する例としてアフィニティタグの連結，特に複数のヒスチジンが並んだHis-tagの連結，そしてシステインの挿入・連結は広く行われている。前者は固定化基材をNi-NTA（Nitrilo Triacetic Acid）であらかじめ修飾することによりキレート状態の金属との複合体が形成され[3]，後者は金表面上へのチオール結合形成（共有結合）により[4]それぞれリガンド分子を固定化することができる。また，シランカップリング剤で修飾したガラス表面へのCoiled-coilを介した固定化[5]や，カルボキシル基修飾表面へのリガンド生体分子内アミノ基を介したアミンカップリングによる固定化[6]なども汎用されている。さらに，生体分子間の特異的な相互作用を利用した手法も多数あり，例えば，ストレプトアビジン固定化表面へのビオチン化リガンド生体分子の固定化[7]，プロテインA固定化表面にさらにIgG抗体を固定化し，IgG抗体が認識する抗原ペプチド（例えばFLAG-tag：DYKDDDDK）をあらかじめ連結したリガンド生体分子を抗体-抗原反応を通じて固定化する[8]，グルタチオン固定化表面へのGST（Glutathione S-Transferase）融合リガンド生体分子の固定化[9]などが挙げられる。それ以外にもTGase（Transglutaminase）の基質ペプチドを連結したリガンド生体分子のアミノ基修飾表面への固定化[10]など酵素反応によるものもある。

　もちろん，共有結合を介したリガンド生体分子の機能的固定化が実現された例もあり，共有結合によってリガンド生体分子の脱離が抑制され，ある適当な条件下での反応により見かけのリガンド生体分子の安定性を向上できるともいわれている[11]。しかし，分子レベルから解釈するといくつかの問題点が指摘される。まず，固定化基材表面近傍に固定化したリガンド生体分子が固体表面との相互作用を通じて構造変化を起こし，その機能が低下する可能性がある。また，リガンド生体分子の配向が，その機能発現に不利である可能性が高い。化学反応を介した固定化では反応効率によっては固定化密度が不十分，反応部位の部位特異性が担保できず，配向が一定に保てない，などが問題となりうる。酵素反応を介した固定化では，酵素の分子サイズが表面近傍における立体障害の原因となり，反応効率の低下を招き，固定化密度が十分得られないことが懸念される。

　そこで，リガンド生体分子と固体基材表面との相互作用を制御し，変性を抑制することが，固定化後の機能発現を左右する重要な鍵と考え，アフィニティタグとクッションタンパク質を用いた，できるだけ機能を維持した状態でリガンド生体分子を配向制御しつつ固定化する簡便な手法

の開発を進めた。

3　リガンド分子デザインとクッションタンパク質の利用

　機能的なリガンド生体分子固定化法の開発にあたり，まず，アフィニティタグの利用による固定化配向制御を考えた。アフィニティタグの連結・挿入は，固定化基材表面に対するリガンド生体分子の部位特異的な固定化を誘導するため，固体表面上でのリガンド生体分子の機能発現に有利な配向をとらせることができる。さらに，固定化後の機能維持を狙いリガンド生体分子と固定化基材表面との直接的な相互作用を緩和するためのタンパク質性クッション（クッションタンパク質）の挿入を発想した[12]（図2）。この場合，リガンド生体分子の挿入あるいは連結において，アフィニティタグおよびクッションタンパク質を含めた分子全体を一本のポリペプチド鎖から構成されるようにすると，遺伝子工学的手法を通じた各種コーディング配列を有する DNA 断片の任意の部位への導入が可能で，分子デザインの自由度を担保できるとともに，大腸菌などを宿主とした発現を通じ比較的容易に調製できるメリットがある。さらに，固定化操作が物理吸着の場合と同じく極めて簡便であるという利点も挙げられる。

　そこで，筆者らはバイオパニングによるアフィニティタグの独自スクリーニングを進めると同時にクッションタンパク質の候補をデータベースより検索した。文部科学省のタンパク 3000 プロジェクト（2002〜2006 年）による多大な貢献[13]もあり，これまでに 10 万件を大幅に超えるタンパク質の結晶構造が Protein Data Bank（PDB）[14]に登録されている。さらに，タンパク質の特性解析も論文や各種データベースを通じて取得可能であることから，検索の際には①リガンド生体分子の連結・挿入のために安定でコンパクトな構造を有すること，②構造がシンメトリックであることや③末端の位置がリガンド分子やアフィニティタグの連結に適しているであろうこ

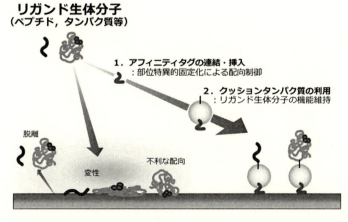

図2　クッションタンパク質を利用した機能的リガンド生体分子固定化技術の概要

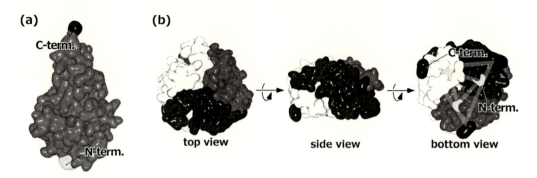

図3　クッションタンパク質の構造
a：RNaseHII（PDB：1IO2），b：CutA1（PDB：2E66）

と，などを指標にした。そして，これまでに 2 種類のクッションタンパク質の候補を見出した。一つが超好熱菌 *Thermococcus kodakarensis* 由来の単量体タンパク質 RNaseHII（HII）[15]（図 3a）で，もう一つが同じく超好熱菌 *Pyrococcus furiosus* 由来の三量体タンパク質 CutA1（Cut）[16]（図 3b）である。

4　各種クッションタンパク質を用いたリガンド生体分子の機能的固定化

4. 1　RNaseHII（HII）

　まず，独自に取得したステンレス親和性ペプチド SS-tag（SS：ADGEGEWTSGRR）をアフィニティタグとし，クッションタンパク質として HII を用いたリガンド生体分子の固定化について検証した。図 3a にも示すように HII は構造上 N 末端と C 末端が正反対に位置しており，いずれかの末端にアフィニティタグを，異なる末端にリガンド生体分子を連結することで，アフィニティタグを介した部位特異的固定化を通じ，リガンド分子を固体基材表面から離れた位置に配向しうると考えられる。まず，モデルリガンド分子を Hisx6（His6）とし，これを連結した各種 HII をステンレス表面に付着させ，洗浄後，HRP 標識抗 His-tag IgG 抗体を用いた直接法により His6 の検出を行った（図 4）。その結果，HRP 標識抗体のみをステンレス表面に付着させた場合，HRP の活性がほとんど検出されなかったことからステンレス表面との強い相互作用により HRP が変性し，失活したと考えられた。このとき，IgG 抗体のステンレス表面への付着は抗 IgG 抗体を用いて確認した。これに対して，クッションタンパク質を介して His6 を固定化した場合では，顕著に相互作用検出量が向上した。これにより，クッションタンパク質 HII が標識 HRP とステンレス表面との間の強い相互作用を緩和する作用を持つことが示唆された。加えて，Flexible Linker（FL：GGGS）及び SS-tag を付与することによって更に相互作用検出量が向上した。つまり，FL の挿入により His-tag との相互作用における立体障害が緩和されたと考えられた。さらに，エリプソメトリーにより SS-tag 連結 HII 固定化表面の膜厚を測定したところ，7.2 nm と

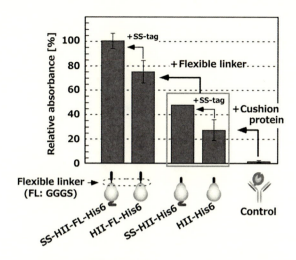

図4　SUS316L 表面上におけるクッションタンパク質 HII を
利用した His6-抗 His-tag IgG 抗体間相互作用の検出

算出され，HII の N, C 末端間距離とほぼ一致したことから，想定通りの配向で単層吸着がなされていることが強く示唆された。以上の結果より，HII をクッションタンパク質として利用し，SS-tag を介して固定化配向制御することで，標的リガンド分子（His6）を機能的に固定化できることがわかった。

　次に，親水性ポリスチレン（phi-PS）親和性ペプチド PS-tag[17]（PS：RAFIASRRIKRP）を用い，相互作用の検出を通じたリガンド分子の phi-PS 表面への機能的固定化に関する検証を行った。固定化基材表面近傍におけるリガンド分子の配向が検出感度や最大検出量に反映され，固定化における分子挙動の詳細な評価が可能となることを考慮し，一般的な抗原-抗体間相互作用に比べて極めて弱い相互作用である StrepTagII[18]（STII：WSHPQFEK）-Streptavidin（SA：$K_d =$ 72 μM[19]）あるいは StrepTactin（ST：$K_d = 1\,\mu$M[19]）間相互作用をモデルとした。そして，クッションタンパク質 HII を挟み込む形（PS-HII-FL-STII）と PS-tag に直接 STII を連結し，HII を含まない形（PS-FL-STII）のそれぞれを phi-PS 表面（96 穴マイクロプレート：Falcon® 353072）に固定化し，HRP（Horseradish Peroxidase）標識 SA あるいは ST を用いて相互作用検出を行った（図5）。HRP の基質として ABTS（2,2'-Azino-bis（3-Ethylbenzthiazoline-6-Sulfonic Acid））を用い，最終反応産物量を波長 416 nm の吸光度で評価した。その結果，クッションタンパク質を介してペプチドリガンドを固定化した場合，STII-ST 間，および STII-SA 間相互作用は，それぞれ解離定数に応じた感度で検出できた。それに比べ，クッションタンパク質を含まない形でペプチドリガンド（STII）を固定化した場合，STII-ST 間相互作用は感度の低下はみられたが検出は可能であった。しかし，相互作用力の弱い STII-SA 間相互作用は検出できなかった。通常では固体表面上での検出が困難な，弱いペプチド-タンパク質間相互作用をリガンドペプチドと固定化表面との間にクッションタンパク質を挿入することで再現でき，本手

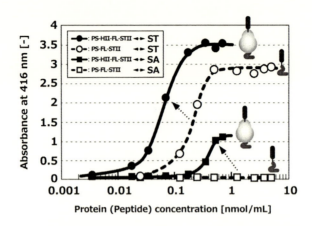

図5 phi-PS 表面上における STII-ST，SA 間相互作用検出に
及ぼす分子デザインの影響

法の適用により，固体表面上に固定化したペプチドの機能が十分に利用できると考えられた。な
お，クッションタンパク質 HII を用いたペプチド固定化に関して，親水性 PS プレートに対する
表面被覆率を評価すべく MicroBCA 法によるリガンドタンパク質固定化量の調査を行ったとこ
ろ，約 $0.45\,\mu g/cm^2$ の密度で飽和し，表面被覆率は約 80％と推算された。したがって，クッショ
ンタンパク質を介した固定化法により高密度にリガンド分子を固定化できることがわかった。

4.2 CutA1（Cut）

　リガンド生体分子の連結ならびに挿入による束縛も可能とする三量体タンパク質 CutA1 を
クッションタンパク質として用いた固定化法についても検討を加えた。超好熱菌由来 CutA1 は
変性温度が約 150℃ と既報のタンパク質の中で最も高い耐熱性を有しており，サブユニット間相
互作用や分子内イオン結合の強さがその要因と考えられている[16]。CutA1 の構造の特性として
は，図 3b にも示しているが，非常にコンパクトな四次（量体）構造を形成しており（*Pyrococcus
furiosus* 由来の野生型 CutA1 サブユニットは 102 aa)，さらに N，C 末端が同じ面に存在し，三
角柱様（三角おむすび型）であることが挙げられる。その利用の際，例えば三角柱の各頂点付近
に位置する C 末端にアフィニティタグを連結し，それを介した固定化によって固定化配向制御
されるとすると，リガンド生体分子はその逆面に提示されなければならない。しかし，逆面には
末端が存在しないため，提示にはリガンド分子を挿入するしかない。そこで，点変異導入後にお
いても構造安定性への影響が少ない部位を挿入サイトとし，リガンド生体分子として STII の挿
入を試みたところ，大腸菌を宿主とした可溶化発現を含め，調製が可能であった。そこで，FL
に加え，相互作用における立体障害回避を狙ったコイルドコイル構造（Coiled-coil：CC)[20] の挿
入も分子デザインに含め，様々な STII 挿入クッションタンパク質を調製した。まず，PS-tag を
アフィニティタグとして用い，各種クッションタンパク質を $0.1\,\mu M$ の濃度で 96 穴マイクロプ

レート（Falcon® 353072）のウェルに添加し，phi-PS 表面に固定化した。その後，標識した HRP の活性を指標に SA あるいは ST との相互作用を測定し，固定化とリガンド分子（STII）の配置が及ぼす影響について調査した（図6）。このとき，HRP の基質として TMB（3,3',5,5'-tetramethyl-benzidene）を用い，最終反応産物の波長 450 nm の吸光度を測定した。その結果，より親和性の高い STII-ST 間相互作用については FL や，3 回螺旋の CC3 あるいは 5 回螺旋の CC5 を挿入すると，リンカーなしに STII を束縛した場合と比べ，相互作用検出感度は向上し，これら三種類のクッションタンパク質をリガンドとして固定化した表面はほぼ同程度の相互作用検出感度を示した。アナライトである HRP 標識 ST の大きさを考慮すると，本プラットフォームの検出限界にほぼ達したことが示唆された。一方，アナライトとして HRP 標識 SA を添加した場合，若干の非特異吸着によるシグナルが検出されたものの，FL の挿入，CC3 の挿入，そして CC5 の挿入の順に相互作用検出感度が向上した。STII-SA 間相互作用の K_d 値は ST との相

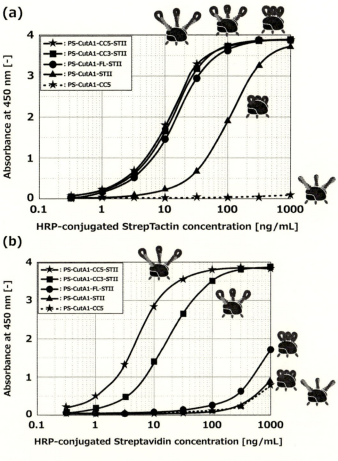

図 6　phi-PS 表面上における CutA1 をクッションタンパク質として
用いた(a) STII-ST 間，(b) STII-SA 間相互作用の検出

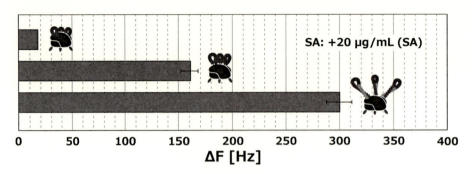

図7　QCM による金表面上における STII-SA 間相互作用の検出

互作用のそれと比べて顕著に大きく，相互作用しづらいが，推定構造上でリガンド分子（STII）の空間的配置を改変し，相互作用における立体障害を緩和することによって，極めて感度良く相互作用を検出できた。これは，弱い相互作用の検出・再現において，立体障害を緩和しうるリガンド分子の配置制御が特に重要であることを示唆する結果といえる。同時に，CutA1 への CC5（70aa）のような長いポリペプチド鎖の挿入も可能であったことから，野生型タンパク質の分子内あるいはサブユニット間相互作用を通じた高い構造安定性がクッションタンパク質のフレキシブルな分子デザインを許容すると考えられた。

　さらに，金表面へのリガンド分子の機能的固定化を評価するため，QCM（水晶振動子マイクロバランス：NAPiCOS PSA10A，日本電波工業）による相互作用検出を行った（図7）。この QCM はフロー系の検出システムで，測定は 25℃，流速 50 μL/min の条件で行った。まず金薄膜でコーティングされたセンサーチップ（30 MHz）上に 100 μg/mL の Au-tag 連結各種リガンドタンパク質 100 μL を 3 回供し，センサーチップ表面を十分被覆した後，1 mg/mL の BSA を 100 μL 流してブロッキングした。そして，アナライトタンパク質として 20 μg/mL の Streptavidin（SA）を 100 μL 添加し，振動数変化（ΔF）を指標に相互作用を測定した。その結果，phi-PS 表面固定化の時と同じく，クッションタンパク質 CC5 挿入によって STII を提示すると，相互作用検出量の最大値を示した。なお，それぞれのリガンド分子の見かけの固定化密度については大きな差異はみられなかった。これらの検討を通じ，三量体の CutA1 をクッションタンパク質としてリガンド分子の固定化に利用し，C 末端にアフィニティタグを連結することで，3 カ所のタグを介した極めて精密な固定化配向制御が可能となることがわかった。さらに，分子内に比較的長いペプチドを挿入できるため，CutA1 は生体分子間相互作用の高感度検出・高精度再現のための優れた基盤分子となりえる。

5　おわりに

ライフサイエンス分野において，生体分子を固体表面上に固定化する技術は，多様な用途への

応用が可能であることから，広く研究が進められている。生体分子間相互作用を精度よく再現するためには，リガンド生体分子の固定化配向制御と機能維持を両立することが必要であるが，簡便かつ機能的な固定化は実際のところなかなか困難であった。本稿では構造安定性が高い超好熱菌由来のタンパク質をリガンド分子と固体表面との直接的な相互作用を緩和するクッションタンパク質として用いる生体分子固定化手法について紹介した。超好熱菌由来のタンパク質は本質的に高い耐熱性を有していることから，特にペプチドをリガンドとする場合は，熱処理による粗精製が可能であり，調製が非常に簡便となるメリットがある。また，実験を通じ，ワンステップの処理で固定化対象のリガンド分子と固定化基板表面の間およびリガンド分子同士の間の距離を制御でき，基板表面との直接的な相互作用を抑制するとともに，アナライト分子との相互作用に適した配向を維持できることが強く示唆された。実際，弱い相互作用から強い相互作用にわたり幅広いスペクトルの相互作用を固体表面上で再現できたことから，本手法は従来の生体分子固定化，生体分子間相互作用の検出・利用に関する問題点を克服しうる有用かつ拡張性の高い技術であると考えている。中でも，CutA1 は比較的長いポリペプチド鎖の挿入が可能であり，構造もコンパクトであることから，多様な固体材料のワンステップ高度機能化を可能とするリガンド分子の足場として，生体分子の固定化を必要とする多様なアプリケーションへの応用が期待できる。一方で，デポジットされ続けているタンパク質の結晶構造データベースと構造特性を評価した情報を基に，新規クッションタンパク質開発の余地も大いにあるだろう。

実験項1　SUS316L 表面上におけるペプチド（His6）-タンパク質（抗 His-tag IgG 抗体）間相互作用の検出（4.1 項 図 4 に対応）

［実験操作］

　ステンレス平板として SUS316L（0.01×1.0×1.0 cm）を用いた。まず，10 mM KNO₃溶液中に前処理済みのステンレス平板を浸し，よく撹拌して表面を平衡化した。KNO₃溶液の pH は実験時の値に合わせた。そして，ステンレス平板を取り出し，乾燥した。この平板を 2 μg/mL に調整した各種タンパク質溶液 1.2 mL に浸し，30℃で 2 時間静置し，固定化した。その後，PBS で 5 回洗浄し，1.2 mL の 2 mg/ml BSA/PBS を用いて 2 時間ブロッキングした。再度 PBS で 5 回洗浄後，2000 倍希釈した抗 His-tag IgG 抗体（Sigma-Aldrich H1029）を 1.2 mL 加えて室温で 1 時間静置した。PBS で 5 回洗浄後，0.5 mg/mL ABTS（2,2'-Azino-bis（3-Ethylbenzthiazoline-6-Sulfonic Acid））と 0.1% H₂O₂ を含む基質溶液 3 mL を加え，416 nm の吸光度を測定した。

［補足事項］

　ステンレス平板の前処理として以下の操作を行う。0.1 N NaOH 50 mL の入ったポリ瓶（100 mL）にステンレス平板を浸漬し，75℃で 1 時間振盪する（×3 回）。次にイオン交換水を用い pH が中性になるまで室温で洗浄する（×3 回）。メタノールを 100 mL 加えて撹拌後，乾

燥し，70％エタノールで洗浄する。最後にアセトンに浸し，保存する。

実験項2 親水性ポリスチレン表面上におけるペプチド（STII）-タンパク質（SA or ST）間相互作用の検出（4.2項 図6に対応）

［実験操作］

精製した PS-tag 連結各種リガンドタンパク質溶液の濃度を定量した後，PBS を用いて 0.1 μM に調整した。これらのサンプルを phi-PS 表面（96 穴マイクロプレート：Falcon® 353072）のウェルに各 100 μl 添加し，30℃で 1.5 時間静置して固定化した。その後，計 5 回洗浄（PBST で 3 回，PBS で 2 回）を行い，ブロッキングバッファー（2 mg/ml BSA/PBS）を各 200 μl 添加し，30℃で 2 時間ブロッキングした。再度ウェルを同様に洗浄後，PBS で希釈した HRP 標識 Streptavidin（Pierce™ High Sensitivity Streptavidin-HRP）あるいは StrepTactin（Strep-Tactin®-HRP conjugate（IBA））を 100 μL 添加し，30℃で 1 時間静置した。その後再び洗浄し，発色基質 TMB 溶液を 100 μl 加え，30℃で反応させた。20 分後に Stop Solution（1 N H_2SO_4）100 μl を加えて反応を停止させ，450 nm の吸光度を測定した。

文　　献

1) B. Alberts, A. Johnson, J. Lewis, D. Morgan, M. Raff, K. Roberts and P. Walter., Molecular Biology of THE CELL, 6th Ed., GARLAND SCIENCE (2014)

2) T. Cass and F. S. Ligler, Immobilized biomolecules in analysis : A practical approach, Oxford University Press (1998)

3) S. Knecht, D. Ricklin, A. N. Eberle and B. Ernst, *J. Mol. Recognit.*, **22**, 270-79 (2009)

4) A. A. Karyakin, G. V. Presnova, M. Y. Rubtsova, and A. M. Egorov, *Anal. Chem.*, **72**, 3805-11 (2000)

5) K. Zhang, M. R. Diehl and D. A. Tirrell, *J. Am. Chem. Soc.*, **127**, 10136-37 (2005)

6) N. R. Shenoy, J. M. Bailey and J. E. Shively, *Protein Sci.*, **1**, 58-67 (1992)

7) P. Peluso, D.S. Wilson, D. Do, H. Tran, M. Venkatasubbaiah, D. Quincy, B. Heidecker, K. Poindexter *et al.*, *Anal. Biochem.*, **312**, 113-24 (2003)

8) J. Wang, D. Bhattacharyya and L. G. Bachas, *Fresenius' J. Anal. Chem.*, **369**, 280-5 (2001)

9) A. M. Murray, C. D. Kelly, S. S. Nussey and A. P. Johnstone, *J. Immunol. Methods*, **218**, 133-9 (1998)

10) J. Tominaga, N. Kamiya, S. Doi, H. Ichinose and M. Goto, *Enz. Microb. Technol.*, **35**, 613-8 (2004)

11) M. T. Smith, J. C. Wu, C. T. Varner and B. C. Bundy, *Biotechnol. Prog.*, **29**, 247-54 (2013)

12) H. Imanaka, D. Yamadzumi, K. Yanagita, N. Ishida, K. Nakanishi and K. Imamura, *Biotechnol. Prog.*, **32**, 527-34 (2016)

13) タンパク 3000 構造ギャラリー，http://www.tanpaku.org/p3k/

14) タンパク質結晶構造データベース，http://www.rcsb.org/

15) A. Mukaiyama, K. Takano, M. Haruki, M. Morikawa and S. Kanaya, *Biochemistry*, **43**, 13859-66 (2004)

16) T. Tanaka, M. Sawano, K. Ogasahara, Y. Sakaguchi, B. Bagautdinov, E. Katoh, C. Kuroishi, A. Shinkai, S. Yokoyama and K. Yutani, *FEBS Lett.*, **580**, 4224-30 (2006)

17) Y. Kumada, Y. Tokunaga, H. Imanaka, K. Imamura, T. Sakiyama, S. Katoh and K. Nakanishi, *Biotechnol. Prog.*, **22**, 401-5 (2006)

18) T. G. M. Schmidt, J. Koepke, R. Frank and A. Skerra, *J. Mol. Biol.*, **255**, 753-66 (1996)

19) S. Voss and A. Skerra, *Protein Eng.*, **10**, 975-82 (1997)

20) G. De Crescenzo, J. R. Litowski, R. S. Hodges and M. D. O' Connor-McCourt, *Biochemistry*, **42**, 1754-63 (2003)

第7章　イオン液体溶媒による固定化リパーゼの繰り返し利用システム

伊藤敏幸*

1　はじめに

　イオン液体は溶融塩の一種であり，①蒸気圧がほとんどない，②液体として存在する温度範囲が広く熱的に安定，③各種の有機・無機物を選択的に溶解し，④ことなる極性と溶解性を示す溶媒をデザインできる。溶媒に触媒機能を付加することもできるし，様々な温度での反応が可能であり，大気中に拡散して汚染する心配がなく燃え上がることがなく，触媒を「溶媒に固定化」して繰り返し使用する反応システムが構築できるなど，化学反応の媒体として魅力的な特徴を持つ[1]。従来の分子性液体にはなかった機能を持つため，様々な化学反応の溶媒に使用できるのみならず，選択的ガス吸収，潤滑油などの機能性液体としても注目を集めている。このため，水や有機溶媒などの分子性液体，液状金属と区別して，現在では「第3の液体」と呼ばれるようになった[2]。

　酵素反応は現在では医薬品中間体や機能性分子の合成過程で広く利用されており，なかでも加水分解を触媒する酵素であるリパーゼはヘキサンやイソオクタン，ジイソプロピルエーテルなどの有機溶媒中で活性を発揮し，その精緻な基質分子認識能を活用してキラルアルコールやキラルアミンの調整のために広く利用されている[3]。すべての生化学の教科書には，酵素の反応には最適温度や至適 pH があり，高濃度の塩類溶液中ではタンパク質の変性を伴うことが記載されている。従って，「塩」そのものであるイオン液体を酵素反応の溶媒として使おうというアイデアは生物学的には常識はずれの発想であるが，現在ではイオン液体中で様々な酵素反応が進行することがわかってきた[4]。筆者らと Kragl らは，酵素であるリパーゼ触媒による第2級アルコールの不斉アシル化反応の溶媒としてイオン液体が使用できることを最初に明らかにし[5,6]，リパーゼをイオン液体という反応媒体に「固定」することで繰り返し使用できることを示した。本章ではイオン液体による酵素のリサイクル使用について紹介する。

2　イオン液体を溶媒とするリパーゼ触媒不斉アシル化反応

　生体触媒反応の最大の特長はその高い不斉認識を活かした不斉反応にある。また，イオン液体溶媒中で非酵素的にアシル化が起こる例も知られており[2]，生体触媒がイオン液体中できちんと

＊　Toshiyuki Itoh　鳥取大学　大学院工学研究科　教授；工学部附属 GSC 研究センター長

機能することを実証するには，やはり不斉反応が進行することを示すべきである。筆者らは，イオン液体を反応媒体としてリパーゼによる2級アルコールの不斉アシル化反応を検討し，イオン液体を溶媒として *Candida antarctica* や *Burkholderia cepacia*[7]リパーゼ（リパーゼPS）で不斉アシル化反応が進行することを明らかにした[5]。不斉アシル化反応はE値[8]200以上の完璧なエナンチオ選択性で進行し，反応終了後エーテルを加えると，エーテル層とイオン液体層に綺麗に分離する。未反応アルコールと生じたエステルはエーテル層に移り，容易に抽出できる。イオン液体層には酵素が残るため，減圧してイオン液体層のエーテルを除いた後に基質のアルコールとアシル化剤を加えると再度アシル化が進行し酵素を再利用することができた（図1）[5]。

　酵素活性は使用するイオン液体に依存し，イミダゾリウム塩イオン液体の場合，[C$_4$mim][BF$_4$]や[C$_4$mim][PF$_6$]，[C$_4$mim][SbF$_6$]で良い活性を示したが，対アニオンがトリフラート（[OTf]）やトリフルオロアセタート（[TFA]）では低活性であった。また，酵素リサイクルを繰り返した場合，エナンチオ選択性については常にE値200以上が得られたが徐々に反応速度が低下し，特に5回繰り返した場合，十分なアシル化率を得るために1週間も要した。この理由を探るため，5回反応を繰り返したイオン液体の^{1}H NMRを測定したところ，アセトアルデヒドトリマーもしくはオリゴマーがわずかに検出された[9]。このため，リパーゼPS溶液にアセトアルデヒドトリマーを加えたところ，実際に酵素反応が阻害されることがわかり[9]，繰り返し反応による反応速度低下の原因が判明した。有機溶媒中のリパーゼ触媒アシル化においては，酢酸ビニルもしくは酢酸イソプロペニルがアシル化剤に使用される[3]。本反応においても酢酸ビニルをアシル化剤に使用していた。酢酸ビニルはアシル化後にビニルアルコールが生じるが，互変

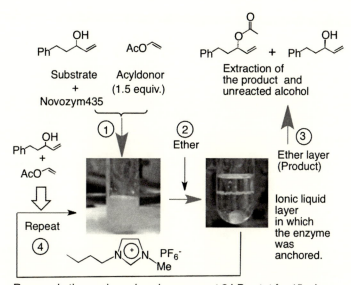

図1　イオン液体を溶媒とするリパーゼのリサイクル反応システム

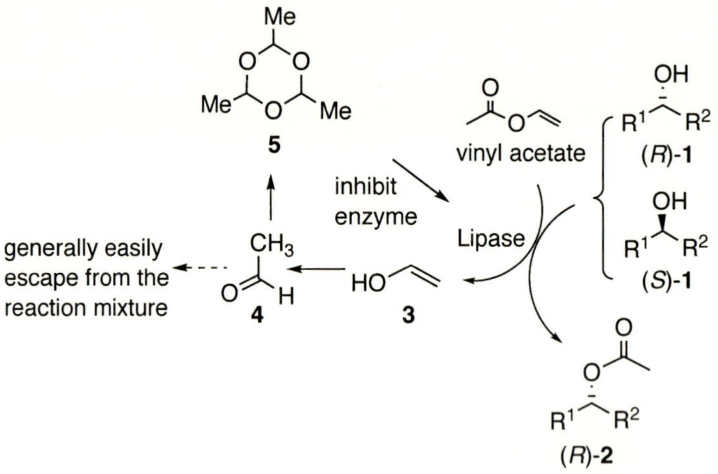

図2　イオン液体［C₄mim］［PF₆］溶媒中で酢酸ビニルをアシルドナーに使用する問題点

異性で直ちにアセトアルデヒドになる。アセトアルデヒドは酵素タンパクのアミノ酸残基とシッフ塩基を形成するために反応阻害を起こすことが知られているが，開放形で反応を行うと反応系外から速やかに揮発して除かれるため酵素阻害を起こすことなく速やかにアシル化が進行することが知られている（図2）。なお，酢酸イソプロペニルの場合はアシル化後にアセトンが生じる。この方が酵素の阻害効果は低いが立体障害のために反応速度は一般に大きく低下するため，酢酸ビニルがアシル化剤として多用されている。

3　減圧条件を使用するリパーゼ繰り返し利用システム

　イオン液体中でアセトアルデヒドオリゴマーが蓄積した理由は図2の様に推測された。この反応では1-ブチル-3-メチルイミダゾリウム塩イオン液体を使用したが，このカチオンの2位の水素は pK_a 20 程度と酸性度が比較的大きいことが知られている[10]。この程度の pK_a の芳香環上の水素がBrønsted酸として脱離してアセトアルデヒドのオリゴマー化を活性化するとは考えがたいが，イオン液体中に含まれている水分子に2位の水素が配位してBrønsted酸性を活性化しているとすれば，極性の高いイオン液体中で水分子からプロトンが脱離してBrønsted酸として機能してアセトアルデヒドのオリゴマー化が進行する可能性はありうる（図3）。

　この作業仮説に基づくと，イオン液体中で酵素繰り返し使用を実現するためには二つの方策が考えられる。第一は，アシルドナーとして酢酸ビニルを使用しないことである。もし，メチルエステルやエチルエステルがアシルドナーとして利用できれば，アシル化剤の合成が容易になり，様々なカルボン酸のアシル化に利用できると期待できる。しかし，メチルエステルやエチルエステルではアシル化後に生じたメタノールやエタノールが容易に逆反応を起こすためにアシルドナーとして使うことが難しく，過剰量の沸点の高いメチルエステルを溶媒とアシルドナー兼用で

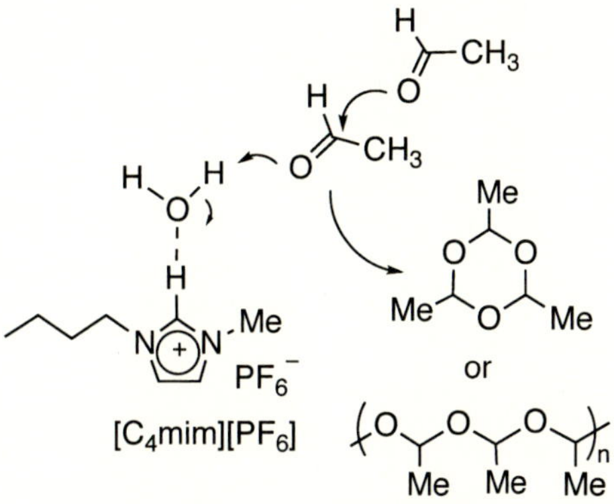

図3　作業仮説：[C₄mim]［PF₆］溶媒中で
アセトアルデヒドオリゴマーが蓄積する原因

使用して化学平衡を無理矢理アシル化に移動させる必要があった[11]。ところが，イオン液体は揮発しない液体である。そこで，生じたメタノールやエタノールのみを除くように減圧度を調節して減圧条件でアシル化反応を行えば，イオン液体を溶媒に使用してメチルエステルやエチルエステルを過剰量使用することなくアシル化に利用できるはずである。ただし，もちろん，反応基質となるアルコールとアシルドナーとなるカルボン酸メチルエステルもしくはエチルエステルはメタノールやエタノールよりも高沸点の化合物を選択する必要がある。この仮説に基づき，カルボン酸メチルエステルを最適化し，フェニルチオ酢酸メチルやペンタン酸メチルをアシル化剤に使用して40℃，27 hPa という減圧条件で［C₄mim］［PF₆］を溶媒にリパーゼ触媒による不斉アシル化反応を行うと効率的なアシル化が実現することがわかった。5回反応を繰り返したが全く反応速度低下が見られず，しかも，アシルドナーの量を 0.6 当量に減じても速やかなアシル化が達成された（図4）[12]。

　減圧条件を使用するために，反応基質はもとより生じたエステルが反応条件で揮発しないことも大切であり，リパーゼ触媒によるポリエステル化は正にこの条件に相応しい。実際に，宇山らはイオン液体溶媒による減圧条件のアシル化によりポリエステル合成を実現している[13]。また，加藤らも減圧条件を利用してイオン液体溶媒を使用するリパーゼによる不斉アミド化反応を報告している[14]。

　Afonso らは，末端にイミダゾリウム環を有するウンデカン酸エチルエステルをアシルドナーに用いてイオン液体（［C₄mim］［PF₆］もしくは［C₄mim］［BF₄］）を溶媒に35℃，133 hP という減圧条件でのリパーゼ（CALB）による不斉アシル化を報告した（図5）[15]。この反応では(R)-アルコールのウンデカン酸イオン液体が生じ，溶媒のイオン液体層に残る。そこで，未反応の (S)-アルコールを抽出して回収後，イオン液体溶媒中に残ったイオン液体性 (R)-エステルにエタノールを加えると (R)-アルコールが切り出されてアシルドナーとなるイミダゾリウムウンデカン酸エチルが再生される。切り出された (R)-アルコールを抽出し，再生されたイミダ

ゾリウムウンデカンカル酸エチルエステルは次のアシル化に利用される。このため，クロマトグラフ分離を要しないラセミ体2級アルコールの光学分割が可能となるのみならず，酵素とアシルドナー両者の繰り返し利用が実現した。

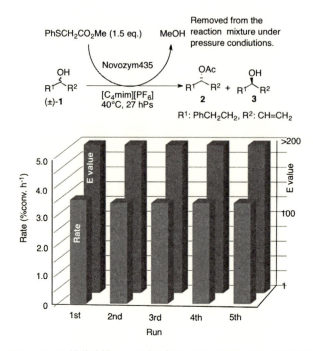

図4　イオン液体溶媒による減圧条件リパーゼ繰り返し使用実験

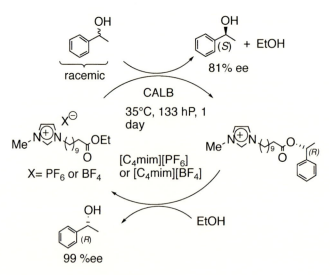

図5　イミダゾリウム環置換基を持つエチルエステルをアシル化剤に使用し，
減圧条件にいるリパーゼ繰り返し反応システム

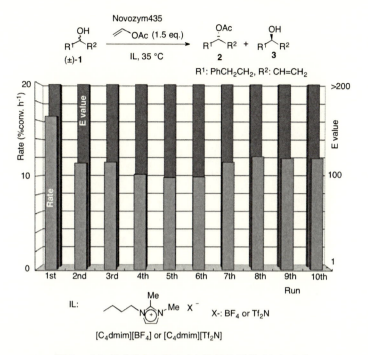

図6　イミダゾリウム塩イオン液体のデザインによる
リパーゼ繰り返し利用システム

4　イオン液体のデザインによるリパーゼ繰り返し使用システムの構築

イオン液体を溶媒にリパーゼ繰り返し使用を実現するための次の方策は溶媒となるイオン液体のデザインである。アシルドナー由来のビニルアルコールのオリゴマー化がイミダゾリウム環の2位の水素で促進されているのであれば，2位に水素置換基のないイミダゾリウム塩イオン液体を使用すれば良いと考えられる。我々はこの仮説に基づき，1-ブチル-2,3-ジメチルイミダゾリウム塩イオン液体を合成し，このイオン液体中で酢酸ビニルを使用するアシル化を検討したところ，期待した通り，[C$_4$dmim][BF$_4$] 溶媒中では酢酸ビニルを使用して10回の酵素繰り返し利用が実現した（図6）[16]。2回目で反応速度は初回に較べてわずかに低下したが，以後，ほとんど変化せずE値200以上でエナンチオ選択的なアシル化が達成された。

5　イオン液体コーティング酵素の開発と繰り返し使用システム

この研究の過程で，[C$_4$dmim][BF$_4$] 中ではリパーゼが非常に安定であることに気が付いた。イオン液体溶媒による酵素反応の研究を開始した時点では，筆者自身も「塩」そのものであるイオン液体を酵素反応の溶媒として使うことに一抹の不安があったが，ここに至り，少なくともリパーゼに関してはイオン液体は既存の分子性液体を凌駕する反応媒体であること確信することが

できた。そこで，開発したのがイオン液体コーティング酵素と，さらに，イオン液体コーティング酵素のイオン液体溶媒を活用する繰り返し利用システムである[17〜24]。現在までに開発したイオン液体コーティング剤を図7に示す。

アルキルPEGなどの界面活性剤が酵素安定化に効果があることが知られている。そこで，対アニオンをアルキルPEG硫酸塩に固定して最適化を行い，リパーゼ安定化効果のあるイミダゾリウム塩IL1, IL2を合成した。これらのイオン液体をリパーゼPSの緩衝液に加え，凍結乾燥して得られたイオン液体コーティング酵素IL1-PSはジイソプロピルエーテル溶媒中で素晴らしい反応性を発揮した。この時，単にIL1とリパーゼPSの粉末を混合しただけではアシル化速度は向上せず凍結乾燥処理が必須であった[17,18]。さらに，カチオンを変化させると，酵素の基質特異性も変化することがわかった[22〜24]。

IL1のカチオンは［C₄dmim］であり，2位がメチル基であるが，2位に水素が存在する［C₄mim］カチオンからなるIL2をジイソプロピルエーテル溶媒中に添加して1-フェニルエタノールをモデル基質にリパーゼPSを触媒に使用して不斉アシル化反応を行ったところ，エナンチオ選択性が低下することがわかった[17]。またキラルなピロリジン環を連結したイミダゾリウム塩をコーティングに使用した場合も，イミダゾリウム環の2位に水素が存在するとアシル化速度が低下した[19]。また，イオン液体コーティング酵素IL1-PSをイオン液体溶媒中でアシル化の触

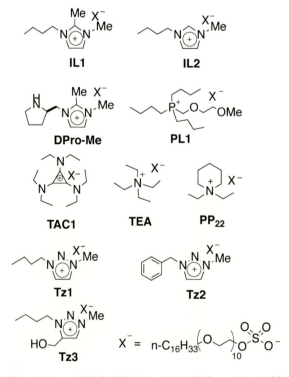

図7　リパーゼ活性化機能を持つイオン液体コーティング剤

媒に使用した場合，用いるイオン液体のカチオンに反応性が依存することがわかった[19〜22]。さらに，リパーゼを IL1 単独でコーティングした場合よりも当量のアミノ酸，L-プロリンや L-チロシンと共にコーティング処理したリパーゼが非常に優れたアシル化触媒機能を発揮することもわかった[20]。また，三つのジエチルアミノ基を持つシクロプロペニウムセチル PEG10 硫酸イオン液体 TAC1 でコーティングしたリパーゼ TAC1-PS ではオリジナルのリパーゼ PS と異なる基質認識を示した[24]。TAC1-PS ではコーティングしたリパーゼ PS と異なる K_{m}, V_{max}, K_{cat} 値を示す。酵素タンパクのアミノ酸配列を何ら変化させることなく，単なるコーティング剤イオン液体で酵素の基質特性を変化させることができた[24]。これらのイオン液体コーティング酵素の反応においては，カチオンにエーテル官能基を持つ 4 級アンモニウム塩，ホスホニウム塩イオン液体が溶媒として優れており[19〜23]，なかでもトリアゾリウム塩セチル PEG10 硫酸イオン液体でコーティング処理した Tz1-PS を使用した場合，［N_{221MEM}］［Tf_2N］を溶媒に使用して酵素の繰り返し実験を行ったところ，2 年間という長期にわたり酵素の失活を伴わずに繰り返して使用することができた（図 8)[25]。リパーゼは試薬のように利用できる安定で丈夫な酵素であるが，それでも反応基質が存在しないと溶媒中で長期間保存はできない。図 8 に示すように，ナス型フラスコに 1.0 mL の［N_{221MEM}］［Tf_2N］，5.0 mg の Tz1-PS を加え，これにモデル基質の 1-フェニルエタノール 50 mg と 55 mg の酢酸ビニルを加えて 35℃ で撹拌するとアシル化が進行した。反応後にジエチルエーテルもしくはジエチルエーテル-ヘキサン（1：4）溶液で（R)-アセタートと未反応

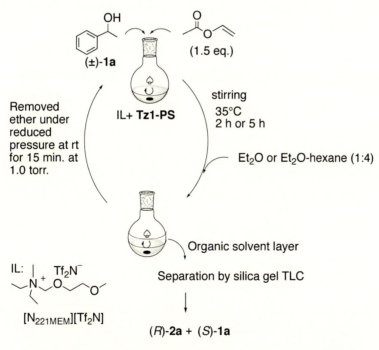

図 8　［N_{221MEM}］［Tf_2N］溶媒を使用するイオン液体コーティング酵素
　　　Tz1-PS の繰り返し使用システム

(S)-アルコールを抽出し，その後，室温 0.75 hP で 15 分程度減圧して抽出に使用した有機溶媒を除去したのち，再度，基質とアシル化剤を加えると次の反応が進行した。10 回繰り返し使用した後，冷蔵庫で保存し，数ヶ月毎に同じ反応を繰り返して活性を調べたところ，2 年間にわたりまったく反応性が低下しなかったのである[25]。これから何年間にわたり使用できるか興味深い。Tz1 のリパーゼ安定化効果と溶媒である［N_{221MEM}］［Tf_2N］の協調作用でこのような安定化が実現したと予想している。

6　おわりに

　粘性の高さをイオン液体の弱点として指摘されることが多いが，イオン液体は反応そのものを変えてしまう機能があり，粘性が高いので反応性が悪いと決めつけるのは早計である。たとえば，［P_{444MEM}］［Tf_2N］はジイソプロピルエーテルに比べて 200 倍も粘性が高いが，イオン液体コーティング酵素 IL1-PS を使用するとジイソプロピルエーテル中を上回る速度でアシル化が進行する[22]。筆者の知る限り，1-フェニルエタノールをモデル基質に利用したリパーゼ触媒不斉アシル化でこれほど速い反応は報告されていない。これは IL1-PS の活性がイオン液体中で向上していることを意味しており，実際に K_{cat} が大きくなっていることがわかっている。

　イオン液体中で酵素反応を無水条件で利用しようという場合，従来の有機溶媒よりイオン液体が優れているのは間違いないと思われるが，コストの高さがしばしば指摘される。しかし，筆者の研究室では酵素反応に使用したイオン液体は常に再生して繰り返して使用しており[26]，最初に合成したイオン液体に至っては 18 年物になる。金属触媒反応にイオン液体を使用すると反応によって痛むことがあり，反応後は即座に再生処理を行う必要があるが，酵素反応の場合はアセトンもしくはエタノールに溶解して保存しておき，適時再生処理を行って大丈夫である。従って，再生使用ということを考慮すると，生体触媒反応に関してはイオン液体のコスト問題はある程度クリアできるはずである。しかも，非常に長期にわたり酵素を繰り返して利用できるシステムが構築できる可能性がある。本稿では有機合成化学の立場から，リパーゼに絞って例を紹介したが，ラッカーゼなどはイオン液体中で活性を示すことが期待でき，今後，異なる酵素においてもイオン液体のデザイン次第で繰り返し使用が実現すると期待される[4e]。酵素反応においてもアイデア次第でイオン液体は多用な使い方ができる。多くの方がイオン液体について興味を持っていただき，研究に取り入れていただけると幸いである。

実験項 イオン液体コーティング酵素 Tz1-PS[25] の調整とイオン液体を使用する繰り返し利用

Tz1 の合成

［実験操作］

（1）　アンモニウム＝セチル PEG10 硫酸の合成

　アルゴン雰囲気下，界面活性剤 Brij C10（10.0 g，14.7 mmol）に硫酸アミド（1.43 g，14.7 mmol）を加え，混合物を 110℃で 17 時間撹拌後に室温まで放冷すると褐色の高粘度溶液が得られた。これをジクロロメタンに溶解し，室温で 1 時間撹拌後にセライトを敷き詰めたグラスフィルターで濾過して未溶解物を濾別した。濾液をエバポレータでジクロロメタンを溜去したのち，少量のメタノールに溶解し，メタノール層はヘキサンで洗浄した。メタノール層をエバポレータで溜去後，凍結乾燥してアンモニウム cetyl-PEG10 硫酸（S1：9.31 g，11.9 mmol）を収率 81％で得た。

　アジ化ナトリウム（2.39 g，35.9 mmol）に 1-塩化ブタン（1.33 g，14.4 mmol）の DMF（18.5 ml）溶液を加えて 80℃で 21 時間撹拌した。この溶液にヨウ化銅（0.35 g，1.84 mmol）とトリメチルシリルアセチレン（1.74 g，18.3 mmol）を加え，得られた混合物は 80℃で 72 h 撹拌した。室温まで法令後にグラスロートで固体部分を濾別して除去し，濾液はエバポレータで濃縮し，シリカゲルカラムクロマトグラフィーで精製し 1-butyl-4-(trimethylsilyl)-1,2-3-triazole S2（1.18 g，6.01 mmol）とシリル基がはずれた 1-butyl-1,2-3-triazole S3（0.29 g，2.32 mmol）を各々42％と 16％の収率で得た。S2 の THF（6.0 ml）溶液に tributylammonium fluoride（TBAF，9.01 mmol）を加えて室温で 24 時間撹拌してエバポレータで溶媒を濾過する

と S3（0.69 g, 15.5 mmol）が 92％の収率で得られた。次に，S3（0.69 g, 5.51 mmol）を 2 ml のアセトニトリル（CH_3CN）に溶解し，ついでヨードメタン（3.89 g, 27.6 mmol）を 0℃ で加えて暗所で 0℃で 1 週間撹拌し，次いでエーテルで 3 回洗浄したのち，残渣を凍結乾燥して 3-butyl-1-methyl-1H-1,2,3-triazol-3-ium iodide（S4）（1.41 g, 5.27 mmol）を 収 率 96％ で 得 た。S4（0.52 g, 1.87 mmol）と アン モ ニ ウム cetyl-PEG10 硫酸 S1（1.47 g, 1.87 mmol）を 2.0 ml のアセトンに溶解し室温で 24 時間撹拌し，析出したヨウ化アンモニウムをメンブランフィルターで濾過した。濾液をアセトン（10 ml）で希釈し，ついで活性炭（2.12 g）を加えて 50℃で 2 時間撹拌し，セライトを敷いたグラスフィルターで活性炭を除去し，濾液をロータリエバポレータで溶媒を溜去，ついで凍結乾燥することで白色のワックス状固体として Tz1（0.497 g, 0.55 mmol）を収率 30％で得た[25]。

Tz1：mp 28.3 ℃；^{1}H NMR（600 MHz, $CDCl_3$, J=Hz）δ 0.88（3 H, t, J=7.2），1.00（3 H, t, J=7.2），1.25（30 H, m），1.46（2 H, sextet, J=7.2），1.60（2 H, m），1.61（2 H, m），3.4（2 H, t, J=6.6），3.58（2 H, d, J=5.4），3.65-3.63（34 H, m），3.72（2 H, m），4.25（3 H, s），4.73（2 H, t, J=7.8），9.22（1 H, s），9.44（1 H, s）；^{13}C NMR（150 MHz, $CDCl_3$, J=Hz）δ 13.36, 14.09, 22.64, 25.76, 26.04, 29.31, 29.45, 29.49, 29.52, 29.57, 29.60, 29.64, 31.41, 31.87, 41.12, 54.08, 61.49, 61.67, 61.70, 62.79, 69.98, 70.10, 70.13, 70.25, 70.42, 71.50, 71.71, 72.50, 72.66, 131.41, 132.29；IR（neat, cm^{-1}）3421, 2916, 2850, 1538, 1466, 1345, 1280, 1242, 1109, 964, 842；ESI-MS（Cation）：calcd for $C_7H_{14}N_3^+$ 140.1182, found 140.1180.

（2）イオン液体コーティング酵素 Tz1-PS の調整[25]

天野 Enzyme 製 lipase PS（1.00 g, enzyme protein 10 mg：3.1×10^{-4} mmol）を 10 ml of 0.1 M リン酸緩衝液（pH 7.2）に加えて懸濁させたのち，遠心分離 3,500 rpm で 5 分間を 2 回繰り返して固定化単体であるセライトを除去した。この上澄に Tz1（28.2 mg, 3.1×10^{-2} mmol）を溶解し，室温（25℃）で 15 分振盪撹拌後凍結乾燥を行い白色粉末として Tz1-PS（262 mg）を得た。この白色粉末は潮解性が高いためデシケータに入れて保存する必要がある。この Tz1-PS 粉末中の酵素タンパク量は 3.8％（w/w）であり，残りは Tz1（11％（w/w），緩衝液とセライト由来の無機塩，および市販のリパーゼ PS 由来のグリシンである。市販 lipase PS のリパーゼタンパク量は 1.0％（3.1×10^{-4} mmol），であり，これに安定化のために 20 wt％ glycine が固定化剤であるセライトに吸着されている。また，10 ml の 0.1 M リン酸緩衝液は 124.9 mg of K_2HPO_4 と 38.5 mg of KH_2PO_4 からなる。従って，この実験操作によって得られる凍結乾燥後の Tz1-PS 量は理論的には 401.6 mg となるはずであるが，実際に得られた Tz1-PS は 262 mg であり，3 回実験を繰り返したが，常にほぼ同程度の量の Tz1-PS が得られた。グリシンと K_2HPO_4 ならびに KH_2PO_4 がセライトに吸着されて除去されてしまったと考えられる。Khmelnitsky et al. らがカリウム塩でコーティング処理したリパーゼの活性化を報

告しているため，Tz1-PS なしで凍結乾燥を行いその活性を評価したが，高活性発現のためには Tz1 が必須であった[25]。

イオン液体略称一覧

カチオン

　$[C_4mim]^+$：1-butyl-3-methylimidazolium

　$[C_4dmim]^+$：1-butyl-1,3-dimethylimidazolium

　$[N_{221MEM}]^+$：*N,N*-diethyl-*N*-methyl-N-（2-methoxyethoxymethyl）ammonium

　$[P_{444MEM}]^+$：tributyl（2-methoxyethoxyethyl）phosphonium

アニオン

　$[BF_4]^-$：tetrafluoroborate

　$[PF_6]^-$：hexafluorophosphate

　$[SbF_6]^-$：hexafluoroantimonate

　$[OTf]^-$：trifluoromethanesulfonate

　$[TFA]^-$：trifluoroacetate

　$[Tf_2N]^-$：bis（trifluoromethylsulfonyl）amide

　　　　　$[Tf_2N]$ は試薬カタログや文献でしばしば "bis（trifluoromethylsulfonyl）imide" とされている。しかし，"imide" は "an amido compound which connected with two carbonyl group" であり，$[Tf_2N]$ は IUPAC ルールに従って命名すると "bis（trifluoromethylsulfonyl）amide" とすべきである。ただし，"（trifluoromethylsulfonyl）imide" であれば IUPAC ルールに従った命名と言える。

　　　　　Cetyl-PEG_{10} SO_4：3,6,9,12,15,18,21,24,27,30-decaoxacetyltriacontyl sulfate

イオン液体酵素コーティング剤

　IL1　　　：1-butyl-2,3-dimethylimidazolium cetyl-PEG10 sulfate

　IL2　　　：1-butyl-3-methylimidazolium 3 cetyl-PEG10 sulfate

　DPro-Me：(*R*)-1-butyl-2-methyl-3-（pyrrolidin-2-ylmethyl）-1H-imidazol-3-ium cetyl-PEG10 sulfate

　PL1　　　：tributyl（2-methoxyethyl）phosphonium cetyl-PEG10 sulfate

　TAC1　　：tris（diethylamino）cyclopropenium cetyl-PEG10 sulfate

　TEA　　　：*N,N,N,N*-tetraethylammonium cetyl-PEG10 sulfate

　PP22　　：*N,N*-diethylpiperidinium cetyl-PEG10 sulfate

　Tz1　　　：3-butyl-1-methyl-1H-1,2,3-triazol-3-ium cetyl-PEG10 sulfate

　Tz2　　　：1-benzyl-4-（trimethylsilyl）-1,2,3-triazolium cetyl-PEG10 sulfate

Tz3 ：1-butyl-4-(hydroxymethyl)-3-methyl-1H-1,2,3-triazolium cetyl-PEG10 sulfate

文　　献

1) 全般的な Review：(a) イオン液体 III-ナノ・バイオサイエンスへの挑戦，大野弘幸編，CMC 出版，東京 (2010)，(b) イオン液体の化学-次世代液体への挑戦-，イオン液体研究会監修，西川恵子・大内幸雄・伊藤敏幸・大野弘幸・渡邊正義編，丸善出版，東京 (2012)

2) J. P. Hallett, T. Welton, *Chem. Rev.*, **111**, 3508-3576 (2011)

3) K. Faber, Biotransformations in Organic Chemistry, A Textbook, 6th Edition. Springer, Heidelberg Dordrecht London New York, (2011)

4) イオン液体溶媒による酵素反応の Review：(a) F. van Rantwijk, R. A. Sheldon, *Chem. Rev.* **107**, 2757 (2007)，(b) 伊藤敏幸，有機合成化学協会誌，**67**, 143-155 (2009)，(c) Biotransformation in ionic liquid, Itoh, T. "Future Directions in Biocatalysis" 2nd Edition, Ed. T. Matsuda, Elsevier Bioscience, The Netherlands, Chapter 2, pp. 27-68 (2017)，(d) 伊藤敏幸，*The Chemical Times*, **No.4**, 8-13 (2017)，(e) T. Itoh, *Chem. Rev.*, **117**, 10567-10607 (2017)

5) T. Itoh, E. Akasaki, K. Kudo, S. Shirakami, *Chem. Lett.*, **30**, 262 (2001)

6) S. H. Schöfer, N. Kaftzik, P. Wasserscheid, U. Kragl, *Chem. Commun.*, 425-426 (2001)

7) この酵素は従来，"*Pseudomonas cepacia*" と呼ばれていたが，"*Burkholderia cepacia*" という名称に訂正された。いまだに混在して文献に使用されている場合がある。

8) C-S. Chen, Y. Fujimoto, G. Girdauskas, C. J. Sih, *J. Am. Chem. Soc.*, **102**, 7294-7298 (1982)

9) T. Itoh, Y. Nishimura, M. Kashiwagi, M. Onaka, Ionic Liquids as Green Solvents：Progress and Prospects, ACS Symposium Series 856, R. D. Rogers, K. R. Seddon (Eds), American Chemical Society：Washington DC, Chapter 21, pp. 251-261 (2003)

10) (a) T. L. Amyes, S. T. Diver, J. P. Richard, F. M. Rivas, K. Toth, *J. Am. Chem. Soc.*, **126**, 4366 (2004)，(b) A. M. Magill, K. J. Cavell, B. F. Yates, *J. Am. Chem. Soc.*, **126**, 8717 (2004)，(c) S. Tsuzuki, H. Tokuda, K. Hayamizu, M. Watanabe, *J. Phys. Chem. B*, **109**, 16474 (2005)

11) A. Cordova, K. D. Janda, *J. Org. Chem.*, **66**, 1906-1909 (2001)

12) T. Itoh, E. Akasaki, Y. Nishimura, *Chem. Lett.*, **31**, 154-155 (2002)

13) H. Uyama, T. Takamoto, S. Kobayashi, *Polymer J.*, **34**, 94-96 (2002)

14) I. Irimescu, K. Kato, *Tetrahedron Lett.*, **45**, 523-525 (2004)

15) (a) N. M. T. Lourenço, C. A. M. Afonso, *Angew. Chem. Int. Ed.*, **46**, 8178-8181 (2007)，(b) N. M. T. Lourenco, C. M. Monteiro, C. A. M. Afonso, *Eur. J. Org. Chem.*, 6938-6943 (2010)

16) T. Itoh, Y. Nishimura, N. Ouchi, S. Hayase, *J. Mol. Catal. B：Enzym.*, **26**, 41 (2003)

17) T. Itoh, S-H. Han, Y. Matsushita, S. Hayase, *Green Chem.*, **6**, 437-439 (2004)

18) T. Itoh, Y. Matsushita, Y. Abe, S-H. Han, S. Wada, S. Hayase, M. Kawatsura, S. Takai, M.

Morimoto, Y. Hirose, *Chem. Eur. J.* **12**, 9228-9237 (2006)

19) Y. Abe, T. Hirakawa, S. Nakajima, N. Okano, S. Hayase, M. Kawatsura, Y. Hirose, T. Itoh, *Adv. Synth. Catal.*, **350**, 1954-1958 (2008)

19) Y. Abe, K. Kude, S. Hayase, M. Kawatsura, K. Tsunashima, T. Itoh, *J. Mol. Catal. B : Enzym.*, **51**, 81-85 (2008)

20) K. Yoshiyama, Y. Abe, S. Hayse, T. Nokami, T. Itoh, *Chem. Lett.*, **42**, 663-665 (2013)

21) Y. Abe, K. Yoshiyama, Y. Yagi, S. Hayase, M. Kawatsura, T. Itoh, *Green Chem.*, **12**, 1976-1980 (2010)

22) Y. Abe, Y. Yagi, S. Hayase, M. Kawatsura, T. Itoh, *Indust. Eng. Chem. Res.*, **51**, 9952-9958 (2012)

23) Y. Matsubara, S. Kadotani, T. Nishihara, Y. Fukaya, T. Nokami, T. Itoh, *Biotechnol. J.*, **10**, 1944-1951 (2015)

24) S. Kadotani, R. Inagaki, T. Nishihara, T. Nokami, T. Itoh, *ACS Sustainable Chem. Eng.*, **5**, 8541-8545 (2017)

25) T. Nishihara, A. Shiomi, S. Kadotani, T. Nokami, T. Itoh, *Green Chem.*, **19**, 5250-5256 (2017)

26) 第10章イオン液体の設計・合成・精製・再生の最近の進歩，伊藤敏幸，「イオン液体研究最前線と社会実装」，監修：渡邉正義，シーエムシー出版，東京，pp. 96-108 (2016)

27) Y. L. Khmelnitsky, S. H. Welch, D. S. Clark, J. S. Dordick, *J. Am. Chem. Soc.*, **116**, 2647-2648 (1994)

第8章　グルコースデヒドロゲナーゼの固定化と電気化学センサー

～自己組織化単分子膜による直接電子移動型 FAD 依存型グルコース脱水素酵素の固定化～

李　仁榮[*1]，早出広司[*2]

1　緒論

　自己血糖値を計測し，インスリンを注入することにより体内の血糖値を正常値に保つことが糖尿病患者の血糖値管理の基本である。糖尿病患者の QOL の向上を目指し，皮下にセンサーを装着し連続的に細胞間質液のグルコース濃度を計測する持続血糖測定器（Continuous Glucose Monitoring：CGM）が開発され，広く用いられるようになってきた。さらに近年，CGM の計測結果に応じで自動的に基礎インスリンが供給できるハイブリット・クローズド・ループ・システム（Hybrid Closed Loop System）がアメリカにおいて人工膵臓を目指した医療機器として承認され，糖尿病患者の自動的かつ連続的な血糖値のコントロールが可能になってきている。しかし，本デバイスの CGM センサーは1日2回，指先の採血により血糖値の計測を行う自己血糖測定器（Self Monitoring Blood Glucose：SMBG）による補正が不可欠である。これは CGM センサーの正確度や安定性の低下が大きな原因となっており，これらは従来の CGM センサーの検出原理に大きく影響される。

　現在のグルコースセンサーは検出原理により大きく3世代に分類されている（図1）。すなわち，酵素によるグルコースの酸化反応によって得られる電子の受容体として何を使い，それを電気化学シグナルとしてどのように検出するかで大別されている[1]。

(1)　第1世代型のグルコースセンサー

　第1世代型のグルコースセンサーは酵素としてグルコース酸化酵素（Glucose Oxidase；GOx）を用い，酸素を電子受容体として，生成された過酸化水素を電極上で酸化することにより電気化学シグナルを検出する。しかし，本検出原理は周辺の酸素濃度の影響を受けやすく，また過酸化水素を電極で酸化させるために高い酸化還元電位を印加する必要があり，電極表面上での夾雑物の影響を受けやすいことが欠点である。

＊1　Inyoung Lee　東京農工大学　大学院工学府　生命工学専攻

＊2　Koji Sode　Joint Department of Biomedical Engineering, The University of North Carolina at Chapel Hill & North Carolina State University

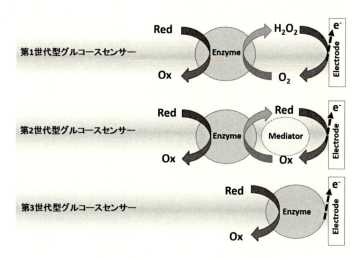

図1　グルコースセンサーの検出原理

(2)　第2世代型のグルコースセンサー

　第2世代型のグルコースセンサーは酸化還元色素などの人工電子受容体（メディエータ）を用い，還元されたメディエータを電極上で酸化させることで電気化学シグナルを得る。メディエータの濃度を自由に設定できること，用いるメディエータに応じて電極の印加電位を設定できるなど，自由度の高い検出原理である。しかし，GOx を用いる場合には酸素とメディエータの酵素の電子受容体としての競合がセンサー構築における課題となる。また，メディエータによっては電極に印加する電位によって夾雑物の影響を受ける。さらに，CGM センサーへの応用を想定すると，メディエータの細胞毒性やその漏出の抑制といった技術課題も克服しなければならないという欠点がある。

(3)　第3世代型のグルコースセンサー

　第3世代型のグルコースセンサーは，酵素と電極との間の直接電子移動反応を活用した理想的な酵素電極の原理である。本来，酸化還元酵素の補酵素は酵素タンパク質内部に深く埋没しており，電極との直接電子移動は行うことができない。しかし，著者らの研究室で研究を進めているいくつかのグルコース脱水素酵素複合体あるいはタンパク質工学によって構築された酵素など，シトクロム分子を電子伝達タンパク質として有している酵素は直接電子移動反応が可能である。

　従来の CGM センサーの多くは GOx をセンサー素子として用いている。本酵素はグルコースに対して高い特異性を持っているものの，前述のように補酵素 FAD がタンパク質分子内に埋没していることから電極との直接電子移動能力をもたない。

　著者らのグループは *Burkholderia cepacia* 由来 FAD 依存型グルコース脱水素酵素（FADGDH）を単離し，そのクローニング及び組み換え生産について報告した[2,3]。本酵素は FAD を有する触媒サブユニット，ヒッチハイカープロテインであるスモールサブユニット及び電子伝達機能を有する電子伝達サブユニットの3つのサブユニットから構成される。本酵素は酵

素の触媒反応により生成された電子を FAD，鉄硫黄クラスター（3Fe-4S）及びヘムを介して分子内電子伝達を行い[4]，最終的にヘムを介して直接電極と電子授受できる直接電子移動型の酵素である（図2）。このような特徴から，本酵素は酸素やメディエータを必要としない第3世代型のグルコースセンサーのセンサー素子としての利用が期待され，従来の第1世代，2世代型のグルコースセンサーが持つ課題を大きく改善できると考えられる。

　また，直接電子移動型の酵素電極を用いる計測は比較的に低い電位を電極に印加することで酵素と電極との直接電子移動反応に基づく電気化学シグナルを得る。そのため，比較的に低い印加電位でも十分な強度の電気化学的なシグナルが得られ，電位の印加による夾雑物の影響を防ぐことが可能である。さらに酸素やメディエータが不要なため，これらによる夾雑物の影響も防げる。

　一方で，直接電子移動型酵素は酵素そのものが電極と直接電子伝達を行うことから電極上での酵素の固定化状態が非常に重要である。したがって，センサーシグナルは電極上での酵素の固定化状態によって大きな影響を受ける。現在，酵素から電極に直接電子伝達できる距離の最大値は約 1.7 nm であると報告されており，その距離が 1.7 nm より長くなってしまうと直接電子伝達の効率が大きく低下することが報告されている[5]。実際に，GOx の場合は FAD が構造の内側に存在し，FAD から酵素の表面までの距離が 1.7 nm 以上であるため，電極への直接的な電子伝達ができない[6]。したがって，GOx の補酵素 FAD は酸素やメディエータを介して電極との電子伝達を行う。このように酵素と電極間の距離を正確に制御することが，直接電子移動型，すなわち第3世代の原理を用いる酵素電極において高感度で再現性の高いセンサーシグナルを得るためには不可欠である。酵素と電極間の距離を電極表面上での酵素の固定化状態によって制御できれば電極界面のデザインが可能になり，より高感度かつ再現性の高いグルコースセンサーの開発が期待される。

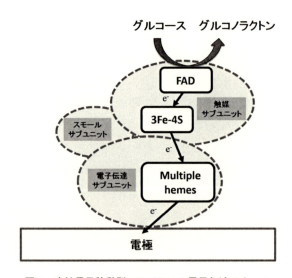

図2　直接電子移動型 FADGDH の電子伝達スキーム

2　実験内容[7]

　本実験では自己組織化単分子膜（Self Assembled Monolayer：SAM）に注目し，SAM を介した直接電子移動型 FADGDH の固定化を試みた。本固定化方法では，SAM のチオール基と金との結合により SAM が金表面に修飾され，SAM のスクシンイミド基と酵素表面のリジン基が共有結合することで金電極上に SAM を介して酵素を固定化できる。

　そこで，市販の長さの異なる3種類の SAM，dithiobis（succinimidyle hexanoate）（DSH），dithiobis（succinimidyl octanoate）（DSO），dithiobis（succinimidyl undecanoate）（DSU）を用いて直接電子移動型 FADGDH を固定化した酵素電極を作製した（図3）。このように異なる長さの SAM で本酵素を金電極表面に固定した場合に，SAM 長さの違いが直接電子伝達にもとづくセンサー応答に与える影響を調べた。今回用いた SAM の長さは DSH が8.3〜8.8 Å（0.83〜0.88 nm），DSO が10.9〜11.4 Å（1.09〜1.14 nm），DSU が14.9〜15.4 Å（1.49〜1.54 nm）の長さを有する。それぞれの長さの SAM を用いて作製した SAM 修飾酵素電極をクロノアンペロメトリー測定により評価を行った結果，全ての酵素電極においてグルコースの添加に伴う電流値の上昇が確認され，直接電子移動型 FADGDH と電極間での直接電子授受が確認された。このことから，0.83〜1.54 nm の SAM の長さにおいて直接電子移動型 FADGDH が有するヘムから電極へ直接電子伝達が可能であることが示唆された。また，直接電子伝達ができる最大距離である 1.7 nm に近い長さを有する DSU を用いた際にも本酵素の直接電子伝達が確認された。このことは，ヘムがタンパク質表面近くに存在していることを示唆している。そのため長さ 1.49〜1.54 nm の SAM を用いてもヘムから電極に直接電子伝達ができると考えられた。一方で，SAM の長さが長くなるにつれて電流値の低下が確認され，SAM の長さが長くなることによってヘムから電子伝達の効率の低下することが示唆された（図4）。これらの結果から長さの異なる SAM を用

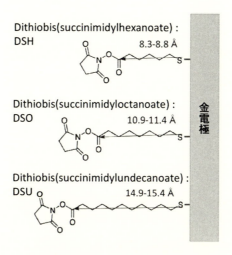

図3　SAM の長さ及び構造式

いて直接電子移動型の酵素を固定化することで酵素及び電極との距離が制御可能であることが示唆された。さらに直接電子移動型酵素及び電極間の数オングストロームの距離差が酵素の直接電子移動能に大きな影響を与え，酵素と電極の距離が近ければ近いほど電極への酵素の直接電子伝達効率が向上することが示唆された。その一方，直接電子移動型 FADGDH を金の表面上に直接物理吸着させた電極は酵素と電極との距離が最も近いのにもかかわらず，SAM 修飾酵素電極に比べて電流値が大きく低下した（図5）。金表面でのタンパク質の物理吸着によるタンパク質の変性が既に報告されていることから[8]，酵素が金表面に物理吸着することにより変性したことが大きな原因であると考えられる。これらの結果により，SAM を用いることで酵素を電極表面に

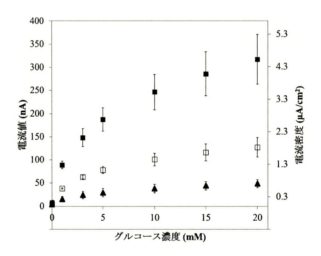

図4　SAM の長さが異なる酵素電極のキャリブレーションカーブ
■：DSH 修飾酵素電極，□：DSO 修飾酵素電極，▲：DSU 修飾酵素電極

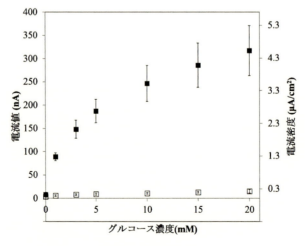

図5　SAM 修飾型酵素電極及び酵素を物理吸着させた電極のキャリブレーションカーブ
■：DSH 修飾酵素電極，□：酵素物理吸着電極

固定化できるだけではなく物理吸着による酵素の失活も防げることが示唆された。

　次に，最も高い電流値を示したDSH修飾酵素電極を用いて印加電位のセンサー応答に与える影響を検討した。緒論で述べたように高い電位を印加して電気化学シグナルを得るグルコースセンサーは電位の印加による夾雑物の影響を受けやすく，グルコースセンサーの正確度を向上させるためには低い印加電位が望まれる。そこで，SAM修飾酵素電極への印加電位を＋400 mV，＋150 mV，または＋100 mV（vs. Ag/AgCl）とし，グルコースに対する本酵素電極の電流値の変化を調べた。その結果，印加電位を下げることにより電流値の低下が確認されたものの，＋100 mV（vs. Ag/AgCl）においてもグルコースに対する十分に高い電流値の上昇が確認され

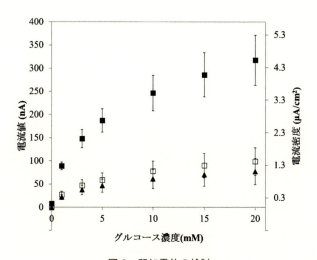

図6　印加電位の検討

■：＋400 mV（vs. Ag/AgCl），□：＋150 mV（vs. Ag/AgCl），▲：＋100 mV（vs. Ag/AgCl）

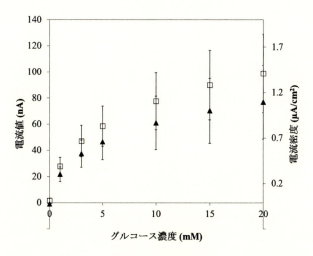

図7　図6の拡大

□：＋150 mV（vs. Ag/AgCl），▲：＋100 mV（vs. Ag/AgCl）

た（図6，7）。すなわち直接電子移動型 FADGDH を用いることで低い印加電位でも十分電気化学シグナルを得ることが可能であることが示された。さらに印加電位 + 100 mV（vs. Ag/AgCl）において SAM 修飾酵素電極から得られる電流値が約 1.2 μA/cm^2 の高い電流密度を示したことから，SAM を介して酵素を固定化することで酵素を電極表面の近くかつ高密度に固定化でき十分な電流密度が得られたと考えられた。このように SAM 及び直接電子移動型 FADGDH を組み合わせることで低い印加電位で高い電流値を得ることが可能であることが示された。

　そこで最後は，本測定条件においてグルコースセンサーの代表的な夾雑物であるアセトアミノフェン及びアスコルビン酸のセンサーシグナルへの影響を調べた。まずは種々のグルコース濃度

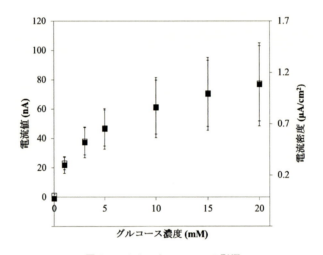

図8　アセトアミノフェンの影響
■：アセトアミノフェン非存在下，□：アセトアミノフェン存在下

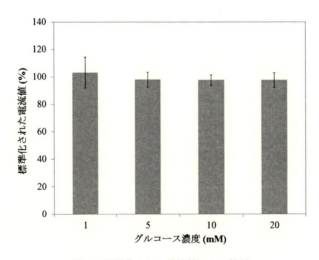

図9　標準化された電流値による比較
100%：アセトアミノフェン非存在化での電流値

におけるアセトアミノフェンの影響を調べた。その結果，SAM修飾酵素電極から得られた電流値は反応溶液中のアセトアミノフェンの有無に関わらずほとんど変化しなかった（図8）。さらに，1.0，5.0，10，20mMのグルコース濃度においてアセトアミノフェン非存在化で得られる電流値を100%とし，アセトアミノフェン存在化での電流値をパーセントに算出した結果，センサーシグナルはアセトアミノフェンの影響をほとんど受けないことが示された（図9）。アセトアミノフェンの酸化還元電位は約+200mV（vs. Ag/AgCl）であると報告されており[9]，今回の測定では印加電位がアセトアミノフェンの酸化還元電位よりも低い+100mV（vs. Ag/AgCl）

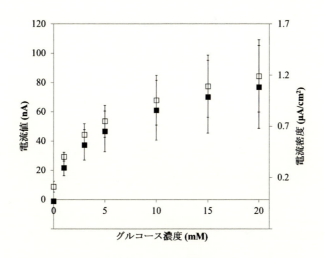

図10　アスコルビン酸の影響
■：アスコルビン酸非存在下，□：アスコルビン酸存在下

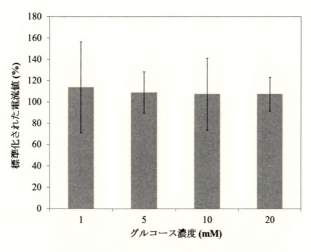

図11　標準化された電流値による比較
100%：アスコルビン酸非存在化での電流値

であったためアセトアミノフェンの影響をほとんど受けずにグルコース濃度が計測できたと考えた。

　次に，種々のグルコース濃度におけるアスコルビン酸の影響を調べた。その結果，電流値がアスコルビン酸の影響を受けで若干上昇した（図10）。先ほどと同様に1.0，5.0，10，20 mMのグルコース濃度においてアスコルビン酸非存在化で得られる電流値を100％とし，アスコルビン酸存在化での電流値をパーセントに算出した。その結果，センサーシグナルはアスコルビン酸の影響を受けて少し上昇したが，アスコルビン酸の影響を大きく抑えることができた（図11）。アスコルビン酸の酸化還元電位は約 +50 mV（vs. Ag/AgCl）であると報告されており[10]，今回の測定の印加電位はそれより高い +100 mV（vs. Ag/AgCl）であるため今回の印加電位ではアスコルビン酸の影響を防ぐことは困難である。しかし，今回センサーシグナルへのアスコルビン酸の影響を大きく低減できた理由はSAM及び酵素が電極上に固定化されることによりアスコルビン酸が電極表面付近に近づきにくくなり電極表面でのアスコルビン酸の直接酸化が起きにくくなったためであると考えられた。このようにSAM及び直接電子移動型FADGDHを組み合わせることにより夾雑物の影響を大きく低減でき，今後高感度な第3世代型のグルコースセンサーとしての応用が期待される。

3　まとめ

　本実験では長さの異なる3種類のSAMを用いて直接電子移動型FADGDHを固定化することで，電極と酵素との距離の制御に成功した。さらに，SAM及び直接電子移動型FADGDHを組み合わせることで電極表面近くかつ高密度に酵素を固定化可能であり，低い印加電位で高い電流密度を得ることができた。さらに本SAM修飾酵素電極はグルコースセンサーの代表的な夾雑物であるアセトアミノフェンやアスコルビン酸の影響を大きく受けずにグルコース濃度が計測でき，今後夾雑物の影響を大きく低減できる高感度な第3世代型のグルコースセンサーとしての応用が期待される。

実験項 1　長さの異なる3種類のSAMを用いたSAM修飾酵素電極の作製及び電気化学的評価

［実験操作］

　Dithiobis（succinimidyle hexanoate）（DSH），Dithiobis（succinimidyl octanoate）（DSO）及びDithiobis（succinimidyl undecanoate）（DSU）はいずれも同仁化学研究所㈱で購入した。

　アセトンを溶媒として用いた10 μMのDSH，DSO及びDSU溶液を調製し，それぞれのSAM溶液を500 μlのエッペンに200 μl分注した。金のディスク電極（電極面積：7 mm²）は

ピランハ溶液により洗浄し，洗浄後の金のディスク電極をそれぞれの SAM 溶液中で一晩中インキュベーション（25℃）することにより，金電極表面上に SAM を修飾した。次に電極表面をアセトンで洗浄することで未修飾の SAM を除去し，50 mM HEPES 緩衝液（pH 8.0）を含む 1 ml の 0.014 mg/ml の FADGDH 溶液中に SAM 修飾電極を一晩中インキュベーション（25℃）することにより SAM 上に酵素を固定化した酵素電極を作製した。作製した酵素電極は 100 mM リン酸カリウム緩衝液（pH 7.0）中で使用直前まで保管した。

　SAM 修飾酵素電極を作用極，Ag/AgCl を参照極，白金線を対極とし，100 mM リン酸カリウム緩衝液（pH 7.0）10 ml を含むウォータージャケットセルに設置した。印加電位＋400 mV（vs. Ag/AgCl），37℃にて反応溶液中のグルコース濃度の変化（0，1，3，5，10，15，20 mM）に伴う電流値の変化を調べた。

実験項 2　印加電位の最適化

［実験操作］

　実験項 1 の手順により作製した DSH 修飾酵素電極を作用極，Ag/AgCl を参照極，白金線を対極とし，100 mM リン酸カリウム緩衝液（pH 7.0）10 ml を含むウォータージャケットセルに設置した。印加電位は＋400，または＋150 または＋100 mV（vs. Ag/AgCl），37℃にて反応溶液中のグルコース濃度の変化（0，1，3，5，10，15，20 mM）に伴う電流値の変化を調べた。

実験項 3　夾雑物の影響の評価

［実験操作］

　実験項 1 の手順により作製した DSH 修飾酵素電極を作用極，Ag/AgCl を参照極，白金線を対極とし，100 mM リン酸カリウム緩衝液（pH 7.0）10 ml を含むウォータージャケットセルに設置した。印加電位＋100 mV（vs. Ag/AgCl），37℃にて 1.1 mM のアセトアミノフェンの存在化 / 非存在化または 100 μM のアスコルビン酸の存在化 / 非存在化における反応溶液中のグルコース濃度の変化（0，1，3，5，10，15，20 mM）に伴う電流値の変化を調べた。

文　献

1)　S. Ferri, K. Kojima, K. Sode, *J. Diabetes Sci. Technol.*, **5**, 1068-1076 (2011)
2)　K. Inose, M. Fujikawa, T. Yamazaki, K. Kojima, K. Sode, *Biochim. Biophys. Acta,* **1645**, 133-138 (2003)

3) T. Tsuya, S. Ferri, M. Fujikawa, H. Yamaoka, K. Sode, *J. Biotechnol.*, 123, 127-136 (2006)

4) M. Shiota, T. Yamazaki, K. Yoshimatsu, K. Kojima, W. Tsugawa, S. Ferri, K. Sode, *Bioelectrochemistry,* **112**, 178-183 (2016)

5) Y. Degani, A. Heller, *J. Phys. Chem.*, **91**, 1285-1289 (1987)

6) P. N. Bartlett, F. A. Al-Lolage, *J. Electroanal. Chem.*, In press DOI：10.1016/j.jelechem. 2017.06.021

7) I. Lee, N. Loew, W. Tsugawa, C. E. Lin, D. Probst, J. T. La Belle, K. Sode, *Bioelectrochemistry*, **121**, 1-6 (2018)

8) C. Hinnen, R. Parsons, N. Niki, *J. Electroanal. Chem.*, **147**, 329-337 (1983)

9) N. Wangfuengkanagul, O. Chailapakul, *J. Pharm. Biomed. Anal.*, **28**, 841-847 (2002)

10) J. Huang, Y. Liu, H. Hou, T. You, *Biosens. Bioelectron.*, **24**, 632-637 (2008)

第9章 Si-tag を用いた酵素の固定化と利用

松浦俊一[*1]，池田　丈[*2]，黒田章夫[*3]

1　はじめに

　代表的な生体分子であるタンパク質を固体表面上に固定化するための手法として，物理吸着や固体表面に存在する官能基を利用した化学的架橋化が広く利用されているが，固定化されるタンパク質分子の配向を制御することが困難である。そのため，固定化されたタンパク質分子の向きによっては，固体表面や近傍に固定化された他の分子による立体障害などによって本来の活性を発揮できなくなるものが生じる（図1A）。また，化学的架橋化の場合は，化学反応によってタンパク質が変性・失活してしまう場合もあり，活性の低下が大きな問題となる。

　タンパク質分子の配向性を制御する固定化法のひとつとして，標的とする材料表面に対して親和性を有するペプチドを接着分子として利用する手法がある[1]。固体結合ペプチドを，目的タンパク質の特定の箇所（通例タンパク質の N 末端か C 末端）に遺伝子組換え技術を用いて融合することで，固定化された際のタンパク質分子の配向を制御することができる。また，固体表面やタンパク質の化学修飾が不要であるため，一旦融合タンパク質を作製すれば，簡便にタンパク質の固定化を行うことができるという利点がある。このような固体結合ペプチドの多くは，ファージディスプレイ法や細胞表層ディスプレイ法を用いて，ファージ／細胞表層に提示されたランダムな配列のペプチドライブラリー（7〜14 残基程度）よりスクリーニングを行うことで取得されている[2]。しかし，得られたペプチドの解離定数は一般に μM のオーダー程度であり[3]，固体表面に対する親和性が低いという問題があった。この原因として，提示されるペプチドのサイズが小さいため，固体表面との接触面積が限られていることが考えられた。

　そこで，筆者らは，人工ペプチドライブラリーからではなく，自然界に存在する多種多様なタンパク質群の中から標的とする材料表面に結合するタンパク質を取得することを進めている。本稿では，筆者らが発見したシリカ（SiO_2）結合タンパク質「Si-tag」を利用してシリカ・ガラス表面上にタンパク質を固定化する手法とその応用について述べる。

＊1　Shun-ichi Matsuura　産業技術総合研究所　化学プロセス研究部門
　　　　　　　　　　　有機物質変換グループ　主任研究員
＊2　Takeshi Ikeda　広島大学　大学院先端物質科学研究科　分子生命機能科学専攻　助教
＊3　Akio Kuroda　広島大学　大学院先端物質科学研究科　分子生命機能科学専攻　教授

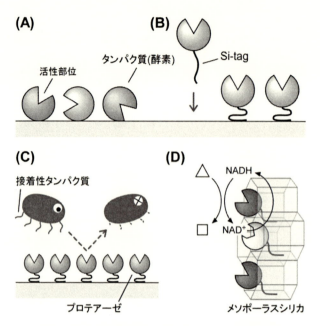

図1　タンパク質固定化の模式図と本研究の概念図
（A）物理吸着や化学的架橋化による固定化。（B）Si-tag を用いたタンパク質の
配向的固定化。（C）プロテアーゼの固定化によって材料表面への細菌の付着を
防ぐ抗バイオフィルム化技術。（D）メソポーラスシリカ上への複数酵素の固定
化による共役反応の効率化。

2　シリカ結合タンパク質「Si-tag」を接着分子としたタンパク質固定化

　生物由来の天然のタンパク質群は多様なアミノ酸の組み合わせで構成されていることから，本
来の機能とは別の性質として，固体結合ペプチドのように特定の固体表面に親和性を発揮するも
のが存在するのではないかと予測した。実際にスクリーニングを試みたところ，様々な材料に対
する結合タンパク質を得ることに成功している[4~7]。スクリーニングの方法は，以下のように単
純である。まず，大腸菌の菌体破砕液など多様なタンパク質を含む溶液に，標的とする材料の粉
末を添加し，しばらく混合する。続いて，遠心分離によって粉末を回収し，粉末表面に吸着した
タンパク質を界面活性剤存在下で加熱することで解離させ，SDS-PAGE に供する。得られたバ
ンドを質量分析などで同定することで，どのタンパク質が標的材料表面に結合するかを調べるこ
とができる。このようにして得られた固体結合タンパク質を，固定化したいタンパク質に遺伝子
組換え技術によって融合することで，標的とする材料に対する親和性を付与することができる。
　筆者らはタンパク質固定化の足場材料としてシリカを選択し，シリカに結合するタンパク質の
取得を試みた。シリカは化学的・機械的に安定な物質であり，粒径や細孔径を制御して多孔質体
を合成することも可能であることから，HPLC カラムにおける担体や無機触媒の担体などとして
広く利用されている。大腸菌の細胞内タンパク質をスクリーニング源として，シリカに結合する

タンパク質を探索したところ，リボソームタンパク質 L2 がシリカ表面に強く吸着することを発見した。このタンパク質を接着分子とすることで，シリカ粒子や，シリカを主成分とするガラスなどに加え，シリコン（Si）半導体（表面は SiO_2 の絶縁膜）に様々なタンパク質を固定化可能なことから，「Si-tag」と呼んでいる[4]。Si-tag のシリカに対する解離定数（K_d）は，0.5 M NaCl と 0.5%（v/v）Tween 20 を含む 25 mM Tris-HCl 緩衝液（pH 8.0）で 0.31 nM と非常に小さい値であり，シリカに対して強固に結合することが判明した[8]。Si-tag は 273 残基のアミノ酸から成る分子量約 3 万のタンパク質であり，正に帯電するアミノ酸残基（アルギニン・リジン）を非常に多く含んでいた。一方，シリカ表面は空気中の水分または水溶液中で水和され，シラノール基（$-SiOH$；$pK_a \sim 7$）が形成される。中性・塩基性条件下では，このシラノール基から H^+ が解離することでシリカ表面は負に帯電する。これらのことから，Si-tag は主に静電的引力によってシリカ表面に結合することが示唆された。さらに，欠失変異体を用いた解析より，273 残基の Si-tag のうち N 末端 60 残基と C 末端 71 残基の領域が特にシリカとの結合に寄与していることが示された[4]。全長の Si-tag ではなく，N 末端 60 残基あるいは C 末端 71 残基の領域を単独で目的タンパク質に融合した場合でも，高いシリカ結合能を発揮することができる。アミノ酸配列を詳細に解析したところ，これらの領域は溶液中で特定の立体構造をとらない「天然変性（あるいは不定形）」と呼ばれる特殊な領域であることが判明した[9]。天然変性領域は，通常のタンパク質のような球状の立体構造をとらず，溶液中ではひらひらとしたリボンのような動的な状態で存在していると考えられている。分子動力学シミュレーションの結果，Si-tag の天然変性領域に含まれる多くのアルギニン・リジン残基が，シリカ表面のシラノール基と多点で結合していることが示された[10]。つまり，Si-tag はポリペプチド鎖がほどけた柔軟な状態で存在しているため，固体表面との接触面積が大きくなり，強固な結合を実現していると考えられた（図 1B）[9]。

　本稿では，Si-tag を用いてプロテアーゼを固定化することで材料表面に抗菌性を付与した例（図 1C）と，規則性ナノ空間を有するメソポーラスシリカに 2 種類の酵素の固定化によって効率的な物質生産を実現した例（図 1D）について紹介する。これらの他にも，半導体デバイス上に抗体結合タンパク質 Protein A や Protein G を介して抗体を固定化することで，半導体をベースとしたバイオセンサーの開発を進めている。詳細については筆者らによる総説[11]を参照されたい。

3　Si-tag を用いたプロテアーゼの固定化による材料表面の抗バイオフィルム化

　バイオフィルムとは，固体表面を足場として形成される膜のような構造体であり，内部には微生物が高密度に生息している。身近なバイオフィルムの例として，排水溝のぬめりや口腔内の歯垢が挙げられる。自然界の微生物の多くは，単独で生息しているわけではなく，何らかの固体表面上に形成されたバイオフィルムの中に生息している。バイオフィルムの形成は，浮遊状態の微

細胞・生体分子の固定化と機能発現

生物が固体表面に付着することにより始まる。付着した微生物が増殖するとともに，細胞外に多糖などの粘着性ポリマーを分泌することでバイオフィルムが形成される。バイオフィルム中の微生物は粘着性ポリマーによって保護される形になるため，抗生物質や殺菌剤が効きにくいといったことが知られている。例えば，水道管内のバイオフィルムに生息するレジオネラ菌には殺菌剤が効かないことが報告されている[12]。また，カテーテルなどの医療器具にバイオフィルムが生じた場合，感染症など様々な弊害を引き起こすことから，材料表面を抗バイオフィルム化する技術が注目されている。

バイオフィルム形成の初期段階である微生物の付着には，微生物の細胞表層に存在する接着性タンパク質が関与するため，微生物に対してタンパク質分解酵素であるプロテアーゼを作用させることで，バイオフィルムの形成を抑制できることが知られている[13]。そこで筆者らは，Si-tagを用いてプロテアーゼを材料表面に固定化することで，材料表面の抗バイオフィルム化が可能かどうかを検討した（図1C）。そのモデルとして，*Bacillus amyloliquefaciens* 由来の中性プロテアーゼ（NPR）にSi-tagを融合し，シリカ粒子上に固定化した例を紹介する。NPRは494残基のアミノ酸から成る不活性な前駆体として発現され，活性型へと成熟化する過程で，その一部であるプロ領域（194残基）が切断される。また，活性には亜鉛イオンが必須であるとともに，立体構造の安定化にカルシウムイオンを必要とする。

プロ領域を含むNPRのC末端にSi-tagを融合したタンパク質（Si-tag融合NPR）を大腸菌において発現した。不活性型として発現されたSi-tag融合NPRをシリカ粒子と混合することで，本タンパク質を粒子上に固定化した。そのままでは活性はないが，亜鉛イオンとカルシウムイオンの存在下において37℃で保温することで成熟化が進行し，約15時間で最大活性を示した。興味深いことに，シリカに固定していない状態で同様の処理を行うと，一過的に活性が回復した後，自己消化によって活性が急速に減少したのに対し，シリカ上に固定化したものでは活性が長時間持続した。プロテアーゼ分子が平面上に拘束されたことで，分子間の反応が低減され，自己消化が抑制されたと考えられる。

プロテアーゼの固定化による抗バイオフィルム効果の検証のため，Si-tag融合NPRを固定化したシリカ粒子を，黄色ブドウ球菌（*Staphylococcus aureus*）の培養液に添加した。37℃で48時間静置した後のバイオフィルムの形成量を2,3,5-トリフェニルテトラゾリウムクロライド（TTC）アッセイによって測定した。その結果，未処理のシリカ粒子に比べ，Si-tag融合NPRを固定化したものではバイオフィルム形成量が約70％減少していることが判明した。これは，表面に固定化されたプロテアーゼの活性によって浮遊細菌の付着が阻害されることで，バイオフィルムの形成が抑制されたためだと考えられる。しかし，現在のところ，付着の完全な阻害は達成できていない。おそらく細胞表層の接着性タンパク質以外の物質も微生物の付着に関与していることが原因だと考えられる。例えば，核酸や多糖の関与が考えられることから，核酸分解酵素（DNase, RNase）や糖鎖分解酵素を同時に固定化することで，より有効な付着防止を達成できるのではないかと期待している。

4　Si-tag を用いたメソポーラスシリカへの複数酵素集積化による効率的物質生産

　酵素を工業的な物質生産に利用する場合，酵素を不溶性の担体に固定化した固定化酵素が広く用いられている。酵素を固定化することで，酵素と生成物の分離が容易になり，また，酵素を回収して再利用することができる。従来の固定化酵素に関する基礎研究では，主に1種類の酵素が使用されてきたが，複数の酵素を組み合わせたカスケード反応など，高度な生体模倣反応を利用した新しい反応システムの構築が期待されている。

　2種類の酵素を利用した有用な物質変換反応のひとつとして補酵素再生系を組み込んだ共役反応による高付加価値化学品の高効率生産が挙げられる。補酵素再生系を組み込むことで，NAD(P)H などの高価な補酵素の必要量を最小限に抑えることができる。このような共役反応を効率化するためには，主反応を担う還元酵素と補酵素再生酵素を近接化させることで，連続反応を円滑に進行させることが効果的だと考えられる。複数酵素を固定化するのに適した足場材料として，規則性ナノ空間を有する無機多孔質材料であるメソポーラスシリカ（図2）の利用が検討されている[14]。メソポーラスシリカの規則性細孔を利用した固定化技術では，複数の機能の異なる酵素を 10 nm 以内の近接状態で安定的に配列化できることが分かっている[15~17]。また，固定化に伴い，酵素の熱安定性の向上や酵素同士の凝集の抑制などの効果が生じることが知られている[15,18]。筆者らは，Si-tag を利用することで，より効率的かつ安定にメソポーラスシリカを足場とした複数酵素の固定化（集積化）が実現できると考えた。そこで，共役反応を触媒する2種類の酵素についてそれぞれ Si-tag との融合タンパク質を作製し，これらをメソポーラスシリカ上に同時に固定化することで，固定化酵素による共役反応の効率化を試みた（図1D）。

　2種類の酵素による共役反応のモデルとして，立体選択的なカルボニル還元酵素と補酵素再生酵素の組み合わせを用いたプロキラルカルボニル化合物の不斉還元反応を選択した。本反応によって生じる光学活性アルコールは，医農薬の合成中間体として非常に有用である。これら2種

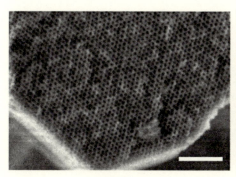

図2　典型的なメソポーラスシリカ（SBA-15，細孔径：7 nm）の SEM 像
スケールバー：100 nm。

類の酵素を組み込んだ組換え大腸菌による光学活性アルコールの生産は報告されているものの[19]，固定化酵素を利用する場合は，酵素の安定性や補酵素の再生率に課題が残されているため実用化に至っていない。そこで本研究では，Si-tagを用いてこれらの酵素をメソポーラスシリカ上に固定化し，その反応効率を評価した。なお，カルボニル還元酵素として *Candida parapsilosis* 由来のR体選択的カルボニル還元酵素（RCR）を，補酵素再生酵素として *Rhodobacter sphaeroides* Si4由来のソルビトール脱水素酵素（SDH）を使用した（図3）。

本反応系では，2-ヒドロキシアセトフェノン（2-HAP）を反応基質として，RCRおよび還元型補酵素（NADH）の作用により，極めて高い鏡像体過剰率（99%以上）で（R）-1-フェニル-1,2-エタンジオール（(R)-PED：抗鬱薬であるフルオキセチンのキラルビルディングブロック）を合成することができる。本反応の際に生成する酸化型補酵素（NAD$^+$）は，SDHの作用によってNADHに再生され，RCRによる主反応に再び使用される（図3）。

RCR，SDHはいずれもホモ4量体であるが，それぞれのN末端にSi-tagのN末端60残基を融合したタンパク質（Si-tag融合RCR，Si-tag融合SDH）を大腸菌において発現させ，常法により高純度に精製した。これらの酵素をメソポーラスシリカ（SBA-15，細孔径：8nm）に固定化し，補酵素再生系による光学活性アルコールの合成効率を評価した（図3）（※実験手順の詳細については実験項に記載）。比較対象として，Si-tagを融合していない酵素を用いた場合についても併せて検証した。

Si-tag融合RCRまたはSi-tagを融合していないRCRを単独で固定化させた際の（R）-PED合成の転化率が8%程度になるように反応条件を設定し，SDHによる補酵素再生系の導入の効果について検証した。その結果，Si-tagを融合していない酵素の組み合わせ（RCR／SDH）では，

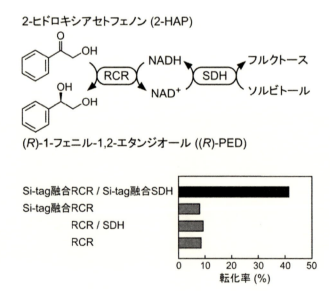

図3　メソポーラスシリカを足場とした共役酵素反応による光学活性アルコールの合成

RCR 活性はメソポーラスシリカ上に保持されていたものの，SDH 活性はほとんど発揮されず，補酵素再生による反応促進効果は認められなかった。一方，Si-tag を融合した場合（Si-tag 融合 RCR／Si-tag 融合 SDH）では，単一酵素（Si-tag 融合 RCR）の場合よりも転化率が5倍程度増大したことより，補酵素再生系を組み込んだことによる反応効率の向上が認められた。

　これらの結果から，特に補酵素再生酵素である SDH の活性をメソポーラスシリカ上に保持するうえで，Si-tag の寄与は非常に大きいと考えられる。解析の結果，SDH 単独でもシリカ上に吸着しているものの，ほとんど失活していることが判明した。Si-tag を融合することでシリカ上でも高い活性を発揮できるようになったが，これは Si-tag による配向的固定化（図1B）の効果によるものと考えられる。さらに，酵素サイズに合わせてメソポーラスシリカの細孔径（2-12 nm）を最適化することで，固定化酵素の反応活性と繰り返し耐久性（再利用性）を飛躍的に向上させることにも成功している[20]。

　本反応の他にも，還元酵素の種類を置き換えることによって，様々な物質変換反応に応用できる。例えば，アゾ還元酵素と補酵素再生酵素としてのグルコース脱水素酵素とを組み合わせた共役反応について，両酵素に Si-tag を融合することによって難分解性化学染料（アゾ染料）の分解効率を向上させることにも成功している[20]。

5　おわりに

　本章では，Si-tag のシリカ結合能を利用した酵素の固定化技術について述べた。本手法では，シリカ材料表面に対する安定的かつ配向的な酵素固定化を実現することで，酵素が有する高選択的な触媒機能を固体表面上でも最大限に発揮させることができる。固定化可能なタンパク質は酵素に限らず，多様なタンパク質を組み合わせて固定化することができるため，環境調和型の物質生産プロセス（バイオリアクター）やバイオセンサーなど多岐に渡る応用展開が可能である。

　固定化の足場となるシリカ材料の形状に着目すると，多孔質シリカ微粒子を現行のリアクターに直接組み込むことはハンドリング性の観点から困難である。そこで，将来的には，リアクターの形状や規模に合わせ，多孔質三次元構造体であるシリカモノリス，または，メソポーラスシリカと有機高分子バインダーを混合して適宜の形状に加工した成形体[21]を実装することが実用化への鍵になると考えられる。

　また，Si-tag は，シリカの他にも窒化ケイ素（Si_3N_4）や様々な金属酸化物（酸化アルミニウム，酸化マグネシウム，酸化銅，酸化チタン，酸化ニッケル，酸化亜鉛，酸化ジルコニウム），さらにはステンレスなどの合金上へのタンパク質固定化にも利用できることが判明した[22]。今後，様々な材料とタンパク質の複合化により，新たな機能発現が期待される。

実験項 メソポーラスシリカへの２種類の Si-tag 融合酵素の固定化と酵素反応による光学活性アルコールの合成

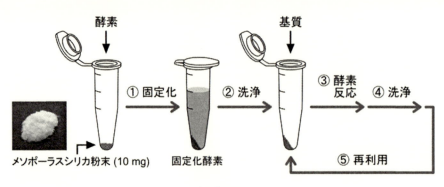

実験手順

[実験操作]

(1) 固定化と洗浄

　1.5 mL マイクロチューブに 10 mg のメソポーラスシリカ粉末（SBA-15，細孔径：8 nm）を量り取り，Si-tag 融合 RCR（2 nmol）と Si-tag 融合 SDH（0.5 nmol）を含む 1 mL の結合緩衝液（25 mM Tris-HCl 緩衝液 [pH 8.0]，0.5 M NaCl，0.5%[v/v] Tween 20）を添加した。ローテーターを用いて 4℃で穏やかに混合（16 時間以上）することで Si-tag 融合酵素の固定化を行った。続いて，遠心分離（4℃，20,000×g，5 分間，以下同様）を行い，上清を全て除去した。次に，1 mL の同緩衝液を添加し，ボルテックスミキサーを用いて約 5 秒間攪拌することによって，酵素が固定化されたメソポーラスシリカを再懸濁した後，遠心分離を行い，上清を全て除去した。再度 1 mL の同緩衝液を用いて同様の洗浄操作を行った後，さらに 1 mL の 25 mM Tris-HCl 緩衝液（pH 8.0）を用いて洗浄操作を行った。遠心分離後の上清を全て除去することによって，Si-tag 融合酵素を固定化したメソポーラスシリカを得た（※ Si-tag を融合していない酵素の場合には，塩や界面活性剤を含まない 25 mM Tris-HCl 緩衝液 [pH 8.0] を用いて酵素の固定化と洗浄操作を行った）。

(2) 酵素反応

　続いて，固定化酵素を用いた共役反応による光学活性アルコールの合成（図 3）を以下のように行った。酵素を固定化したメソポーラスシリカに対して，1 mL の反応基質溶液（25 mM Tris-HCl 緩衝液 [pH 8.0]，1 mM 2-ヒドロキシアセトフェノン [2-HAP]，0.1 mM NADH，10 mM D-ソルビトール）を添加し，ローテーターを用いて 35℃で穏やかに 30 分間混合することで酵素反応を進行させた。遠心分離後の上清に含まれる反応生成物（(R)-1-フェニル-1,2-エタンジオール [(R)-PED]）の定量分析を行うことで，反応効率を評価した（分析装置：HPLC，日立ハイテクサイエンス社製，LaChrom ELITE）。

（3）　洗浄と再利用

　固定化酵素を再利用する場合には，遠心分離後のメソポーラスシリカを 1 mL の 25 mM Tris-HCl 緩衝液（pH 8.0）で再懸濁した後，遠心分離を行い，上清を全て除去した。続いて，1 mL の新しい反応基質溶液を用いて（2）と同様の操作を行うことで，酵素反応を行った。

文　　献

1)　A. Care *et al.*, *Trends Biotechnol.*, **33**, 259 (2015)

2)　U. Kriplani, B. K. Kay, *Curr. Opin. Biotechnol.*, **16**, 470 (2005)

3)　C. Tamerler *et al.*, *Biopolymers*, **94**, 78 (2010)

4)　K. Taniguchi *et al.*, *Biotechnol. Bioeng.*, **96**, 1023 (2007)

5)　A. Kuroda *et al.*, *Biotechnol. Bioeng.*, **99**, 285 (2008)

6)　T. Ishida *et al.*, *Environ. Sci. Technol.*, **44**, 755 (2010)

7)　T. Ishida *et al.*, *PLOS One*, **8**, e76231 (2013)

8)　T. Ikeda *et al.*, *Anal. Biochem.*, **385**, 132 (2009)

9)　T. Ikeda, A. Kuroda, *Colloids Surf. B : Biointerfaces*, **86**, 359 (2011)

10)　R. Tosaka *et al.*, *Langmuir*, **26**, 9950 (2010)

11)　池田丈ほか，日本微生物生態学会誌，**26**, 64 (2011)

12)　厚生労働省，循環式浴槽におけるレジオネラ症防止対策マニュアルについて，http://www.mhlw.go.jp/topics/2001/0109/tp0911-1.html

13)　T. Iwase et al., *Nature* **465**, 346 (2010)

14)　N. Carlsson *et al.*, *Adv. Colloid Interface Sci.*, **205**, 339 (2014)

15)　S. Matsuura *et al.*, *Bioconjugate Chem.*, **19**, 10 (2008)

16)　S. Matsuura *et al.*, *Chem. Commun.*, **46**, 2941 (2010)

17)　松浦俊一ほか，シリカ系メソ多孔体材料-ヘテロ蛋白質複合体及びその製造方法，特許第 5164039 号（2012）

18)　S. Matsuura *et al.*, *J. Nanosci. Nanotechnol.*, **18**, 104 (2018)

19)　X. Zhou, *et al.*, *Process Biochem.*, **50**, 1807 (2015)

20)　松浦俊一ほか，Si-tag 融合異種酵素とメソポーラスシリカとの複合体，特願 2017-160829 (2017)

21)　長瀬多加子ほか，ミクロないしメソポーラス微粒子の多孔質成形体，酵素担持用担体，その酵素複合体及びこれらの製造方法，特願 2017-152336 (2017)

22)　黒田章夫ほか，改質剤，抗菌剤および抗菌性材料，特願 2017-195291 (2017)

第10章　酵素の安定性を向上させる固定化技術の開発とマイクロリアクターへの応用

清田雄平[*1]，山口　浩[*2]，宮崎真佐也[*3]

1　はじめに

　酵素は，反応特異性および基質特異性が極めて高く，分析・物質製造においてその応用が強く期待されている。しかしながら酵素は一般の触媒と比較し安定性が低く，失活が問題となり工業的な実用化は限られた安定な酵素しか行われていない。したがって酵素の安定化は，有用な酵素を利用するためには必須の課題である[1,2]。酵素の失活は，変性による構造変化により酵素活性中心の立体構造が失われることが主な原因である。この酵素の構造変化は，酵素溶液のpH，イオン強度および添加材を検討することである程度は防止することができる[3]。このような溶液全体の条件による酵素の安定化以外に，酵素分子近傍の局所的環境を変えることによる安定化手法も研究されている。その一つである酵素固定化法は，共有結合，非共有結合およびイオン結合等により酵素を固相に固定する手法である[4]。加えて，酵素の固定化は，安定化のみならず反応液から酵素を容易に分離可能になり再利用を容易とする。そのため，高効率な反応プロセスへとつながることから様々な固定化酵素の工業化への応用が強く期待されている。

　酵素の固定化は，マイクロリアクターを用いた酵素反応において極めて重要な技術である[5,6]。なぜならば，酵素を固定化することにより，連続流通式の反応プロセスを構築することが可能となるためである。固定化された酵素を用いたマイクロリアクターは，マクロスケールの反応と比べ遥かに広いチャネル表面の比表面積を有し，極めて効率的に反応が進行する[6]。また，マイクロリアクターは熱交換および物質移動が迅速であり，流路中では層流を形成するため流体制御および反応制御が可能である[7]。そのため，バルクの反応では困難な精密で効率的な反応プロセスを構築することができる。したがって，マイクロ流路中に酵素を自在に固定化する手法は，効率的で特異的な反応プロセスの開発のために強く求められている。

　以上より酵素の固定化は，酵素の安定性を増加させ，効率的なマイクロリアクター構築に貢献する技術として開発が進められている。

＊1　Yuhei Kiyota　北海道大学　大学院工学研究院　特任助教

＊2　Hiroshi Yamaguchi　東海大学　理学部　化学科　阿蘇教育センター　准教授

＊3　Masaya Miyazaki　北海道大学　大学院工学研究院　客員教授；

　　　　　　　　　　　産業技術総合研究所　製造技術研究部門　客員研究員

2　担体表面への酵素の固定化法による酵素の安定化

　担体への酵素の固定化は，吸着，クロスリンク，酵素‒ポリマー複合体形成，アフィニティーラベルおよびゲルへの取り込みによる手法が報告されている。固相としては，ガラス，ポリスチレン，アガロース，磁気ビーズ，低温同時焼成セラミックス（LTCC），ポリジメチルシロキサン（PDMS）およびポリテトラフルオロエチレン（PTFE）等の様々な材質への固定化法が開発されている[8~18]。酵素の固定により安定性が上昇する要因としては，酵素が固定相との相互作用を形成するため，または不活性な酵素凝集体の形成を防ぐためであることが示唆されている[19]。酵素における変性の一般的な過程は，疎水性コアの露出とその疎水性部位が他の酵素分子に結合し，無秩序な凝集体を形成することであると考えられる[20]。したがって酵素の固定化は，この変性過程を物理的に阻害し，多くの酵素において安定化を引き起こすことが期待される。

　前述のように，様々な固定化法が開発されているが，実際に反応プロセスを構築する際に，手法の簡便さおよび低コストであることは，工業化への応用のためには極めて重要な要素である。これまでに当研究室では，普遍的な試薬を用いた，簡便かつ低コストである酵素のマイクロリアクターへの固定化手法を開発しており，本章ではその概要を紹介する。

3　グルタルアルデヒドおよびパラホルムアルデヒドによるマイクロ流路への酵素固定化

　これまでに当研究室では，グルタルアルデヒドおよびパラホルムアルデヒドを用いた PTFE チューブ内壁への酵素の固定法を，キモトリプシンをモデルの酵素として報告している[16]。本固定法は，一般的な試薬であり，安価に購入できるグルタルアルデヒドおよびパラホルムアルデヒドを架橋剤とし，酵素溶液と直接 PTFE チューブ内で反応させることにより簡便かつ低コストであることが特徴である。これらの架橋剤は，酵素の Lys 残基と共有結合することで，酵素‒ポリマー複合体を形成する。図 1a, b に示すように，酵素溶液と固定試薬溶液をそれぞれシリンジに入れ，送液を行うことでチューブ内壁への酵素の固定を行った。チューブ内の内壁側および中心側の溶液の速度は内壁側が遅いこと，キモトリプシンと PTFE は疎水性の相互作用により吸着が見られることより，チューブの内壁に層状に酵素‒ポリマー複合体が形成され，固定されたと考えられる（図 1c）。

　本手法によりチューブ内壁に固定されたキモトリプシンは，溶液中で保存されていた同酵素よりもはるかに安定であった。溶液中で保存したキモトリプシンは，15 日で 20% 以下に活性が低下してしまうのにもかかわらず，チューブ内に固定した酵素は 40 日たってもほぼ活性の低下は見られなかった（図 2a）。さらに，酵素を変性させる尿素および DMSO の添加に対し，固定化した酵素は，溶液中と酵素と比較し，1.5 倍から 8 倍ほどの安定化効果を示した（図 2b）。このように本手法は酵素の安定性を上昇させる固定方法であり，簡便かつ低コストであることからマ

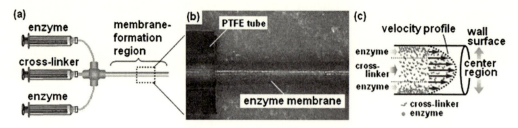

図1　酵素固定マイクロリアクターの作製[16]
a）酵素および架橋剤のシリンジの配置，b）作製した酵素–ポリマー複合体（乾燥状態），
c）チューブ内面に酵素ポリマー複合体が形成される機構の仮説

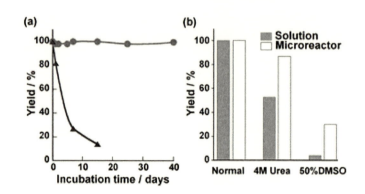

図2　酵素（キモトリプシン）固定マイクロリアクターの安定性[16]
a）37℃における酵素の安定性の比較。固定化酵素（●）および溶液中の酵素（▲）。
b）変性剤および有機溶媒に対する酵素の耐性。

イクロリアクター反応プロセス構築に寄与する。

4　Poly-L-Lysine を用いたマイクロ流路への酵素固定化

グルタルアルデヒドおよびパラホルムアルデヒドを用いた手法は，静電的に負に帯電している酵素に対しては効果的な方法ではない。なぜなら，主に架橋剤と反応し酵素をポリマーと共有結合する Lys 残基が，静電的に負に帯電している酵素では少ないからである。そこで当研究室では，Sheldon らの Cross-Linked Enzyme Aggregates（CLEAs）の手法を取り入れ，Poly-L-Lys をあらかじめ酵素と相互作用させたのち前述の架橋剤でポリマー化する新規手法の開発を実施した[18, 21, 22]。CLEAs は，塩および有機溶媒を添加することにより凝集した酵素を架橋剤で架橋し固定する手法として報告されていた。本手法では，酵素と Poly-L-Lys を混合し水溶性の凝集体を形成させた後，架橋試薬と反応させることで酵素を固定化する（スキーム1）。種々の工業的に利用されている酵素を用い，pI が6以下の中性緩衝液中で負電荷を示す酵素の固定の検討を行った結果，Poly-L-Lys は酸性の酵素の固定を可能とした（表1）。一方で，pI が6以上の

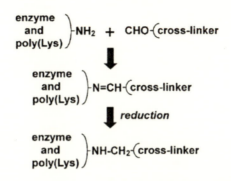

スキーム1　Poly-L-Lys を用いた酵素固定化法の概要[18]

表1　各種の酵素に対する Poly-L-Lys の効果[18]

Enzyme	pI	CLEAs
Alkaline phosphatase	5.9	formed with poly（Lys）
L-Aminoacylase	4.0	formed with poly（Lys）
D-Aminoacylase	5.2	formed with poly（Lys）
β-D-Galactosidase	4.6	formed with poly（Lys）
α-Chymotrypsin	8.6	formed without poly（Lys）
Cucumisin	10.4	formed without poly（Lys）
Esterase	5.0	formed with poly（Lys）
Lipase, *Candida rugosa*	45	formed with poly（Lys）
Papain	8.8	formed without poly（Lys）
Pepsin A	1.0	formed with poly（Lys）
Subtilisin A	9.4	formed without poly（Lys）
Thermolysin	5.3	formed with poly（Lys）
Trypsin	10.5	formed without poly（Lys）
Tyrosinase	5.2	formed with poly（Lys）
V8 protease	3.7	formed with poly（Lys）

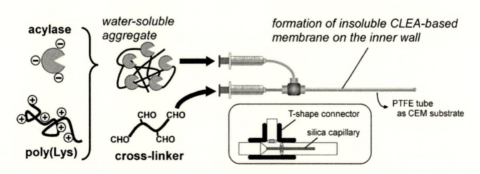

図3　Poly-L-Lys を用いた酵素固定化マイクロリアクター作製[18]

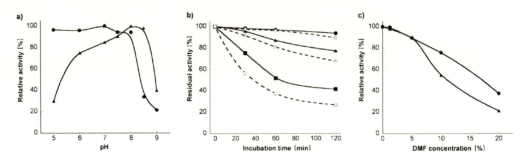

図4　Poly-L-Lys を用いた酵素（アセチラーゼ）固定化マイクロリアクターの安定性[18]
a）pH に対する耐性：固定化酵素（●）および溶液中の酵素（▲），b）温度に対する酵素の安定性の
比較：実線が固定化酵素であり，破線は溶液中の酵素。温度はそれぞれ 40℃（丸），50℃（三角），
60℃（四角），c）有機溶媒に対する耐性の比較：固定化酵素（●）および溶液中の酵素（▲）。

酵素は，Poly-L-Lys の添加を必要としなかった。

　本手法を用いて，図3に示す系により，マイクロリアクター中に酵素-ポリマー複合体を形成
し，アセチラーゼをモデル酵素として固定をした。固定化されたアセチラーゼは，酸性，高温お
よび有機溶媒に対して，固定化されていない酵素よりも高い耐性を示した（図4）。これらの条
件への固定化酵素の高い耐久性は，工業化への応用において非常に有利である。

5　酵素固定化法のマイクロリアクターへの応用

　酵素固定化マイクロリアクターの有効性を示すために，タンパク質の質量分析における前処理
の検討を実施した[23]。タンパク質質量分析は，前処理としてトリプシンおよびキモトリプシンに
よる反応が求められ，分解されたペプチドの質量を解析することで標的タンパク質の同定を行
う。トリプシン（N-tosyl-L-phenylalanyl chloromethyl ketone-treated trypsin）およびキモト
リプシン（α-chmotrypsin）を PTFE チューブに固定化し，リゾチームを基質として酵素反応
を行った（図5）。

　固定化酵素 PTFE チューブでは，30℃から50℃へと反応温度を上昇させるに従い，質量分析
により同定されたリゾチーム由来のペプチドの数は増加し標的タンパク質の配列の同定率は上昇
した（表2）。しかしながら，溶液中で酵素反応を行った方では，温度上昇によってペプチドの
同定数は減少した。タンパク質を標的とする酵素は，基質タンパク質の構造が緩むため，温度は
高い方が反応性は高くなる。また，一般的に化学反応速度は温度を上げるとアレニウスの式に従
い上昇するが，酵素反応では酵素の失活による活性の低下が見られる。本検証において，固定化
した酵素は安定性が高いため，温度上昇により反応効率が上昇したのに対し，溶液中の酵素は失
活し始めたため反応効率が減少したことが考えられる。このように固定化の酵素安定化効果は，
反応の効率化のための温度上昇をより許容することができるため，反応プロセスの高速化が可能
となる。また，それぞれの温度で反応させた酵素固定化マイクロリアクターは，いずれの条件に

第10章　酵素の安定性を向上させる固定化技術の開発とマイクロリアクターへの応用

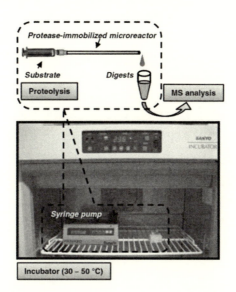

図5　酵素固定化マイクロリアクターによるタンパク質質量分析の前処理[23]

表2　酵素固定化マイクロリアクターによる前処理の優位性[23]

TY はトリプシン，CT はキモトリプシンである。
タンパク質質量分析の標的モデル酵素としてリゾチームを用いた。

Reaction Temperature（℃）	Matched Peptide	Identified Amino acids	Sequence Coverage（%）	Identified S-S bounds
TY microreactor				
30	1	7	5	0
40	3	28	22	0
50	10	126	98	4
TY (in solution)				
37	6	99	77	3
50	2	23	18	0

Reaction Temperature（℃）	Matched Peptide	Identified Amino acids	Sequence Coverage（%）	Identified S-S bounds
CT microreactor				
30	2	30	2	30
40	3	40	3	40
50	10	50	10	50
CT (in solution)				
37	10	37	10	37
50	4	50	4	50

おいても酵素活性の低下は見られず再使用が可能であった。このように高い酵素の安定性は，反応の効率化および繰り返しの使用に耐えられため，効率の良い反応プロセスの実用化には必須の

条件である。

6　まとめ

　酵素の固定化手法は，工業的な反応プロセスにおいて酵素の再利用を容易にするばかりではなく，酵素の安定性を増加することが期待される。本章では，マイクロリアクター内壁に酵素を固定化し，安定化する手法を概説した。本手法は，表面電荷が異なる様々な酵素に応用可能であり，酵素の安定化を示す固定化方法である。この安定効果は，温度上昇を許容することが示され反応プロセスの効率化につながることが期待される。また，固定化された酵素は有機溶媒に耐性を示したことから，多様な酵素反応条件を設定することが可能になることが期待される。今後は，より酵素の安定化効果が高く，任意の反応条件を設定可能な固定化手法の開発が望まれる。

実験項1　グルタルアルデヒドおよびパラホルムアルデヒドによる固定化法

[実験操作]

　グルタルアルデヒドおよびパラホルムアルデヒドは，それぞれ 0.25％（v/v）および 4％（v/v）を PBS に溶解させる[a]。酵素は 10 mg/mL の濃度で PBS へと溶解させる。マイクロリアクターとする PTFE チューブは，内径 500 μm のチューブを用いる。図 1 に示すようにシリンジとチューブコネクターをセットし，架橋剤溶液は 0.75 μL/min，酵素溶液は 0.5 μL/min でシリンジポンプを用いて送液する。数時間程送液を続けると，PTFE チューブ内部に酵素-ポリマー複合体が生成する。続いて，未反応のアルデヒド基を除くため，1 M Tris-HCl（pH 9.0）で，チューブ内を洗浄する。さらに，架橋剤とタンパク質の一級アミンにより形成したシッフ塩基を，副反応を防ぐためにホウ酸緩衝液（pH9.0）に溶解させた 50 mM $NaCNBH_3$ で還元する。酵素固定 PTFE チューブは PBS を充填した状態で，4℃で保存可能である。また，酵素-ポリマー複合体は，乾燥しても再度緩衝液で膨潤することができ，機械的強度は変化しない。そのため，酵素よっては乾燥が可能である。なお使用する溶液はすべて，ポアサイズ 0.2 μm のフィルターでろ過してから用いる。

実験項2　Poly-L-Lys を用いた固定化法

[実験操作]

　酵素および Poly-L-Lys（M_n=50 kDa）は，それぞれ 20 mg/mL および 10 mg/mL で PBS に溶解させる。氷中で，酵素および Poly-L-Lys 溶液を混合したのち，シリンジに入れる[b]。図 3 に示した通りの流路を作製し，酵素および Poly-L-Lys 混合液を 6.25 μL/min，上記同様の架橋剤溶液を 0.5 μL/min で数時間送液を行う。酵素を固定後は，上記同様に 1 M Tris-HCl（pH

9.0) で，チューブ内を洗浄する。さらにホウ酸緩衝液（pH 9.0）に溶解した 50 mM NaCNBH$_3$ を送液し，シッフ塩基を還元する。酵素固定 PTFE チューブは PBS を充填した状態で，4℃で保存可能である。

【補足事項】

a) グルタルアルデヒドおよびパラホルムアルデヒドの濃度は，1：16 の割合を変えずに，用いる酵素に適した条件を検討する。

b) 適切な Poly-L-Lys の数平均分子量は，酵素により適した大きさが異なるので固定がうまくいかないときは検討する。

文　　献

1) A. Schmid, J. S. Dordick, B. Hauer, A. Kiener, M. Wubbolts, B. Witholt, *Nature*, **409**, 258 （2001）

2) H. E. Schoemaker, D. Mink, M. G. Wubbolts, *Science*, **299**, 1694 （2003）

3) C. O' Fagain, *Enzyme Microb. Tech.*, **33**, 137 （2003）

4) A. M. Klibanov, *Anal Biochem*, **93**, 1 （1979）

5) H. Yamaguchi, T. Honda, M. Miyazaki, *Journal of Flow Chemistry*, **6**, 13 （2016）

6) Y. Asanomi, H. Yamaguchi, M. Miyazaki, H. Maeda, *Molecules*, **16**, 6041 （2011）

7) W. Ehrfeld, V. Hessel, H. Löwe, "Microreactors：New Technology for Modern Chemistr", p.5, Wiley-VCH （2000）

8) T. Richter, L. L. Shultz-Lockyear, R. D. Oleschuk, U. Bilitewski, D. J. Harrison, *Sensor Actuat B-Chem*, **81**, 369 （2002）

9) G. H. Seong, R. M. Crooks, *J. Am. Chem. Soc.*, **124**, 13360 （2002）

10) A. Srinivasan, H. Bach, D. H. Sherman, J. S. Dordick, *Biotechnology and Bioengineering*, **88**, 528 （2004）

11) G. Drager, C. Kiss, U. Kunz, A. Kirschning, *Organic & Biomolecular Chemistry*, **5**, 3657 （2007）

12) A. Nomura, S. Shin, O. O. Mehdi, J. M. Kauffmann, *Analytical Chemistry*, **76**, 5498 （2004）

13) Y. Li, X. Q. Xu, B. Yan, C. H. Deng, W. J. Yu, P. Y. Yang, X. M. Zhang, *Journal of Proteome Research*, **6**, 2367 （2007）

14) M. Baeza, C. Lopez, J. Alonso, J. Lopez-Santin, G. Alvaro, *Analytical Chemistry*, **82**, 1006 （2010）

15) J. Gao, J. D. Xu, L. E. Locascio, C. S. Lee, *Analytical Chemistry*, **73**, 2648 （2001）

16) T. Honda, M. Miyazaki, H. Nakamura, H. Maeda, *Chemical Communications*, 5062 （2005）

17) R. A. Sheldon, *Applied Microbiology and Biotechnology*, **92**, 467 （2011）

18) T. Honda, M. Miyazaki, H. Nakamura, H. Maeda, *Advanced Synthesis & Catalysis*, **348**, 2163 (2006)

19) A. M. Klibanov, *Analytical Biochemistry*, **93**, 1 (1979)

20) E. Y. Chi, S. Krishnan, T. W. Randolph, J. F. Carpenter, *Pharmaceut Res*, **20**, 1325 (2003)

21) R. A. Sheldon, *Advanced Synthesis & Catalysis*, **349**, 1289 (2007)

22) H. Yamaguchi, M. Miyazaki, Y. Asanomi, H. Maeda, *Catalysis Science & Technology*, **1**, 1256 (2011)

23) H. Yamaguchi, M. Miyazaki, H. Maeda, *Proteomics*, **10**, 2942 (2010)

第11章　インスリン検出用タンパク質プローブを細胞膜表面に固定したセンサー細胞の開発

重藤　元[*1]，舟橋久景[*2]

1　はじめに

　人間を含む多細胞生物では，多種多様な機能細胞間でコミュニケーションを取り，個体としての生命を維持している。その際，同じ組織内に存在する同種の機能細胞でも，外部からの刺激や他の機能細胞から発信された情報伝達物質に対して，同時に，また同一の応答を示すわけではないことが明らかになってきている。同種の機能細胞間においてもコミュニケーションを取り，外部からの刺激や情報伝達物質に対する役割分担が存在しているようである[1]。そこでこのような生命現象を解明し，健康維持や疾病治療，さらには工学的に応用していくためには，細胞間の情報のやり取りを見る方法の開発が重要である。中でもホルモンなどの生体分子を介した情報伝達は，遠く離れた細胞間，組織間，臓器間の機能連携を実現し，生命の維持に大きく貢献している。したがって，カギとなる情報伝達物質の挙動を連続的に解析する方法の開発は大変重要だと考えられる。筆者らは，①標的物質を洗浄操作なしに検出するタンパク質プローブを開発し，②そのタンパク質プローブを細胞膜表面に固定したセンサー細胞を用いることによって，センサー細胞近辺における情報伝達物質の挙動が連続的に解析可能になると考えている。本稿では筆者らが開発している，細胞間情報伝達物質の代表格であるインスリンの挙動を連続的に解析するためのインスリンセンサー細胞をモデルとして，標的検出タンパク質プローブの作製と，そのタンパク質プローブを細胞膜表面に固定したセンサー細胞作製法を紹介する。

2　インスリン挙動解析の意義

　インスリンは，血中グルコース濃度，すなわち血糖値をコントロールする上で重要な役割を持つホルモンである[2]。膵臓のβ細胞は食事などで上昇した血糖値に応答し，血中にインスリンを分泌する。分泌されたインスリンは，肝臓細胞や筋肉細胞などの表面に発現しているインスリン受容体に結合する。インスリンの結合を感知した細胞は，グルコース輸送タンパク質が細胞膜表面に移行し，血中のグルコースを取り込む。その結果血糖値が下降する。このシステムが破綻す

＊1　Hajime Shigeto　産業技術総合研究所　健康工学研究部門　研究員

＊2　Hisakage Funabashi　広島大学　大学院先端物質科学研究科　分子生命機能科学専攻　准教授

ると高血糖状態が続き糖尿病が発症する。糖尿病の原因は様々であるが，インスリン分泌量の減少や，肝臓細胞や筋肉細胞におけるインスリン感受性の低下が見られることから，生体内のインスリン挙動を解析することは重要であろう。

ところで一般にインスリンの分泌は，血糖値の変動に応答して膵 β 細胞が分泌するという単純な説明で考えられることが多い。しかし一方で，同一の実験環境において同一の刺激を与えたとしても，インスリンを分泌する細胞としない細胞が混在することが知られている[3~5]。なぜインスリンを分泌する細胞としない細胞が混在するのか，インスリンを分泌しない細胞はなぜ分泌しないのか，など多くの謎が残されており，インスリンの分泌は複雑なメカニズムに則っていると考えられる。これらの謎を解明するには，単一細胞レベルでインスリン分泌応答を解析することが重要であると考えられるが，単一細胞から分泌されるインスリンそのものを連続的に計測可能で，かつ個人の手技熟練に頼らない汎用的な手法はほとんど存在しない。そこで筆者らは，インスリン分泌細胞とインスリンセンサー細胞を共培養することによって，インスリン分泌応答を単一細胞レベルで解析可能な汎用的な手法が開発できるのではないかと考えた。

3　ホモジニアスアッセイ用プローブの開発

標的を認識したプローブと認識していないプローブを洗浄操作などによって分離する必要のない測定方式を，ホモジニアスアッセイ方式と呼ぶ。細胞表面にタンパク質プローブを固定したセンサー細胞を用いて情報伝達物質を連続的に測定するためには，このホモジニアスアッセイ方式の測定法であることが望ましい。そのためにはタンパク質プローブ自体がホモジニアスアッセイ方式で標的検出可能である必要がある。そこで筆者らはインスリンを認識した場合のみ，Bioluminescence Resonance Energy Transfer（BRET）シグナルを産生するインスリン検出用タンパク質プローブの開発を行った。

生体においてインスリンは，ホモ二量体を形成するインスリン受容体に結合することで細胞内へシグナルを伝達する。2013 年には J. G. Menting らによってインスリンとインスリン受容体が結合した状態の立体構造が詳細に報告された[6]。インスリンはホモ二量体を形成している受容体の一方の carboxy-terminal α-chain（αCT）セグメントともう一方の leucine-rich-repeat（L1）ドメイン-cysteine-rich（CR）ドメインに挟まれる形で結合する。そこで筆者らは，αCT と発光タンパク質［NanoLuc[7]：Nluc］を遺伝子組換えにより融合した Nluc-αCT と，L1-CR と蛍光タンパク質［YPet[8]］を融合した L1-YPet の二つの融合タンパク質を作製した。2 つの融合タンパク質は αCT セグメントと L1-CR ドメインが特異的にインスリンと結合し，融合タンパク質・インスリンの 3 分子複合体を形成する。その結果，Nluc と YPet が物理的に近接する。その際，Nluc の発光基質を添加すると Nluc の発光エネルギーが，近接した YPet に移動する BRET 現象が生じ，YPet から蛍光としてエネルギーが放出される（図 1a, b）。したがって Nluc 由来の発光と YPet 由来の蛍光の強度比を BRET 効率（BRET シグナル）として評価すること

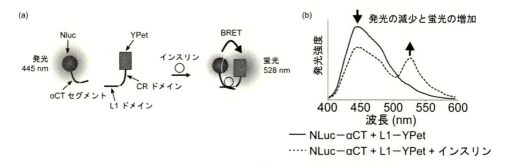

図1　ホモジニアスアッセイ方式によるインスリン検出用タンパク質プローブ
(a)インスリン検出の原理。(b)インスリン測定時の発光スペクトル。

でインスリンの検出が可能である。この BRET 現象は Nluc と YPet が近接している場合のみ生じる。つまりインスリンを認識し複合体を形成したプローブからのみシグナルが生じるため、インスリンを認識していないプローブ（シグナルを生じないプローブ）を分離する必要がない、ホモジニアスアッセイ方式によるインスリンの測定が可能である。筆者らは、インスリン分泌細胞を培養中の培地にこのタンパク質プローブを添加し、Nluc 由来の発光と YPet 由来の蛍光の強度比を解析することで、グルコースやインスリン分泌薬による刺激に応答して分泌されたインスリンを、培地サンプル回収などの煩雑な操作なしに、連続的に測定することに成功している[9]。

4　タンパク質プローブを細胞膜表面に固定したセンサー細胞の開発

インスリンセンサー細胞の開発にあたり、先に開発したタンパク質プローブを細胞表面に化学的に固定するというアプローチなども考えられる。しかし筆者らは、培養するだけで作製可能なインスリン挙動解析ツールの開発を目指し、また標的検出プローブがタンパク質であるという特性を生かし、センサー細胞自身にインスリン検出用タンパク質プローブを発現させ、自ら細胞表面へ固定させることにした。

インスリン受容体は細胞膜表面においてホモ二量体として存在し、二量体の一方ずつがインスリン認識部位を出し合うような形式でインスリンが結合する。しかし筆者らが開発したインスリン検出用タンパク質プローブは完全に分離した状態の2つの分子から成る。そこで2つのプローブ分子をリンカーペプチドを介して結合し1分子とした、新たなタンパク質プローブを開発した。3分子反応（Nluc-αCT，L1-YPet とインスリン）から、2分子反応（Nluc-αCT-L1-YPet とインスリン）となることから、効率よくプローブとインスリンの複合体が形成され、検出感度も向上すると期待できる。具体的には、フレキシブルな SAGG 配列[10]を、立体構造[6]から見積もった十分な長さとして7回繰り返した配列をリンカーペプチドとして用いた。このようにして作製した Nluc-αCT-L1-YPet は、2分子のタンパク質プローブと比較して感度がおよそ16倍向上していた（投稿中）。この1分子型タンパク質プローブを細胞表面に固定するために、細胞

細胞・生体分子の固定化と機能発現

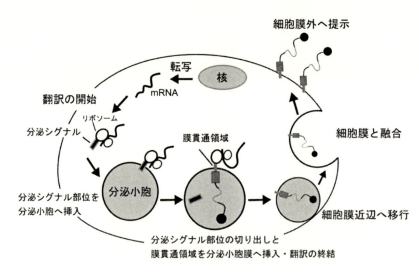

図2　細胞膜表面提示機構を利用した，インスリン検出用タンパク質プローブの細胞膜表面への固定

が本来有するタンパク質の細胞膜表面提示機構を利用した（図2）。細胞膜表面に存在する各種受容体などのタンパク質は，翻訳開始後，分泌シグナルによって小胞体へ移送される。その後，膜貫通領域を小胞体膜に挿入する形で翻訳が完了する。タンパク質を内包した小胞体は細胞膜へ移送され，細胞膜と融合する。その際，小胞体内部のタンパク質が細胞膜の外側へ向く形で融合することによりタンパク質が細胞膜表面へと提示される。

　筆者らはモデルとして，筋肉細胞や脂肪細胞と同じくインスリン感受性細胞の一つである肝臓細胞株を用いてインスリンセンサー細胞を開発した（図3a）。1分子型インスリン検出用タンパク質プローブのN末端に分泌シグナル[11]，YPet下流に免疫染色用C-Mycエピトープタグ，C末端に膜貫通領域[12〜14]を融合したプラスミドを作製した（実験項，プラスミド概略図）。次にマウス肝臓細胞株であるHepal-6細胞[15〜17]に作製したプラスミドを導入した。その後，薬剤選択により遺伝子導入された細胞の純化を行った。さらにインスリン検出用タンパク質プローブを発現する細胞の純化をYPetの蛍光を指標にしたFACSを用いて行った。このようにして取得した細胞が，インスリン検出用タンパク質プローブを細胞膜表面に発現しているか検討するために，共焦点レーザー顕微鏡による蛍光観察を行った。その結果，細胞の周辺部分に強いYPet由来の蛍光が観察されたことから（図3b），細胞内で発現したプローブが細胞膜へ移行していると結論した。また，細胞膜を破壊せずにYPet下流に存在するC-Mycエピトープタグの蛍光免疫染色を行ったところ，細胞膜周辺に蛍光が観察された（図3c）。このことから，インスリン検出用タンパク質プローブは，細胞自身によって細胞膜外側に固定されたと結論した。

　次にインスリンセンサー細胞としての機能を検証した。インスリンを添加してセンサー細胞を培養し，Nluc由来の発光画像とYPet由来の蛍光画像を撮影し，それらの画像からBRTE画像を作成した。その結果，インスリンを添加して培養した場合には，センサー細胞が存在する部分

104

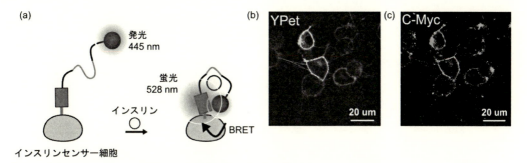

図3　(a)インスリン検出用センサー細胞の概要。 共焦点レーザー顕微鏡によるセンサー細胞の
蛍光観察例 (b)YPet, (c)Alexa Fluor 546 修飾 anti C-Myc 抗体による免疫染色（画像は
判別が容易になるよう輝度とコントラストを調整した。）

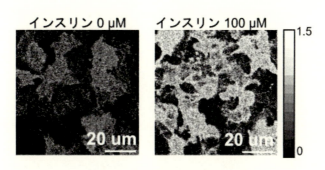

図4　センサー細胞の BRET 画像
各ピクセルの輝度に対する BRET の値を右に示した。

に強い BRET シグナルが観察された（図4）。これらの結果から，インスリン検出用タンパク質
プローブが機能する状態で細胞膜表面に固定された，インスリンセンサー細胞の開発に成功した
と結論した。

5　インスリンセンサー細胞を用いた単一細胞レベルのインスリン分泌応答 モニタリング

　2節で述べたように，膵 β 細胞は同一の刺激を与えたとしても，インスリンを分泌する細胞と
しない細胞が混在することが知られており，単一細胞レベルの解析に則ったメカニズム解明が望
まれる。単一細胞レベルで膵 β 細胞のインスリン分泌応答メカニズムを解析する手法として，細
胞内 Ca^{2+} 濃度の蛍光イメージングが頻繁に用いられる。膵 β 細胞は細胞内の Ca^{2+} 濃度が上昇す
るとインスリンを分泌することが知られているためである。すでに様々な Ca^{2+} 検出用蛍光プ
ローブが市販されており，蛍光顕微鏡を用いたイメージングにより，単一細胞レベルで膵 β 細胞
内の Ca^{2+} 濃度変化を解析することが可能である。通常，グルコースや薬剤で刺激後 Ca^{2+} 濃度が
上昇した細胞を，インスリン分泌応答を示した細胞として扱うが，この手法には問題があること

が懸念される。実はインスリン分泌応答には細胞内 Ca^{2+} 濃度変化を伴わない経路が存在していることが報告されている[18, 19]。したがって Ca^{2+} 濃度変化を示さない膵 β 細胞＝インスリンを分泌していない細胞ではない可能性がある。真のインスリン分泌応答を解析するには，やはり細胞から分泌されるインスリンそのものを直接検出することが望ましい。そこで筆者らは，インスリンセンサー細胞を膵 β 細胞と共培養すれば，膵 β 細胞が分泌するインスリンを，周辺に存在するセンサー細胞によって単一細胞レベルで検出可能になると考えた（図5a）。

　そこでまずインスリンセンサー細胞とマウス由来膵 β 細胞株 MIN6 細胞を共培養した。MIN6 細胞はあらかじめ cell tracker により染色しておき，インスリンセンサー細胞と区別した（図5b）。Nluc 由来の発光画像と YPet 由来の蛍光画像を連続撮影し，随時それらの画像から BRET 画像を作成して BRET シグナルの経時変化を評価した。モニタリング中にグルコースで細胞群を刺激したところ，MIN6 細胞と近接した位置にあるインスリンセンサー細胞において，スパイク状の BRET シグナル応答を示し，その後徐々に BRET シグナルが上昇していく細胞が存在した（図5b，5c，1番のインスリンセンサー細胞）。このことはグルコース刺激に応答した MIN6 細胞が分泌したインスリンを，まず近接するインスリンセンサー細胞が検出してスパイク状の応答を示し，その後インスリンが培地中に拡散したことに起因する培地全体のインスリン濃度の上昇をさらにインスリンセンサー細胞が検出したと考えられる。一方，MIN6 細胞と近接したインスリンセンサー細胞においても，スパイク状の応答を示さない細胞も存在した（図5b，5c，2番のインスリンセンサー細胞）。このインスリンセンサー細胞はその後の徐々に上昇する BRET シグナル応答は示したことから，インスリン検出機能は維持しているものと考えらえる。したがって，近接した MIN6 細胞がインスリン分泌応答を示さなかった可能性が高いと考えられる。このことから，タンパク質プローブを細胞膜表面に固定したインスリンセンサー細胞を用いて，イ

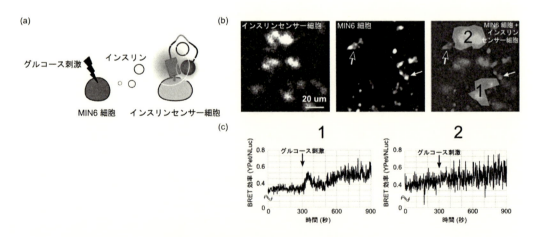

図5　(a)インスリンセンサー細胞と MIN6 の共培養による単一細胞レベルのインスリン分泌応答解析。
(b)モニタリング開始前のインスリンセンサー細胞（Nluc 由来の発光）と MIN6（cell tracker 由来の蛍光）。（判別が容易になるよう輝度とコントラストを調整した。）(c)各インスリンセンサー細胞が示した BRET 応答の経時変化。

ンスリン分泌応答が単一細胞レベルで評価できる可能性が示唆された。今後は，単一細胞レベルのインスリン分泌応答解析法開発を進め，分泌メカニズム解明にも挑戦する予定である。

6　おわりに

　本章ではインスリン挙動の解析をモデルとして，タンパク質プローブを細胞膜表面に固定したセンサー細胞の開発とその利用法を紹介した。細胞自身に標的検出タンパク質プローブを固定させるセンサー細胞は，共培養を行うだけで単一細胞レベルの情報伝達物質の解析を可能にするツールとしての利用が期待される。また，センサー細胞を用いると，個体レベルでの情報伝達物質解析が可能となると考えられる。例えば，組織特異的な細胞に分化した際にインスリン検出用タンパク質プローブを細胞膜表面に固定させる iPS 細胞を開発し，それを用いたインスリンセンサーマウスを作製することで生きた個体中におけるインスリン動態の解析が可能になるのではないだろうか。肝臓や筋肉をはじめとする各種臓器にインスリンがどのように分配されているのか，分泌されたインスリンが全身の血管を巡り，どの程度再び膵臓に戻ってきているのかなどの解析が可能になると期待される。

　インスリンの挙動解析に限らず，タンパク質プローブを細胞膜表面に固定した多くのセンサー細胞が，読者の皆様の研究の一助となれば幸いである。

謝辞
　膵 β 細胞株である MIN6 細胞をご分与いただいた，大阪大学大学院教授宮崎純一先生に深く感謝いたします。

実験項　インスリン検出用タンパク質プローブの細胞膜表面への固定化法と
インスリンセンサー細胞を用いたインスリン分泌応答モニタリング法

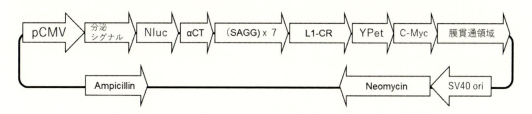

インスリン検出用タンパク質プローブを細胞膜表面に固定するプラスミド概略図

［実験操作］
（1）インスリン検出用タンパク質プローブを細胞膜表面に固定するプラスミドの作製
　インスリン受容体の標的認識部位である αCT，L1-CR の構造遺伝子を Hepa1-6 細胞（RIKEN）からクローニングした。それらの遺伝子と，発光タンパク質 Nluc（Promega 社）と

蛍光タンパク質 YPet（Addgene, plasmid #45215）の構造遺伝子をストップコドンを取り除いて pcDNA3.1（Life technologies 社）に組み込んだ。さらに SAGG を 7 回リピートしたリンカーペプチド配列，分泌シグナルと膜貫通領域の配列をコードする遺伝子を合成オリゴヌクレオチドとして作製し，先のプラスミドに挿入することにより，インスリン検出用タンパク質プローブを細胞膜表面に固定するためのプラスミドを作製した。

（2） インスリンセンサー細胞の作製

　作製したプラスミドを肝臓細胞株である Hepa1-6 細胞に遺伝子導入し，終濃度 1000 µg/mL の G418（Nacalai Tesque 社）を含む培地で 20 日間培養を行った。さらに YPet の蛍光を指標とし，インスリン検出用タンパク質プローブを安定発現する細胞を FACS Aria II（Becton Dickinson 社）を用いて純化した。その後，同じ濃度の G418 を含む培地で約 30 日間培養を行い，再度，インスリン検出用タンパク質プローブを安定発現する細胞を，YPet の蛍光を指標とした FACS によって純化した。

（3） インスリンセンサー細胞によるインスリン検出

　ガラスベースディッシュにインスリンセンサー細胞を播種し，1 晩培養した。翌日 3 mM のグルコースを含む KREBS-Ringer Buffer で 30 分培養した。その後各濃度のインスリンを含む KREBS-Ringer Buffer で 5 分間培養した。Nluc の発光基質（Promega 社）を添加後，暗箱中で倒立型顕微鏡【IX71（Olympus 社），ImageEM X2 EM-CCD カメラ（浜松ホトニクス社）】によって，Nluc の発光画像と YPet の蛍光画像を 420〜460 nm バンドパスフィルターと 510 nm-ハイパスフィルターを用いて取得した。HC Image（浜松ホトニクス社）ソフトを使用し，YPet の画像を Nluc の画像で除することで BRET 画像を作成した。

（4） インスリンセンサー細胞による単一細胞レベルのインスリン分泌応答モニタリング

　MIN6 細胞（大阪大学大学院　宮崎純一先生よりご分与頂いた）を cell tracker（Life technologies 社）を用い染色した。インスリンセンサー細胞と MIN6 を 10：1 の割合でガラスベースディッシュに播種し，1 晩培養した。翌日 3 mM のグルコースを含む KREBS-Ringer Buffer で 30 分培養した。その後，発光基質を含む KREBS-Ringer Buffer を添加し，暗箱中の倒立顕微鏡に設置したインキュベートチャンバー（東海ヒット社）内で培養しながら発光画像と蛍光画像を連続で取得した。観察開始 300 秒後，薬液投与システム（東海ヒット社）を用いて終濃度 15 mM となるようにグルコースを添加した。Nluc 由来の発光画像からインスリンセンサー細胞が存在する箇所を推定し，そのエリアの YPet の平均蛍光強度を Nluc の平均発光強度で除することで BRET シグナルの経時変化を得た。MIN6 とインスリンセンサー細胞は cell tracker の蛍光と Nluc の発光で区別した。

文　　献

1) J. A. Ramilowski *et al.*, *Nat. Commun.*, **6**, 7866 (2015)
2) Brussels, Belgium : International Diabetes Federation, 2014., International Diabetes Federation. IDF Diabetes Atlas update poster, 7th edn., 31 (2015)
3) D. Salomon and P. Meda, *Exp. Cell Res.*, **162**, 507-520 (1986)
4) D. Bosco *et al.*, *Exp. Cell Res.*, **184**, 72-80 (1989)
5) A. Wojtusciszyn *et al.*, *Diabetologia*, **51**, 1843-1852 (2008)
6) J. G. Menting *et al.*, *Nature*, **493**, 241-245 (2013)
7) C. G. England *et al.*, *Bioconjug. Chem.*, **27**, 1175-1187 (2016)
8) A. W. Nguyen and P. S. Daugherty, *Nat. Biotechnol.*, **23**, 355-360 (2005)
9) H. Shigeto *et al.*, *Anal. Chem.*, **87**, 2764-2770 (2015)
10) N. Komatsu *et al.*, *Mol. Biol. Cell*, **22**, 4647-4656 (2011)
11) M. J. Coloma *et al.*, *J. Immunol. Methods*, **152**, 89-104 (1992)
12) L. Claesson-Wels *et al.*, *Mol. Cell. Biol.*, **8**, 3476-86 (1988)
13) L. Claesson-Welsh *et al.*, *Proc. Natl. Acad. Sci. U. S. A.*, **86**, 4917-21 (1989)
14) P. H. Chen *et al.*, *J. Mol. Biol.*, **427**, 3921-3934 (2015)
15) M. Kasahara *et al.*, *Proc. Natl. Acad. Sci. U. S. A.*, **99**, 13687-13692 (2002)
16) S. Kushida *et al.*, *Dig. Liver Dis.*, **36**, 478-485 (2004)
17) K. Kubota, *J. Immunol.*, **176**, 7576-88 (2006)
18) N. Sakuma *et al.*, *Eur. J. Endocrinol.*, **133**, 227-234 (1995)
19) C. E. Ammälä *et al.*, *Nature*, **363**, 356-8 (1993)

第12章　抗体を固定したナノニードルによる細胞解析と細胞分離

中村　史*

1　はじめに

　細胞種を識別するには細胞種固有のマーカーを検出する必要がある。フローサイトメトリーや，イメージングサイトメトリーを用いて標識抗体を用いた細胞の識別が行われているが，細胞内部のマーカーを生きた細胞から検出する手法はない。一般的に抗体を用いた検出では結合した抗体と結合していない抗体の分離（B/F 分離）が必要である。細胞内のマーカーに対して結合した抗体の B/F 分離を行うには，細胞を固定化し細胞膜を除去した状態にしなければならず，細胞は死んでしまう。細胞が生きていることにだけ注目すればレポーター遺伝子を用いてマーカーの発現を確認することは可能である。しかしこの場合，レポーターすなわち外来タンパク質を発現するため，その細胞は医療に応用できる安全な細胞として提供することは出来ない。無垢な細胞を生きたままその内部のマーカーを検出する。そのような手法は現存しないのである。本章では，我々が独自に開発したナノニードルを用いることによって，生きた細胞内のマーカータンパク質を検出する細胞識別技術と，その技術を発展させた細胞を機械的に分離する細胞分離技術に関して解説する。

2　抗体修飾ナノニードルによる骨格タンパク質の検出

　我々の開発したナノニードルは直径 200 nm，長さ 10 μm 以上の高アスペクト比の針状材料である（図 1A）。このような形状の材料は細胞への挿入効率が高く，また細胞へのダメージもほとんど無い[1]。原子間力顕微鏡（AFM）の探針を，集束イオンビームを用いたエッチングにより加工し，このような針状の材料を作製する。この材料を，AFM を用いて細胞へ挿入することで，力応答をリアルタイムに観察しながら動作を行うことが可能である。ナノニードルの細胞膜貫通の成否はフォースカーブ上の斥力緩和として観察することが出来る（図 1B）。挿入のダメージが小さいことは様々な角度から確認しており，同一細胞に 50 回挿入動作を繰り返しても細胞の倍加時間に全く影響しないことを明らかにしている[2]。また挿入動作による刺激により機械受容

＊　Chikashi Nakamura　産業技術総合研究所　バイオメディカル研究部門
　　　　　　　　　　　　研究グループ長；東京農工大学　大学院工学府　生命工学専攻
　　　　　　　　　　　　客員教授

チャネルからカルシウムが流入することもなく[3]，挿入を維持し続けても転写活性の減少は観察されない[4]。

　2000年以降，AFM を用いた1分子を引っ張って壊す，破断力の測定がさかんに行われた時期がある。抗原抗体結合[5]やアビジンビオチン結合[6]など生体分子の相互作用の測定も行われた。破断力は力を加える速度（負荷速度）に依存して変化するパラメーターなので，絶対値の議論は難しいが，概ね1本の共有結合を破断するには数 nN 程度[7]，1対の抗原抗体結合を破断するにはその1／10の数百 pN 程度であると考えてよい。筆者はこのような相互作用破断力の測定を細胞内部のタンパク質の検出に応用できないかと考えた。すなわちナノニードル表面にマーカーを結合する抗体を修飾し，これを細胞に挿入することでニードル近傍の抗原と抗体結合を達成させる（図 2A）。その後ナノニードルを引き上げることによって，抗原抗体結合は破断されるが破断に必要な力がフォースカーブの引き抜き過程（グレー）においてベースラインを下回る引力側の力として検出される（図 2B）。このフォースカーブは，複数の抗原抗体結合が逐次破断していく過程を示しており，その積分値すなわち結合破断にかかる仕事量は抗原抗体結合の結合エネルギーの総和に相当する。標的タンパク質が細胞内に均一に分布しているならば，この結合破断の仕事量は標的タンパク質の濃度に相関する。我々は，この仕事量がフォースカーブのピーク値と

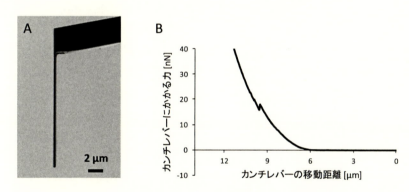

図1　AFM カンチレバー型ナノニードルの SEM 像（A）と細胞へナノニードルを挿入した際のフォースカーブ（B）

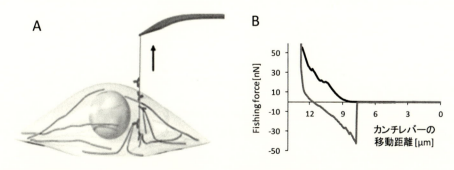

図2　抗体修飾ナノニードルによる骨格タンパク質の検出の模式図（A）とフォースカーブ（B）

よく相関することを見出しており，ピーク値を Fishing force と名付け，これを細胞内タンパク質の量と相関するパラメーターとして評価することとした[2, 8, 9]。図 2B の Fishing force はおよそ 40 nN である。1 個の抗原抗体結合破断力が 100 pN だとすると，このピーク時にはナノニードル表面の抗体に対して少なくとも 400 個以上の標的タンパク質の結合が同時に存在していると考えて良い。

　Fishing force 測定では，標的タンパク質は細胞体と何らかの形で結合したタンパク質が対象となる。骨格タンパク質がその好例である。他にも細胞から引き抜くことが出来ない大きなオルガネラに結合したタンパク質も対象に出来る。我々は骨格タンパク質の中でも細胞種ごとに発現が異なる中間径フィラメントに注目している。中間径フィラメントはアクチン，微小管と相互に結合点を形成することにより，3 次元的なネットワーク構造を形成している。これにより抗体結合による牽引を行った際に中間径フィラメントが引き出されることはなく，抗原抗体結合が破断し抗体修飾ナノニードルが細胞外へ引き出される。よって挿入を連続的に行い，繰り返し Fishing force を測定することが可能である。また，抗体をエピトープペプチドでブロッキングすると Fishing force は標的タンパク質を発現しない細胞のそれと同じレベルに低下することから，標的タンパク質特異的な検出が行われていることは明らかである。

　ビメンチンを標的とした Fishing force の検出例を示す。ビメンチン陽性細胞として，ヒト子宮頸がん細胞 HeLa，ビメンチン陰性細胞としてヒト乳がん細胞 MCF-7 を用いた[10]。図 3A に示すように中間径フィラメントは細胞質に一様に分布しているわけではないため，抗体結合が達成されるかどうかは偶然に頼ることになる。そこで，1 個の細胞に対して場所を変えながら 10 回の挿入を行う。本測定ではナノニードルの貫通を示す斥力緩和が観察されない場合にはデータに含めない。斥力緩和が確認された場合でも図 3B に示すように細胞膜に大部分が包まれるため，大部分の抗体が反応できない状況が想定される。言い換えるとナノニードルは深々と挿入されている状態が望ましい。不完全な挿入状態は細胞膜を構成する脂質二重膜の高い流動性によると考えられる。そこで本試験では，脂質二重膜の流動性を可能な限り押さえるため，ナノニードルの接近速度と培地温度の 2 つの条件を検討した。膜貫通との関係性を考える上では本来負荷速度で議論するべきであるが，ここでは簡単に接近速度で表記する。いずれの実験も室温，引き上げ速度は 10 μm/s で統一している。図 3C は接近速度の検討結果をボックスプロットで示したものである。ビメンチン陰性細胞 MCF-7 であってもナノニードルの物理的接触が発生するため，非特異的な相互作用はゼロにはならない。一方，ビメンチン陽性の HeLa でも確率的に空振りが起こり，MCF-7 と同等の値が得られることもあり，データのばらつきは大きくなる。それでも Fishing force の平均値を比較すると HeLa で得られる値は MCF-7 のそれの 10 倍程度になっており，標的タンパク質陽性細胞では明らかに大きな Fishing force が得られる。ここで深々と挿入されるほど抗体結合数は増大し，大きな値が得られると期待できる。ナノニードルは通常 10 μm/s で接近させるが，1 μm/s に低下させた場合 Fishing force の平均値は 33.7 nN から 18.9 nN まで低下し，ナノニードルの接近速度が遅くなることで細胞膜の変形が起きやすくなりナノニードル

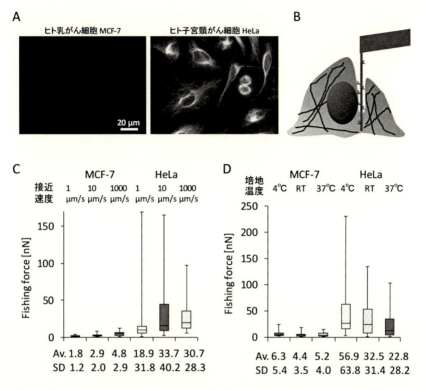

図 3　ビメンチン免疫染色像（A）細胞膜に大きく陥入したナノニードル（B）接近
速度と Fishing force の関係（C）培地温度と Fishing force の関係（D）

が膜に包まれ抗体結合数が減少していることを示唆している。逆に接近速度を 10 倍 100 倍に増
大させた場合には顕著な変化は観察されず，細胞膜の流動性という観点では，ナノニードルの接
近速度は 10 μm/s で十分高いことが明らかとなった。一方，培地温度を検討した結果を図 3D に
示す。37℃ の条件ではディッシュヒーターを用い，4℃ の条件ではリング状の培地氷を作製して
試験を行った。培地温度の低下に従い Fishing force の平均値が増大する傾向が観察された。細
胞膜の脂質成分の大部分を占めるホスファチジルコリンの相転移温度は 19.6℃ である。低温下で
は脂質膜の流動性が押さえられ膜貫通効率が上昇することを強く示唆している。これらの結果か
ら Fishing force 測定条件は，接近速度 10 μm/s 以上，培地温度 4℃ で行うこととした。また，
我々は Fishing force 測定により細胞を識別する基準として，標的タンパク質陰性細胞から得ら
れる Fishing force の平均値に 4SD を加えた値を閾値として設け，1 細胞あたり 10 回の測定で 1
度でもこの閾値を超える値が得られた場合は，標的タンパク質陽性細胞と判定することとした。
　この判定基準に従い，中間径フィラメントのネスチンとニューロフィラメントを標的とした細
胞識別を試みた。神経系幹細胞はネスチンを発現し，ニューロンへと終末分化する際にニューロ
フィラメントへと変化する。我々はマウス胚性幹細胞 P19 を用いてレチノイン酸を用いた分化
誘導を行い分化前後の細胞の識別を試みた。その結果，ネスチン陽性細胞ではニューロフィラメ

ント陰性であり，ネスチン陰性細胞ではニューロフィラメント陽性でることを確認し，分化前後の細胞を本手法により識別することが可能であることを示した[2]。他にも，ケラチンやアクチン，微小管などほぼ全ての骨格タンパク質の検出が可能であることを確認しており，世界で初めて生きた細胞の内部のタンパク質の検出が可能であることを示した。

3　抗体修飾ナノニードルアレイによる細胞の機械的分離

上記の AFM を用いた Fishing force 測定は，1 個の細胞の測定に 10 回の挿入操作を行うため，少なくとも数分を要する。そのため，スループットが問題になる。再生医療の分野では 10^8 ～ 10^{10} 個の細胞が必要とされるが，細胞群に対して，1%の細胞を用いたサンプリング検査を行ったとしても 10^6 個の細胞を測定しなければならない。例えばヒト iPS 細胞から分化した細胞群には未分化の iPS 細胞が混入している可能性がある。未分化 iPS 細胞は腫瘍形成の可能性があるため完全に排除されていなければならない。このような検査に Fishing force 測定は対応出来ない。

ここで Fishing force の測定原理に立ち返って考えてみる。Fishing force と名付けたものの，実際には，細胞の接着力が遙かに大きいために細胞から針が抜けてしまうときの抗体結合破断力を測定している。細胞の接着力を Fishing force を下回るように制御すれば抗体結合力で細胞は釣り上がる（図4）。この時に細胞が釣り上がったという事象そのものがその細胞が標的タンパク質を内部に有している証拠となる。それと同時に細胞は基板から分離されており，識別と同時に分離が行われることになる。また，力学測定が必要なくなるため，多数のナノニードルを二次元的に配列させた材料「ナノニードルアレイ」により，多数の細胞を同時に処理することが可能になる。特異的な細胞分離を実現するためには，細胞集団に含まれる全ての細胞の接着力が，Fishing force よりも小さく，抗体修飾ナノニードルと陰性細胞の非特異的な相互作用より大きなレベルに，平準化されていなければならない。また，その細胞はナノニードルの同座標，直下

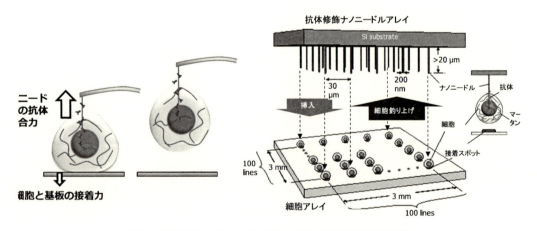

図4　抗体修飾ナノニードルアレイによる細胞の機械的分離

に整然とアレイ化されていることが望ましい。我々はこのような抗体修飾ナノニードルアレイと接着力平準化細胞アレイによる機械的細胞分離技術を着想し，これを実際に開発することに成功した[11]。

　はじめにナノニードルアレイの作製に取り組んだ。4 インチのシリコンウエハを材料とし，微細加工により作製した。約 2 μm のドットパターンが形成されたフォトマスクを用い，ポジ型レジストである TSMR-V90 のパターンを形成する。このウエハに対し誘導結合プラズマエッチングを行うことにより，数十 μm の長さのマイクロピラーアレイを得る。このピラーアレイは 1100℃，10 時間以上の湿式熱酸化を行うことで 1 μm 弱の SiO_2 層を形成させる。最後に BHF による酸化膜除去を行うことで酸化されずに残った芯がナノニードルアレイとして出現する。ウエハはレーザーステルスダイサーを用いて 5 mm 角のチップに裁断する。種々条件の最適化により，直径 200 nm，長さ 20 μm 以上のナノニードルが 5 mm 角のチップに 30 μm 間隔で 100×100 本格子状に配列したアレイの作製に成功した（図 5）。アレイ上のナノニードルの CV 値は直径で 10%，長さで 1% 程度であり，形状の揃ったナノニードルが配置されている[12]。

　本分離法では Fishing force の S/N 比，すなわち陽性細胞との特異的な抗体結合力と陰性細胞との非特異的な相互作用の比は，可能な限り大きい方が良い。そのためには抗体の固定化密度は可能な限り高くかつ配向が揃った状態でナノニードル表面に固定化されていることが望ましい。これを実現するために，大阪大学産業科学研究所の黒田俊一先生，飯嶋益己先生の開発した ZZ-BNC[13, 14] を用い，抗体固定化を行っている。修飾方法の詳細は実験項に記載した。ZZ-BNC の利用により，従来の化学修飾による抗体固定化と比較して，Fishing force が 10 倍以上に増大し，また S/N 比も向上した。上述の Fishing force 測定の値は ZZ-BNC を用いた測定の結果であり，どのような標的タンパク質でも数十 nN の Fishing force が得られるようになった。

　細胞アレイでは，数十 nN の Fishing force と数 nN の非特異的相互作用のあいだの力，およそ 10 nN のところに接着力を調整することが目標となった。我々は独自に開発した矢じり型ナノニードルによる細胞の強制剥離により，細胞接着力を評価する手法を開発している[15, 16]。この

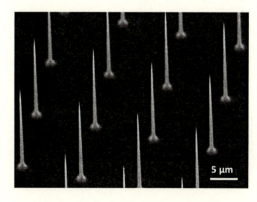

5 μm

図5　ナノニードルアレイの SEM 像

手法により調査を行うと，細胞種によってその接着力は大きく異なることが分かる。表1に示すようにネスチン陽性のP19と陰性であるマウス繊維芽細胞NIH3T3ではその接着力は十倍もの差がある[16]。すなわち雑多な細胞集団から標的細胞のみを分離する場合には細胞種により異なる接着力を全て10 nN程度に平準化しなければならない。さもなくば接着力の弱い標的外の細胞が釣れ，接着力の強い目的の細胞を釣り残すことになる。細胞はインテグリン等の接着タンパク質の発現状態の差により接着性が異なるので，接着タンパク質の機能を抑制し，機械的に基板上に細胞を繋ぎとめればよい。我々は長棟輝行先生らが開発し，現在日油で販売されている細胞膜修飾剤BAM（Biocompatible anchor for membrane）に着目した。この分子はPEGとオレイル鎖が直鎖上に連結しており，脂質二重膜を安定に繋留する性質を持つ。すなわち細胞の接着性とは無関係に基板上に固定したBAMの密度を変更することで細胞の接着力を調整することが可能である。ナノニードルアレイと同座標に細胞が配置された細胞アレイを作製するためにマイクロピラーアレイを用いたマイクロコンタクトプリントによりBAMスポットを形成する手法を開発した。詳細は実験項に記載した。様々な条件検討の結果，表1に示すようにP19とNIH3T3の接着力を約10 nNに調整した細胞アレイの作製に成功した。また，細胞アレイの充填率は95％以上を達成し，約1万個の細胞を同時に処理する準備が整った。

実際に細胞の機械的分離を試みた。ナノニードルアレイの精密な位置合わせと動作は，独自に開発した装置を用いて行っている。図6は，ナノニードルアレイを細胞アレイに接近挿入した際の共焦点蛍光顕微鏡像の垂直切片像を示している。ナノニードルが細胞に同時に挿入されていることが分かる。ビメンチン陽性細胞，ネスチン陽性細胞の分離を試みた結果を表2に示す。ビメンチン陽性のHeLaの回収率は42.2％，ネスチン陽性のP19の回収率は26.4％であった。分離効率は抗体の性能に大きく依存していると考えられる。陰性細胞の誤回収率はどちらも7％程度で

表1　BAMにより平準化された細胞接着力

細胞腫	通常培養時の細胞接着力 [nN ± SD]	BAMで調整された細胞接着力 [nN ± SD]
ヒト子宮頸がん細胞 HeLa	198 ± 22	11.1 ± 4.0
ヒト乳がん細胞 MCF-7	18 ± 5	11.1 ± 3.3
マウス胚性腫瘍細胞 P19	37 ± 29	10.0 ± 3.9
マウス繊維芽細胞 NIH3T3	470 ± 140	9.5 ± 5.4
ヒト IPS 細胞由来神経幹細胞	18 ± 17	9.0 ± 3.5
ヒト iPS 細胞 253G1	44 ± 19	9.0 ± 0.9

10 μm

図6　細胞アレイに対してナノニードルアレイを挿入した際の蛍光像

表 2　ナノニードルを用いた機械的細胞分離の効率

標的タンパク質	陽性／陰性	陽性細胞の 回収率［%］	陰性細胞の 誤回収率［%］
ビメンチン	HeLa/MCF-7	42.2 ± 7.4	7.2 ± 0.8
ネスチン	P19/NIH3T3	25.6 ± 15.1	7.3 ± 6.1
ネスチン	NSC/hiPSC	41.1 ± 14.5	9.0 ± 2.3

あった。回収率を上げ，誤回収率を下げるためには Fishing force の S/N 比をさらに向上させることと，接着力のばらつきを小さくすることが必要である。

　最後にヒト iPS 細胞由来神経幹細胞（NSC）の分離を試みた結果を紹介する。ネスチン抗体を用いた NSC の回収率は 41.1 % であり，未分化 iPS 細胞の誤回収率は 9 % であった。回収された NSC の細胞活性を評価したところ，活性の低下は認められなかった。続いて神経細胞への分化誘導を試みた結果，神経細胞への誘導率は分離操作を行わなかった細胞で 50 % であったのに対し，ナノニードルで分離された細胞では 35 % であった。若干低下しているように見えるものの，過去に報告されている誘導率が 43.7 ± 12.3 % であることを考慮すると，分離された細胞の分化能は十分に維持されていると考えられる。

4　おわりに

　本章では，生きた細胞内のタンパク質の検出と細胞の機械的分離のために開発された最新のナノニードル技術について詳述した。Fishing force 測定では，標的タンパク質は細胞質で単一分散しているものは対象に出来ない。例えば抗 GFP 抗体を修飾したナノニードルを GFP 発現細胞に挿入した場合には，顕著な Fishing force は観察されない。一方，抜去したナノニードル表面には GFP 分子が結合しているため，強い蛍光が観察される。この結果は，分散状態のタンパク質は抗体修飾ナノニードルにより，効率よく抽出できることを示している。従って，ナノニードル表面で蛍光標識抗体を用いたサンドイッチ結合などを行うことにより，分散状態のマーカータンパク質でも検出可能である。

　直径 200 nm のナノニードルの表面積は 10 μm² 程度である。この様な微小な表面を均一に化学修飾することは非常に難しい。カンチレバー型のナノニードルでは数本に 1 本の歩留まりになり，ナノニードルアレイでは機能を持ったドメインに大きな偏りが生じる。ZZ-BNC を物理吸着で固定する方法が，抗体固定化において現在のところ最も安定した結果を与える手法である。このことは，ZZ-BNC のようなメソスコピックな材料で微小表面を非特異的相互作用により被覆し，そこで形成された表面に特異的な結合をする分子が配向しているという材料分子の構成が，安定した抗体修飾表面の形成を可能にしている。データのばらつきの原因が細胞の heterogeneity によるものか，デバイス側の不均一性によるものかの見極めは未だ困難であり，質の高い細胞解析，確実な細胞操作のためのデバイスの設計には，さらなる知見を必要とする。

実験項 1 　抗体修飾ナノニードルアレイ及び細胞アレイの作製

［実験操作］

　下図のようにナノニードルアレイに ZZ-BNC を用いて抗体修飾を行った。ナノニードルアレイに対し酸素プラズマ灰化処理を行った後に 1%フッ化水素酸で酸化膜を除去し，疎水化を行った。50μg/ml に PBS（-）で調製した ZZ-BNC 溶液を 20μl 滴下し，表面に ZZ-BNC を物理吸着させた。25℃で 1 時間静置した後，PBS（-）で 3 回リンスし，3 ml の 0.5% Tween20 を含む PBS（-）で 40 分間洗浄した。PBS（-）で 3 回リンスした後に，終濃度 50μg/ml の抗体溶液を 20μl 滴下し，4℃で 16 時間インキュベーションした。PBS（-）で 3 回洗浄し，抗体修飾ナノニードルアレイとして用いた。

ZZ-BNC を介したシリコン製ナノニードルの抗体修飾

実験項 2 　細胞アレイの作製

［実験操作］

　下図のようにナノニードルアレイと同一座標に細胞が配列した細胞アレイを作製した。1 mg/ml BSA を含む PBS（-）をプラスチックシャーレに 1 ml 滴下し，室温で 3 時間静置し，BSA コートディッシュを作製した。この BSA コートディッシュに対して BAM インク液のマイクロ

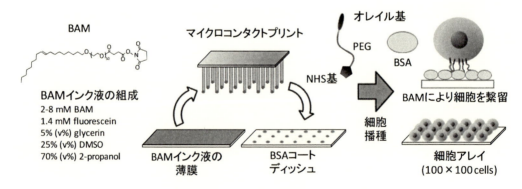

細胞膜修飾剤 BAM を用いた細胞アレイの作製

コンタクトプリントを行った。図中に示す組成の BAM インク液 200 μl をスライドガラス上に滴下しスピンコーターで薄膜を形成した。この薄膜に対してマイクロピラーアレイを接近させピラー先端に BAM インク液を吸着させた。その後すぐに BSA コートシャーレの中心に位置を合わせ，マイクロピラーアレイを接近させ，ディッシュとの接触を確認した。フルオレセインの蛍光スポットを確認した後，ディッシュを温度 25℃，湿度 55％の環境で，8～16 時間程度インキュベーションし，BSA に対して BAM の固定化を行った。細胞を PBS（−）で洗浄した後，Accumax を 1 ml 添加し 37℃で 10 分間インキュベーションした。PBS（−）を添加し，細胞が単分散するようにピペッティングを行い，3 分間遠心した後に，10 mM EDTA を含む Opti-MEM に，1×10^6 cells/ml になるように懸濁した。BAM をスタンプしたシャーレに細胞懸濁液を 100 μl 滴下し，37℃で 15 分インキュベーションした。1 ml PBS（−）を添加し繋留されなかった細胞を取り除く操作を 5 回行い，細胞アレイを得た。

文　　　　献

1)　I. Obataya *et al.*, *Nano Lett.*, **5**, 27 (2005)

2)　S. Mieda *et al.*, *Biosens. & Bioelectron.*, **31**, 323 (2012)

3)　C. Nakamura *et al.*, *Electrochemistry*, **76**, 586 (2008)

4)　S. W. Han *et al.*, *Arch. Histol. Cytol.*, **72**, 261 (2009)

5)　P. Hinterdorfer *et al.*, *Proc. Natl. Acad. Sci. USA*, **93**, 3477 (1996)

6)　E. L. Florin *et al.*, *Science*, **264**, 415 (1994)

7)　M. Grandbois *et al.*, *Science*, **283**, 1727 (1999)

8)　Y. R. Silberberg *et al.*, *J. Biosci. Bioeng.*, **117**, 107 (2014)

9)　Y. R. Silberberg *et al.*, *Biosens. & Bioelectron.*, **40**, 3 (2013)

10)　R. Kawamura *et al.*, *J. Nanobiotechnol.*, **14**, 9 (2016)

11)　R. Kawamura *et al.*, *Nano Lett.*, **17**, 7117 (2017)

12)　D. Matsumoto *et al.*, *Sci. Rep.*, **5**, 15325 (2015)

13)　M. Iijima *et al.*, *Biomaterials*, **32**, 1455 (2011)

14)　M. Iijima *et al.*, *Sci. Rep.*, **2**, 790 (2012)

15)　R. Kawamura *et al.*, *Langmuir*, **29**, 6429 (2013)

16)　S. Ryu *et al.*, *Biochem. Biophys. Res. Comm.*, **451**, 107 (2014)

第13章 バイオナノカプセル足場分子を用いた抗体の精密整列固定化とバイオセンシング技術への応用

飯嶋益巳[*1]，黒田俊一[*2]

1 はじめに

　抗原抗体反応を用いて目的の標的物質を検出するバイオセンシングは，医療，食品，環境，セキュリティー分野等の生命科学領域において極めて重要な技術である。バイオセンシングの感度や特異性を向上させるためには，抗体が効率良く結合できるように，固相上で抗体をクラスター化し，その配向性を精密に制御して整列固定化できる「足場分子」が鍵となる[1]（図1）。本稿では，抗原検出のためのイムノグロブリン（immunoglobulin（Ig））G固定化技術を例にとりながら，従来法と比較しつつ，筆者らが開発した「バイオナノカプセル足場分子」を用いた抗体のクラスター化および精密整列固定化技術，および本技術を用いた各種バイオセンシングの高感度化について概説する。最も古典的なIgG固定化法は，IgGを直接固相上に添加し物理的吸着力（ファンデルワールス力，親・疎水性，電荷等）を用いたものであるが，本法はIgGが非特異的に固定されるため配向性がランダムになり，抗原結合部位（Fv）周辺の立体障害により標的物質の認識能を充分に引き出せない。そこで，リンカーやポリマー（例，polyethylene glycol（PEG）鎖，

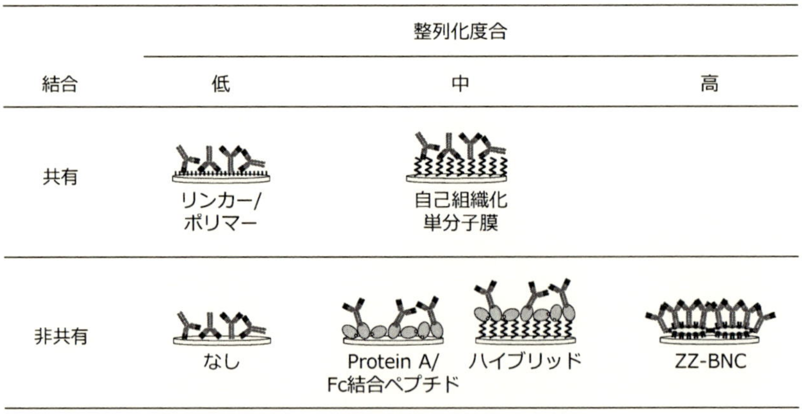

図1　IgGの整列固定化に使用する足場分子

＊1　Masumi Iijima　大阪大学　産業科学研究所　特任准教授（現在　東京農業大学
　　　　　　　　　　応用生物科学部　食品安全健康学科　准教授）
＊2　Shun'ichi Kuroda　大阪大学　産業科学研究所　教授

デキストラン，DNA），自己組織化単分子膜（self-assembled monolayer（SAM））などの足場
分子を用いて，IgG 表面のフリーNH$_2$ 基やフリーCOOH 基，Fc 領域に存在する糖鎖を化学結合
させて固相上に完全長 IgG を固定化する方法は，ある程度 Fv 周辺の立体障害を低減させるが，
一般的に IgG 表面での化学修飾部位が定まらないため IgG の配向性がランダムになると共に，
化学修飾による IgG の変性が課題である。一方，Fc 結合タンパク質（Protein A や G）やペプ
チド等の足場分子は，完全長 IgG を未修飾のまま特異部位に固定化できるが，足場分子自身の
配向性を制御することが困難なため，IgG の完全な整列化は達成できない。また，断片化 IgG で
ある Fab' や Half IgG の SH 基や，遺伝子組換え技術を用いた単鎖抗体（single-chain Fv）およ
びラクダ科重鎖抗体由来可変ドメイン（VHH（camelid single-domain antibodies））の C 末端
COOH 基を用いる固定化法は完全な整列化を期待できるが，抗体作製が煩雑な点，既存の抗体
には適用できない点，さらに化学修飾が必要な点等が課題である。以上より，IgG の抗原認識能
を最大限に引き出すための理想的な足場分子の条件は，①足場分子自身が整列化可能で，②完全
長 IgG の非侵襲的固定が可能で，③IgG 分子内固定部位が一箇所に限定でき，④化学的・物理
的ストレスに対して高耐性で，⑤バイオセンサー表面での最密充填可能で，⑥あらゆる形状のバ
イオセンサー表面に IgG 固定化が可能であることが重要と考えられるが，これまでに上記条件
をすべて満たす足場分子は存在しなかった。

2　バイオナノカプセル

　バイオナノカプセル（bio-nanocapsule（BNC））は，B 型肝炎ワクチン抗原および B 型肝炎
ウイルスの感染機構に基づく薬物送達用ナノキャリアであり，同ウイルス外皮 L タンパク質
（389 アミノ酸（aa））を出芽酵母 *Saccharomyces cerevisiae* 内で過剰発現させて得られる直径約
30 nm の中空ナノ粒子である[2~4]。L タンパク質は，C 末端側半分に 3 回膜貫通型ドメインを有
し，N 末端側半分をエクトドメインとして BNC 表層に提示している。最近，筆者らは L タンパ
ク質の N 末端領域の一部（51~159 aa）を Protein A 由来 IgG-Fc 結合 Z ドメイン 2 量体（ZZ；
127 aa）に置換した ZZ-L タンパク質を作製し，BNC と同様に出芽酵母内で過剰発現させ，直径
約 30 nm の ZZ ドメイン提示型 BNC（ZZ-BNC）を得た[5]（図 2A）。ZZ-BNC と各種 IgG との結
合能を水晶発振子微量天秤法（quartz crystal microbalance（QCM））により測定した結果，
protein A と類似した抗体特異性を示し，ZZ-L タンパク質 1 分子あたり最大で IgG 約 0.5 分子
と結合した[5]。ZZ-BNC 1 粒子には ZZ-L タンパク質約 120 分子が埋め込まれて ZZ ドメインを
提示することから[6]，ZZ-BNC 1 粒子あたり最大約 60 分子の IgG が結合できると考えられた。
また，金基板に固定した ZZ-BNC と液中の IgG の会合を高速原子間力顕微鏡により経時的に観
察したところ，IgG は速やかに Fc 領域を介してトラップされ，Fc 領域を支点として平均速度
0.92 nm/秒，最大角度 44°で回転ブラウン運動を行ったことから，ZZ-BNC はその表層で IgG
Fv 領域を放射状に整列提示できると考えられた[6]（図 2B）。そこで，筆者らは，ZZ-BNC が上述

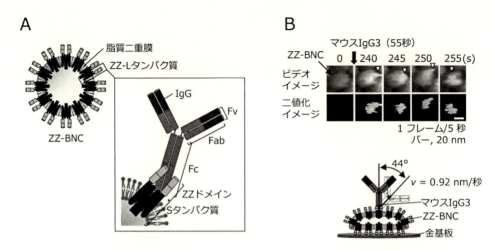

図2 ZZ-BNC の構造（A），高速原子間力顕微鏡による ZZ-BNC 上 IgG の動態観察（B）

した理想的な足場分子の諸条件を満たす可能性が高いと考え，各種バイオセンシングへの応用を検討し，高感度化を達成したので次項以降に概説する。

3 液相中 ZZ-BNC を用いた抗体の精密整列固定化およびバイオセンシングの高感度化

3.1 酵素標識免疫測定法

3.1.1 直接法

固相上抗原（オボアルブミン（ovalbumin（OVA）））を一次抗体（抗 OVA マウス IgG1）と西洋ワサビペルオキシダーゼ（horseradish peroxidase（HRP））標識二次抗体（ウサギ抗マウス IgG）で定量する酵素結合免疫測定法（enzyme-linked immunosorbent assay（ELISA））において，あらかじめ二次抗体と ZZ-BNC を混合した二次抗体-ZZ-BNC 複合体を添加すると，二次抗体のみの場合と比べて検出感度が約 10 倍上昇することを見出した[7]（図3A）。また，ZZ-BNC と二次抗体間にアビジン-ビオチン複合体（avidin-biotin complex（ABC））システムを用いると，感度はさらに約 20 倍上昇した。また，ウェスタンブロット法においても ZZ-BNC により，固相化抗原の検出感度は約 50 倍上昇し，ABC システムの併用により約 100 倍上昇して得られた。一方，アルカリフォスファターゼ（alkaline phosphatase（ALP））で標識した二次抗体の場合，ZZ-BNC による感度上昇は観察されなかった。これは，HRP 分子（約 40 kDa）と比べて，ALP 分子（約 100 kDa）が大きいことから，二次抗体と ALP 分子を繋ぐリンカー長が短く（約 0.5 nm）Fc 領域周辺が嵩高くなり，ZZ-BNC と結合できないためと考えられた。そこで，二次抗体-ALP 間のリンカー長を最適化（約 1.2 nm）することで，ZZ-BNC による ALP 標識二次抗体の感度上昇が達成された[8]。以上より，ZZ-BNC は二次抗体を表層にクラスター化および精密

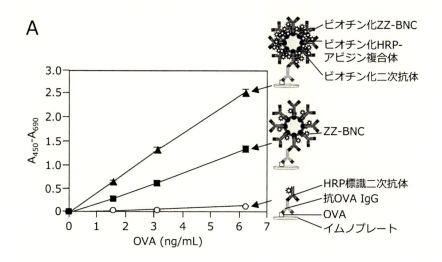

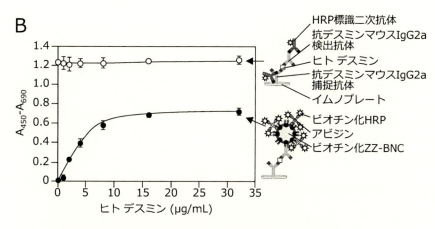

図3　液相中 ZZ-BNC を用いた抗体の精密整列固定化およびバイオセンシングの
　　　高感度化；固相抗原検出 ELISA（A），同一動物種由来抗体を用いたサンド
　　　イッチイムノアッセイ法（B）

整列固定化し，抗体1分子あたりの標識酵素の分子数を高めることで高感度検出を可能にすることが判明した。

3. 1. 2　サンドイッチ法

　液中の同一エピトープを複数有する抗原を検出するサンドイッチイムノアッセイにおいて，通常は同じ IgG を捕捉用および検出用として同時に使用すると，二次抗体が両者に結合して抗原依存的な検出が不可能であることから，捕捉用および検出用 IgG を異なる動物種またはサブクラスにする必要があった。そのような中，筆者らは固相上のランダムに固定化された IgG よりも，固相上抗原により整列固定化された IgG に対し，ZZ-BNC が高い親和性を示すことを見出していた[9]。そこで，抗原（デスミン（多量体））を，捕捉用および検出用 IgG に同一抗体（抗

デスミンマウス IgG2a）を用いて検出するサンドイッチイムノアッセイにおいて，二次抗体（HRP 標識ウサギ抗マウス Fc 特異的ポリクローナル IgG）の代わりに，ZZ-BNC と HRP との間に ABC システムを併用する系を検討した。その結果，二次抗体は，検出用および捕捉用 IgG の両者に結合し抗原依存的な検出が不可能であったが，ZZ-BNC は固相上で「捕捉用 IgG-抗原-検出用 IgG 複合体」を形成した検出用 IgG のみと特異的に結合し，抗原依存的な検出を可能にした[9]（図 3B）。以上より，単一エピトープを有する単量体の抗原には適さないが，同一エピトープを複数有する抗原を検出するサンドイッチイムノアッセイにおいて，同一 IgG を捕捉用および検出用 IgG として同時に使用し，二次抗体の使用および各種抗体への酵素等の標識をしないで簡便かつ高感度に検出することを，ZZ-BNC が初めて可能にした。

3.2 多重蛍光免疫測定法（IRODORI 法）

　固相上の各種抗原（アクチン，デスミン，グルタチオン S トランスフェラーゼ（glutathione S-transferase（GST）），およびビメンチン）を，各種一次抗体（抗アクチンマウス IgG2a，抗デスミンマウス IgG2a，抗 GST マウス IgG2a，および抗ビメンチンマウス IgG2a）と Cy2 標識二次抗体（ウサギ抗マウス IgG）で検出するウェスタンブロット法において，あらかじめ Cy2 標識 ZZ-BNC と一次抗体を混合した Cy2 標識 ZZ-BNC-一次抗体複合体を二次抗体の代わりに用いると，Cy2 標識二次抗体の場合と比べて，検出感度が約 10 倍上昇した[10]。これは，ZZ-BNC は検出用抗体を表層にクラスター化並びに整列化し，抗体 1 分子あたりの蛍光色素の分子数を高めることで高感度検出を可能にすると考えられた。

　また，従来は同一試料に含まれる様々な抗原の同時検出を行う場合，各一次抗体の動物種またはサブクラスの重複を避けて，それぞれに対応する二次抗体を探す必要があった。そこで，ZZ-BNC を異なる 4 種類の蛍光色素（Cy2，Cy3，Cy5，および Cy7）で標識し，4 種類の抗原（GST，アクチン，β-チューブリン，およびデスミン）に結合する同じ動物種由来の一次抗体（抗 GST マウス IgG2a，抗アクチンマウス IgG2a，抗 β-チューブリンマウス IgG2b，および抗デスミンマウス IgG2a）をそれぞれ提示させ，各 Cy 標識 ZZ-BNC-一次抗体複合体（Cy2 標識 ZZ-BNC-抗 GST マウス IgG2a，Cy3 標識 ZZ-BNC-抗アクチンマウス IgG2a，Cy5 標識 ZZ-BNC-抗 β-チューブリンマウス IgG2b，および Cy7 標識 ZZ-BNC-抗デスミンマウス IgG2a）を作製した。そして，4 種類の抗原を含むブロットに同時に使用したところ，各抗原を同時にかつ高感度に検出することができた[10]（図実験項）。本技術（IRODORI 法と命名）により，ZZ-BNC が長年の免疫化学的検出における技術的課題であった使用抗体の動物種およびサブクラスに対する使用制限を根本的に解消できた。

4　固相上 ZZ-BNC を用いた抗体の精密整列固定化およびバイオセンシングの高感度化

4.1　水晶発振子微量天秤法

QCM バイオセンサーにおいて，センサーチップの金基板上に，IgG（抗アクチンマウス IgG2a）を直接法，Protein A を介する方法（Protein A 法），SAM 修飾 Protein A を介する方法（SAM-Protein A 法），および ZZ-BNC を介する方法（ZZ-BNC 法）で固定化し[5]，抗原（アクチン）を定量したところ，ZZ-BNC 法は抗原結合量および検出感度において，それぞれ直接法の約 247 倍および約 128 倍，Protein A 法の約 8 倍および約 25 倍，SAM-Protein A 法の約 30 倍および約 31 倍と著しく上昇した（図 4A）。また，他の各種抗原検出系（抗 β-チューブリンマウス IgG2b による β-チューブリン，抗ニワトリ IgY ウサギポリクローナル IgG によるニワト

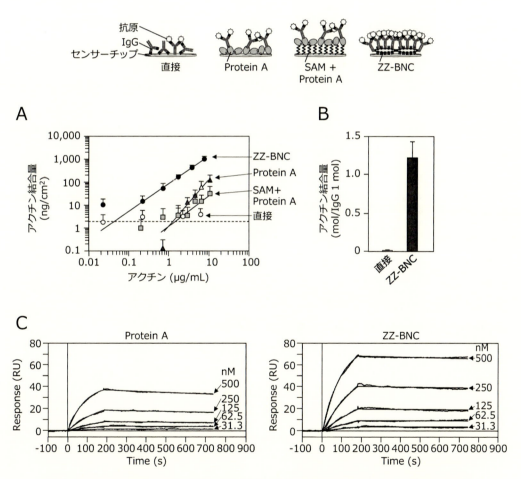

図 4　固相上 ZZ-BNC を用いた IgG のクラスター化と精密整列固定化による液相抗原検出
QCM の高感度化（A），抗体 1 分子あたりの抗原結合数（B），SPR の高感度化（C）

リ IgY，抗 MSP1$_{19}$ ウサギポリクローナル IgG によるマラリア関連タンパク質（MSP1$_{19}$））にお
いても ZZ-BNC は同様な効果を示した。特に，抗アクチンマウス IgG2a および抗 MSP1$_{19}$ ウサ
ギポリクローナル IgG は，直接法では抗原の検出が困難であったが，ZZ-BNC 法により検出可
能になったことは，抗体が単独で配向性がランダムな状態よりも，ZZ-BNC が抗体をクラスター
化および精密整列固定化することで，一抗体と一抗原の点対点の結合力よりも強力な多数の抗体
と多数の抗原の面対面の結合力が得られるので，結合力の総和（Avidity）が上昇したと考えら
れた。さらに，固定化した抗アクチンマウス IgG2a 1 分子に結合するアクチンのモル比を算出し
たところ，直接法は 0.01 分子だったのに対して ZZ-BNC 法は理想的な分子数（2 分子）に近い
1.22 分子と約 122 倍上昇していた（図 4B）。これは，ZZ-BNC 上で IgG がクラスター化および
精密整列固定化され，抗原認識部位周辺の立体障害が著しく改善されたためと考えられた。この
各抗体分子の抗原結合能を十分に引き出す効果は，他の各種抗原定量系でも観察され（β-チュー
ブリン（約 33 倍），ニワトリ IgY（約 11 倍），MSP1$_{19}$（約 13 倍）），従来の足場技術よりも遥か
に優れていることから ZZ-BNC の整列化効果の優位性が示された。以上より，ZZ-BNC はセン
サー表面において IgG のクラスター化および精密整列固定化を達成し，抗体 1 分子あたりの抗
原結合数を最大化できる足場分子であることが判明した。

　また，QCM バイオセンサーにおける ZZ-BNC の抗体結合能は，酸処理（0.16 N HCl）による
抗体脱離を 20 回以上繰返しても変わらなかった[5]。これは，ZZ-L タンパク質のカルボキシ末端
側半分（S 領域）に存在する 14 個の Cys 残基のいずれかが，金-硫黄間の強固な化学結合を形成
しているためと考えられた。また，BNC の粒子構造は熱（70℃，30 分）および界面活性剤（0.2%
SDS，室温，30 分）の処理にも安定[11]であることから，ZZ-BNC はセンサーチップの金基板上
で化学的および物理的ストレスに対して耐性を示す優れた足場であることが示された。

4.2　表面プラズモン共鳴法

　表面プラズモン共鳴法（surface plasmon resonance（SPR））センサーにおいて，センサーチッ
プの金基板上に，IgG（抗アクチンマウス IgG2a）を Protein A 法，および ZZ-BNC 法を用いて
固定化し，抗原（アクチン）を定量したところ，ZZ-BNC 法は Protein A 法と比べて抗原結合量，
親和性がそれぞれ約 2.9 倍，2.3 倍と上昇することを明らかにした[5]（図 4C）。また，カイネティ
クス解析では，ZZ-BNC 法は Protein A 法と比べて抗原結合速度はそれぞれ 2.03×10^4 M^{-1} S^{-1}，
2.31×10^4 M^{-1} S^{-1} と同等だが，抗原解離速度が約 3 割まで抑制されていた（6.28×10^{-5} S^{-1}（ZZ-
BNC 法），2.06×10^{-4} S^{-1}（Protein A 法））。これは，Fv 領域周辺の立体障害による抗原脱離が
軽減された結果，アフィニティーが上昇したと考えられた。以上より，ZZ-BNC は各種バイオ
センサーのセンサーチップ表層で IgG の Fc 領域を表層に固定し，Fv 領域を放射状に整列化さ
せ，Fv 領域周辺の立体障害が著しく改善し，IgG のクラスター化と精密整列固定化を同時に達
成できる安定性の高い足場分子であることが示された。

5　固相上 ZZ-BNC を用いた Fc 融合受容体の精密整列固定化およびバイオセンシングの高感度化

　バイオセンシングにおいて抗原抗体反応は重要な検出対象であるが，近年の生命科学の進歩により様々な生体分子間相互作用（受容体とリガンド，核酸アプタマーと標的分子，レクチンと糖鎖，酵素と基質等）も重要である。そこで筆者らは，センシング分子整列化の足場としての ZZ-BNC の汎用性を高めるために，Fc 融合受容体（リガンド結合部位を含む細胞外ドメインとヒト IgG1-Fc との融合体）を用いて QCM バイオセンサーの高感度化を検討した。具体的には，センサーチップの金基板上に，ヒト血管内皮増殖因子受容体（vascular epidermal growth factor receptor（VEGFR））細胞外ドメインのカルボキシ末端側にヒト IgG1-Fc を融合した Fc 融合 VEGFR を 3 種類の固定化法（直接法，Protein A 法，ZZ-BNC 法）で固定し，リガンド（VEGF）の検出を行った[12]（図 5A）。その結果，ZZ-BNC 法は直接法と比べて，バイオセンサーの検出感度および VEGF 結合量が，それぞれ約 46 倍および約 4 倍上昇することを見出した。さらに，固定化した Fc 融合 VEGFR（2 量体）1 分子への VEGF 結合量は直接法 0.20 分子に対して ZZ-BNC 法は理想的な分子数（2 分子）に近い 2.06 分子と約 10 倍上昇していた（図 5B）。これは，ZZ-BNC 上で Fc 融合受容体がクラスター化および整列化され，リガンド認識部位周辺の立体障害が著しく改善されたためと考えられた。また，同様な効果は他のリガンド（レプチン，プロラクチン）に対するそれぞれの Fc 融合受容体でも観察され，SPR 法や酵素標識リガンド結合アッセイでも再現できた。以上より，本 ZZ-BNC 足場技術は，抗体以外のセンシング分子の整列固

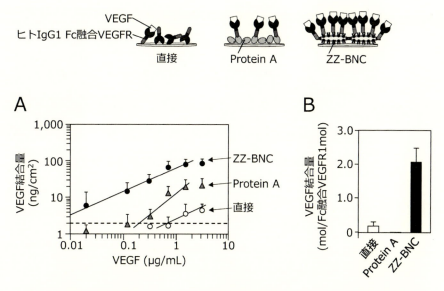

図 5　Fc 融合 VEGFR のクラスター化と精密整列固定化した ZZ-BNC による VEGF
検出 QCM の高感度化（A），Fc 融合 VEGFR1 分子あたりの VEGF 結合数（B）

定化にも応用展開可能であることが示された。

6 おわりに

　本稿では，ZZ-BNC 足場分子による IgG のクラスター化および精密整列固定化技術を概説し，各種バイオセンシングの高感度化を示した。最近，筆者らは広範囲な IgG と高い親和性を示す Protein G 由来の Fc 結合ドメインや，広範囲な Ig 分子と親和性を示す Protein L 由来の Fab 結合ドメインを提示した「新型 BNC」を作製した[13]。また，ZZ-BNC の膜構造を界面活性剤で破壊して ZZ-L ミセルを得て，センサーチップ上に ZZ-L ミセルを埋め込んだ二次元膜を展開し，センシング分子を垂直に精密整列固定化する ZZ-L 膜法を開発した（飯嶋ら，投稿中）。さらに，抗体以外の幅広い検出用分子への応用を図るために，BNC 表層に特異的 DNA 配列結合領域（single-chain Cro（scCro）[14]）を提示した「scCro-BNC」を作製し，DNA アプタマーのクラスター化と精密整列固定化への応用も検討している。今後，様々な「BNC 足場分子技術」によるセンシング分子の精密整列固定化が達成され，バイオセンシング全般の超高感度化が実現できると考えている。

> **実験項** 蛍光標識 ZZ-BNC-抗体複合体による複数抗原の同時検出

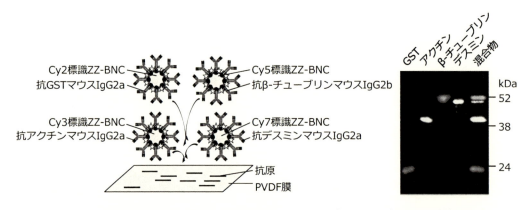

同一動物種由来抗体 4 種類による多重蛍光ウェスタンブロット法（IRODORI 法）

［実験操作］
　凍結乾燥 ZZ-BNC（タンパク質量として 1 mg（ビークル社））に，NHS 標識 Cy2 蛍光分子（Cy2 NHS Ester Mono-reactive Dye Pack, GE Healthcare）バイアル 1 本を蒸留水 1 mL で溶解し，室温で 1 時間反応した後，Glycine（pH 7.5）を終濃度 100 μM になるように添加して反応を停止させる。ゲルろ過カラム（PD MidiTrap G-25, GE）を PBS（−）（137 mM NaCl, 10 mM Na$_2$PO$_4$, 2 mM KH$_2$PO$_4$（pH7.4））でセミドライ状態にした後，ZZ-BNC-蛍光

分子（約1 mL）を負荷し，PBS（−）1.5 mL を重層し，最初に溶出する 1.5 mL を回収して未標識 Cy2 を除去し，Cy2 標識 ZZ-BNC を得る。Cy2 標識 ZZ-BNC（タンパク質量として 5 μg）を PBS（−）50 μL に希釈し，抗原特異的抗体（本稿では Glutathione S-transferase（GST）を抗原とする；Anti-GST mouse IgG2a（Nacalai Tesque）1 μg）を加え，クロスリンカー Bis-sulfosuccinimidyl suberate[3]（BS[3]（Pierce））を終濃度 50 μM になるように添加し，室温で 30 分間反応した後，Glycine（pH 7.5）を終濃度 100 μM になるように添加して反応を停止させる。アフィニティーカラム（nProtein A Sepharose 4 Fast Flow resin（GE））を PBS（−）で平衡化した後サンプル（約 50 μL）を負荷し，室温で 30 分間反応した後，遠心分離（800×g，4℃，3 分間）によりフロースルーを回収して未標識 IgG を除去し，Cy2 標識 ZZ-BNC-抗 GST マウス IgG2a を得る。この時，Cy3，Cy5，および Cy7 蛍光分子（Cy3，Cy5，および Cy7 NHS Ester Mono-reactive Dye Pack，GE）についても各々同様の操作を行い，Cy3，Cy5，および Cy7 標識 ZZ-BNC を作製し，抗原特異的抗体（本稿ではアクチン，β-チューブリン，およびデスミンを抗原とする；Anti-actin mouse IgG2a（Sigma），Anti-β-tubulin mouse IgG2b（Millipore），および Anti-desmin mouse IgG2a（Progen））とそれぞれ反応させ，Cy3 標識 ZZ-BNC-抗アクチンマウス IgG2a，Cy5 標識 ZZ-BNC-抗β-チューブリンマウス IgG2b，および Cy7 標識 ZZ-BNC-抗デスミンマウス IgG2a を得る。

　抗原（GST，アクチン，β-チューブリン，デスミン（各 500 ng/lane），および混合物（2000 ng/lane））を 12.5% SDS-PAGE で分離してウェスタンブロット法により PVDF 膜に転写する。各 Cy 標識 ZZ-BNC-抗体複合体（Cy2 標識 ZZ-BNC-anti-GST mouse IgG2a，Cy3 標識 ZZ-BNC-anti-actin mouse IgG2a，Cy5 標識 ZZ-BNC-anti-β-tubulin mouse IgG2b，および Cy7 標識 ZZ-BNC-anti-desmin mouse IgG2a，約 50 μL ずつ）を 1% スキムミルクを含む TBST（5 mM Tris，13.8 mM NaCl，0.27 mM KCl（pH7.4），0.02% Tween20）1 mL に加えて混合し，PVDF 膜と室温で 1 時間反応した後，TBST で 3 回洗浄する。イメージアナライザー（Typhoon FLA-9000）を用いて Cy2（励起 473 nm，蛍光 506 nm），Cy3（励起 532 nm，蛍光 570 nm），Cy5（励起 635 nm，蛍光 670 nm），および Cy7（励起 776 nm，蛍光 785 nm）の蛍光を検出する。

文　　　献

1)　M. Iijima *et al.*, *Biosens. Bioelectron.*, **89**, 810 (2017)
2)　S. Kuroda *et al.*, *J. Biol. Chem.*, **267**, 1953 (1992)
3)　T. Yamada *et al.*, *Nat. Biotechnol.*, **21**, 885 (2003)
4)　飯嶋益巳ほか，DDS キャリア作製プロトコル集，p.118，シーエムシー出版 (2015)

5) M. Iijima *et al.*, *Biomaterials*, **32**, 1455 (2011)

6) M. Iijima *et al.*, *Sci. Rep.*, **2**, 790 (2012)

7) M. Iijima *et al.*, *Anal. Biochem.*, **396**, 257 (2010)

8) M. Iijima *et al.*, *Biosci. Biotechnol. Biochem.*, **77**, 843 (2013)

9) M. Iijima *et al.*, *Analyst*, **138**, 3470 (2013)

10) M. Iijima *et al.*, *Biomaterials*, **32**, 9011 (2011)

11) T. Yamada *et al.*, *Vaccine*, **19**, 3154 (2001)

12) M. Iijima *et al.*, *Biotechnol. J.*, **11**, 805 (2016)

13) K. Tatematsu *et al.*, *Acta Biomater.*, **35**, 238 (2016)

14) R. Jana *et al.*, *Biochem.*, **37**, 6446 (1998)

第14章　細胞挙動を操作するデンドリマー培養面の設計に基づく細胞機能の制御

金　美海[*]

1　はじめに

　近年，再生医療および創薬研究の推進，実用化に向けて，ES細胞やiPS細胞などの多能性幹細胞を利用した基礎研究が進み，さらに細胞を用いて組織や臓器を作り出すことを目指す研究の発展に期待が高まっている[1,2]。幹細胞の再生医療や創薬プロセスへの産業応用においては，大量かつ安定的な細胞増幅および分化を伴う組織化培養は重要な工程となる。特に限定するものではないが，例えば，幹細胞の未分化のまま大量に増殖させる培養工程，細胞を任意の細胞へ分化させる工程，細胞初代・大量継代培養工程，組織化する工程などが挙げられる。これらの工程は培養の対象や目的などに応じてニッチェと呼ばれる細胞培養に必要な培養環境設計が必要であり，これが，増殖能力，分化能力を左右する最も重要な環境因子の一つであることが知られている[3]。これまでの細胞外環境設計による細胞操作技術は，細胞を物質的に支持するだけでなく，成長因子・サイトカインなどの液性因子を介した直接的シグナリング誘導が主体であった[3~7]。しかし，*in vitro* 培養環境内においてこれらの手法は個々の細胞の内因性シグナルで細胞運命が決定されるため，分化細胞の品質を恣意的に制御することはできないものと考えられている。したがって，培養工程において多様な変動要因及び不均質性の存在を特定し理解するとともに，その理解に基づき培養環境を設計することが，培養工程に応じて柔軟な培養戦略を設計する観点からも重要である。

　これまでに筆者らは，細胞挙動を制御し，かつそれらの発現機能の方向性を操作し得る培養手法の創製に取り組んだ[8~24]。特に，細胞培養の足場となる材料の表面を用いて実際のヒト培養細胞を操作した実績を背景に，生物プロセス工学的観点から細胞挙動制御を可能とする細胞培養基材の培養環境設計を行ってきた。さらに，細胞・組織などの反応場を提供する空間を対象とし，発生生物学の知識と培養工学のセンスの融合を目指し，研究を展開してきた。これらの研究は，細胞挙動特性を制御することにより，未分化／分化制御の初発段階において重要な細胞接着や細胞骨格形成の内在性シグナルを操るものであり，従来の手法とは異なる新規な分化制御手法であると考えている。

　本稿では，これまでに筆者らが実施してきた研究成果の中から，「細胞挙動を操作する細胞外環境場の設計」において，場の設計指針と細胞挙動の関係について示し，その制御を目的とした

＊　Meehae Kim　大阪大学　大学院工学研究科　准教授

デンドリマー培養面の設計指針について紹介する。さらに，「幹細胞の挙動制御に基づく未分化／分化誘導の制御」において紹介するとともに，そのような場設計による幹細胞培養プロセス開発への応用可能性について概説したい。

2 細胞挙動を操作する細胞外環境場の設計

　幹細胞をはじめとする種々の細胞は，細胞を取り囲む環境の変化によって大きな影響を受ける[3,5,6]。この細胞外環境とは，細胞が分泌する細胞外マトリックスと呼ばれる蛋白質群や，そこに配置される多様なシグナル分子などで満たされている。そのように，細胞外環境の内在的な変化によってシグナル伝達系に影響を与えて細胞の性質を自在に変化させることが可能になる。筆者らは，これまで，培養プロセスの観点からヒト培養細胞に対する細胞の挙動と形状を支配する生理的細胞外環境に焦点を絞り，その構成要素である細胞挙動特性の相互作用に関する研究を，細胞外環境の機能構築と機能発現メカニズムを明らかにし，細胞機能を培養材料に還元する研究を行った[8~24]。細胞は主に細胞-細胞間接着，細胞-基質間接着，細胞遊走の3つの細胞挙動特性の相互作用を媒体として周辺環境を認識していると考えている（図1）。生体外での細胞培養においては組織培養用ポリスチレン（PS）などが細胞の培養基材として広く利用されているが，このような人工基材を用いた培養時には付着性の細胞は培養基材に吸着された接着性タンパク質を介して基材となる材料に接着し，足場を確保することが知られている[25,26]。接着タンパク質とインテグリンの相互作用に始まる細胞内生化学過程の研究は，一連の細胞接着斑タンパク質の集積反応，および細胞骨格系の構造構築反応の詳細を明らかにしてきており，関与するタンパク質

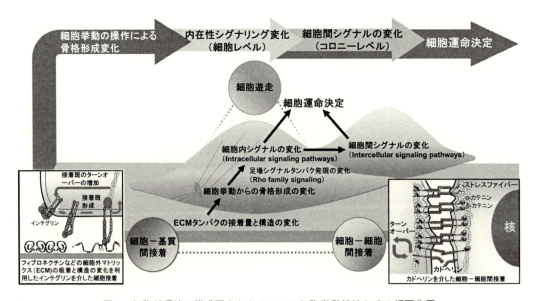

図1　細胞外環境の構成要素となる3つの細胞挙動特性とその相互作用

群の活動についてこれまでに数多くの知見が蓄積されている。一方，細胞接着過程の進行は，接着界面の生化学的・物理化学特性のみならず，接着マトリックスの表面下・バルク領域の構造特性に由来する機械的・力学的要因によっても制御されることが知られている[25〜27]。特に，ビトロネクチンやフィブロネクチンは血清中に含まれる主要な細胞接着性タンパク質であり，血清含有培地を用いた細胞培養において，細胞の接着を媒介するが，基材表面への細胞接着は，基材-細胞界面に形成される焦点接着（focal adhesion）と呼ばれる斑状部位にて起こる。インテグリンの細胞内ドメインである接着斑が形成され，この接着斑を起点として細胞骨格の1つであるアクチンフィラメント（F-アクチン）が進展する。基材表面に吸着している接着タンパク質と結合することにより細胞膜上のインテグリンが活性化され，細胞内ドメインへのタリン，焦点接着斑キナーゼ（FAK）等の結合が誘発される[28〜34]。さらに焦点接着斑は，Rho ファミリー低分子量Gタンパク質の活性化を誘導し，ここに連結したアクチンフィラメントの重合や束化，およびアクトミオシン系の収縮調節等にも関与している。また，アクチンフィラメントは膜貫通型タンパクリンカーであるカドヘリンによって細胞から細胞へと結びつけられている[29,30]。カドヘリンの細胞質ドメインは，結合を細胞骨格のアクチンフィラメントに連結し，細胞内シグナル伝達に関与するβ-カテニンなどの複数のアダプタータンパク質に直接・間接的に結合する。従って，カドヘリンを欠失すると細胞は隣接する細胞と機能的に接着できなくなる。このように接着斑は細胞外の足場と細胞とを接着すると同時に，細胞遊走の際に，足場と細胞骨格系を連結する仲介装置として，細胞外の力学場を感受して細胞骨格系に伝えるメカノセンサーとしての役割も担っている[29]。細胞はその機能や環境変化に応じて，細胞接着や細胞運動を調整・制御するが，その際，細胞の中に存在するアクチン細胞骨格の変化とともに，それらがインテグリンとカドヘリンの相互作用の変化が生じる。その際，アクチン細胞骨格は，細胞遊走の駆動力源を構成する分子であるため，細胞遊走性の変化は，細胞増殖・分化を司る Rho ファミリー低分子量Gタンパク質を介した細胞内シグナル伝達に寄与する。低分子量GTP結合タンパク質である RhoA, Rac1, Cdc42 は，アクチン細胞骨格系の再構成を介して，様々な細胞機能に関与することが知られている[30,31]。現在までに，細胞運動を引き起こすアクチン繊維の形態は，Rho ファミリー低分子量Gタンパク質やその下流分子の活性化により，アクチンは重合と脱重合を繰り返し，ストレスファイバーやラメリポディア（葉状仮足），あるいはフィロポディア（糸状仮足）といった特徴的な骨格構造の形成やダイナミズムを制御している[30]。このように，細胞挙動特性の3つの要素を積極的に制御することは，骨格形成にかかわる足場タンパクの活性変化を導き，細胞の増殖促進・分化誘導を実現できると考えられ，幹細胞の未分化/分化制御手法として展開が期待される。

3　細胞の挙動を変えるデンドリマー培養面の設計

　細胞培養における細胞は，培養基材表面に直接接着することはなく，基材表面に吸着した接着性タンパク質との相互作用により基材表面へ接着して，自身が置かれている細胞培養基材での力

学環境を認識し，応答性を示す[3,12~15]。筆者らは，これまで，新たな着想に基づいてヒト細胞／組織の培養面の設計指針を提案するとともに，設計した培養面が，細胞／組織の形態や機能の制御に有効であることを実証してきた[8~24]。特に，培養容器基材表面にデンドリマー構造を有する高分子を付与した培養面の設計を行い，種々の細胞において，細胞の形態や挙動を制御する設計指針を見出した。デンドリマーは，分子中央部（コア）から外表面に向かって規則正しく枝分れをしているので，分岐型高分子の中でも最も分岐度が高く，様々な官能基を，コア，ビルディングブロック，外表面に位置特異的に導入できるなど優れた特徴を持つ。また，世代を経るごとに数を増やすことができ，ナノメートルスケールの様々な機能性デンドリマーが設計することが可能である。図2に示すように，カチオン性ポリアミドアミンデンドリマー面の作成は，骨格部として，OH 基の提示，グルタルアルデヒドによる鎖状構築，トリス（2-アミノメチル）アミンによる分枝構築の繰り返しにより，デンドロン（樹状構造）を形成する。さらに，カチオン性末端基にリガンドとしてグルコースを架橋し，グルコース提示型デンドリマー培養面を作成する。操作変数としては，骨格部において，面に対するデンドリマー提示密度，デンドリマーの世代数が存在し，グルコース提示密度，ナノスケールでの凹凸度を変化させることができる。さらに，リガンド部では，デンドロンの末端にグルコース異性体の割合を変化させ，誘導シグナルの種とその程度を変化させることができる。デンドリマーの世代数の変化は，1.8～4.5 nm の平均の面粗さ（Ra）を有する異なるナノスケールで表面の凹凸を制御できる。作成したデンドリマー培養

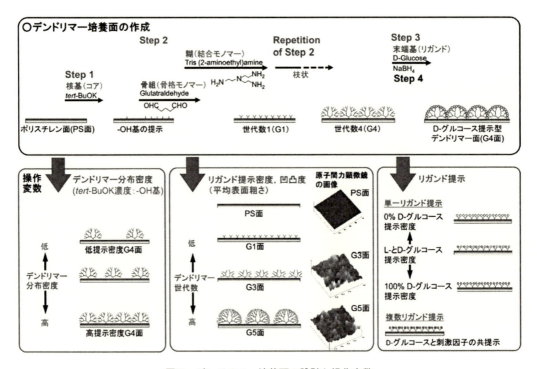

図2　デンドリマー培養面の設計と操作変数

面は，デンドリマーの世代数によって Ra が増加すると，細胞遊走が活発になり円形細胞の頻度が増加し，細胞の伸長がかなり抑制された[18, 24]。さらに，培養面に固定されたデンドリマーの密度を低下させることにより，細胞伸長のさらなる抑制が顕著になり，この現象は，培養面上に提示した D-グルコースによって引き起こされると考えられた。すなわち，D-グルコース提示量が低密度および高密度において細胞が円形となり，適度な D-グルコース密度では，伸展した形態となることを示した。また，細胞表層のトランスポータ（GLUT）密度を高くすると，その傾向が変化し，GLUT と D-グルコース提示密度の量的変化が細胞形態を決定していることを，レセプターサチュレーションモデルにより説明した[22]。本培養面をウサギ軟骨細胞，ヒト骨格筋筋芽細胞，ヒト皮膚線維芽細胞の培養に適用したところ，GLUT と D-グルコースの量的変化によって広い範囲で細胞挙動の制御が可能であることが確認され，本培養面は細胞形態制御の汎用性が示唆された。グルコース提示型デンドリマー面におけるデンドリマー分布密度およびリガンド提示密度などの基礎知見を基に，軟骨細胞の培養に展開すると，培養の進行とともに，細胞集塊を形成し，軟骨組織を模倣した三次元ゲル内の軟骨細胞集塊と類似した培養過程を経ることが分かった（図3）。また，この集塊は，ゲル内細胞集塊と類似の骨格形成を示し，II 型コラーゲンを多く産生することが示され，本培養面は，軟骨細胞の脱分化を抑制した平面培養を実現できることが明らかとなった[19]。さらに，本培養面の ES 細胞培養に適用したところ，ES 細胞の伸展

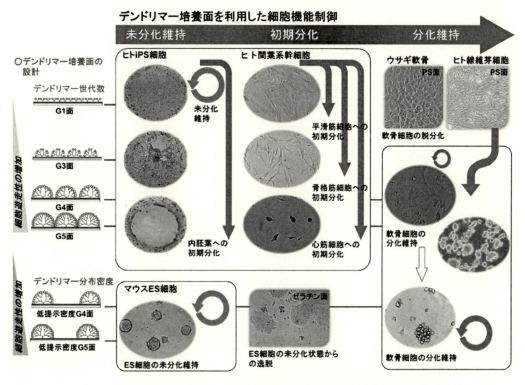

図3　デンドリマー培養面を用いた細胞機能制御

阻止による集塊形成を実現させることが可能であった。本培養面にて継代培養を実施したところ，安定に未分化の状態を長期間保つことが確認され，本培養面は ES 細胞の未分化維持基材として有効であった[20]。一方，リガンドとしての GLUT 認識物質と刺激誘導物質（EGF）を共提示する培養面の設計を行った。EGF と D-グルコースを提示した培養面では EGF/L-グルコース提示面での培養と比べ，細胞運動が促進され形態変化が顕著となることを見出した。これは GLUT を介して細胞を培養面に密着させることで，効率よく EGF のシグナル伝達が誘引されたことが原因であると考察した[23]。筆者らの研究における培養面の設計は，GLUT を利用した細胞固定つまりインテグリンを介した細胞接着および形態の調節ならびに細胞表現型の調節を担う重要な要素である新規な細胞結合機構に基づいている。固体表面上の特異的なリガンド-受容体相互作用は，様々な細胞型における細胞挙動を調節するために重要な役割を果たすことが分かった。

4 幹細胞の挙動操作に基づく未分化／分化誘導の制御

培養面による細胞挙動抑制は，細胞挙動と機能の発現を解明するうえで重要であるため，これまで多くの研究が行われてきた。細胞-細胞間接着結合と細胞-基質間接着結合の形成は，細胞遊走，形態，分化，増殖など挙動に関わる重要な過程であり，特に，幹細胞の細胞接着の変化は，未分化／分化を司る細胞内シグナル伝達に寄与することが知られている[4,25,26]。筆者らは，これまで，デンドリマー培養面にて細胞と細胞外マトリックス間の相互作用が細胞挙動の変化に与える影響について着目し，細胞接着，形態，遊走などの様々な細胞挙動特性に与える影響を調べた[4,9~13]。カチオン性の基材表面は吸着した接着タンパク質を介して，あるいは細胞外マトリックスがカチオン性表面と直接相互作用することで，細胞の接着性を増加させることが示されている。特に，接着性タンパク質の 1 つであるフィブロネクチンの場合，細胞がフィブロネクチンに力を加えると自己会合部位の露出が起こり，多量体を形成して繊維化することで，安定した細胞接着が形成される[9,10]。さらに，培養過程で細胞によって分泌された細胞性フィブロネクチンが線維性細胞外マトリックスとして集積すると，インテグリンの細胞表面における密集が局所的に促進される。この過程で，細胞は，インテグリンを介して伝達される細胞外マトリックスに応じて接着斑に局在化するタンパク質の種類やリン酸化状態を変化し，細胞機能が変化されることが知られている。これらのインテグリンを介する細胞の接着での細胞内蛋白質のチロシンリン酸化とそれに続く Rho ファミリー低分子量 G タンパクの活性化が細胞機能制御に関与していることが明らかにされてきた[30~32]。このように細胞挙動の変化によって生じた細胞の応答性は，細胞-細胞間の相互作用によって細胞集団内に伝達させると考えられる。このような過程で細胞に加わる力や変形が細胞骨格に伝わり，細胞機能調節の主対となる核にも直接的に伝わっている可能性が考えられており，近年では，これらの細胞骨格が細胞核内であるラミンタンパク質が核膜の裏打ち構造を結合し，核内の DNA の構造変化を引き起こし，特定の遺伝子の転写が活性化される

といったメカノトランスダクション機構の存在も考えられる[28, 29, 33, 34]。この細胞内における力学的な構造システムは，常にダイナミックな過程にあるため，外部からの力や変形等の力学的摂動は，細胞内の動的な平衡状態に影響を与え，結果として，細胞の適応的な構造・機能変化をもたらすこととなる。このように，培養面上での細胞遊走における細胞骨格とそれと連携する接着斑のダイナミクスの動的な調節過程において，力学的な因子との相互作用が重要な役割を果たしていることが理解できる[27]。細胞は，細胞の先導端部における細胞膜の突出，接着装置の形成，後端部の退縮の3つの異なる過程により移動運動する。この細胞運動を駆動する主たる力は，先導端におけるアクチン重合に伴う膜の突出力，および，後方において形成されたストレスファイバーが発生する張力と考えられている[29~31]。これらの力は，接着部位において細胞外基質に伝達され，細胞全体の動的な平衡の下，突出・接着・退縮が時間・空間的に協調して，細胞は特定の方向に移動する。これらの生体外での細胞培養における遊走パターンは，主に自発的（能動的）遊走と非自発的（受動的）遊走に大別される[9]。能動的遊走は，細胞が基質の上で伸展し，周囲の細胞との接着にいたるまで移動していくものであり，そして手動的遊走は，細胞が集団として基質上で相互作用をしながら動かされる遊走である。能動的遊走は，細胞が基質に付着した状態で細胞の一部を伸張させた仮足を伸ばし，基質との間に新たな付着点が形成されると，ふつう仮足伸張のおこる側とは逆の細胞表面が収縮し，結果的に細胞に方向性をもった移動が起きる。その際の伸張先端におけるアクチン細胞骨格の再構成がドライビングフォースとなっていると考えられている。このように細胞遊走は，速くてダイナミックな細胞骨格の再編成からの細胞内シグナル伝達系で制御が可能になる。以下では，デンドリマー面を利用した代表的な細胞挙動の制御による幹細胞の未分化/分化制御手法について紹介する。

4.1　未分化維持

デンドリマー面におけるデンドリマー世代数およびリガンド提示密度などの知見を基に，種々の幹細胞において，細胞挙動の制御を可能とする培養面の設計と未分化維持への展開について検討した[11, 13, 20]。カチオン性を有しているデンドリマー面は世代数の増加に伴い，培地中の接着性タンパク質であるフィブロネクチンの吸着性能が上昇することが認められており，接着や運動に重要な役割をしている事が示されてきた[10]。世代数1，3，5のデンドリマー面（G1面，G3面，G5面）上でSNLフィーダーを伴ったヒトiPS細胞を培養したところ，G1面ではゼラチン面上での未分化細胞と同様に細胞質が小さな丸い核をもつ小細胞が密集したコロニーを形成し，輪郭が際立つことが確認された（図4）。しかし，世代数の増加と伴に，コロニー全体的に非常に大きい敷石状の細胞の頻度が高くなり，コロニー内に穴が生じることが分かった。そこで，観察装置により各培養面上での単一コロニー挙動を経時的に観察したところ，G1面においては，細胞同士の接着を維持しながら徐々に増殖している様子が多く見られ，同心円状に広がるコロニーを形成できる最適な条件と考えられた。しかし，世代数の増加によってコロニー内での細胞遊走性が促進され，細胞間結合力が培養面上での細胞接着力を上回ることにより培養面から細胞が剥が

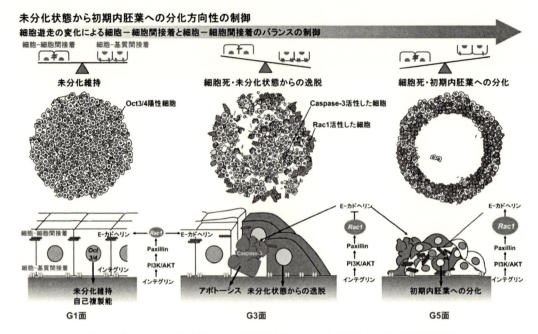

図4　デンドリマー培養面での細胞挙動変化による多分化能と細胞分化制御機構

れコロニー内に穴が生じたと見られた。また，各培養面上で形成されたコロニーの未分化状態を検討したところ，G3面とG5面上で形成されたコロニーは部分的にE-カドヘリンの発現低下を示しOct3/4陰性であるのに対し，G1面上ではゼラチン面上での未分化コロニーと同様にE-カドヘリンが強く発現しておりOct3/4などの未分化維持マーカーの遺伝子の発現が維持されたが，G5面では内胚葉のマーカーであるGATA4の高い発現が確認された。また，細胞の遊走性と強い関連を持つ足場タンパクのRac1由来のE-カドヘリンを介した細胞間接着の誘導に関与していることが明らかになり，ヒトiPS細胞の未分化性を維持させるためには最適な細胞コロニー内の遊走が必要だと考えられた。さらに，このG1面上でヒトiPS細胞の継代培養を実施し，免疫染色法や遺伝子発現解析によりiPS細胞の性質について調べたところ，長期間培養後でも未分化性を維持が確認され，本培養面はヒトiPS細胞の未分化維持基材として有効であることがわかった。

4.2　分化方向性の制御

　デンドリマー面をヒト骨髄由来間葉系幹細胞の培養に展開したところ，同一培地条件にもかかわらず，培養面の世代数の違いから筋系細胞への分化シグナルが誘発されることが確認された[9~12,16]。培養面上の細胞の細胞接着機構の相互作用を明らかにするため，デンドリマー面上での細胞接着と細胞外マトリックスの吸着と構造の変化との関連性について検討した。カチオン性を有しているデンドリマー面は世代数の増加に伴い，培地中の接着性タンパク質であるフィブロ

ネクチンの吸着性能が上昇していく傾向が認められた（図5）。また，PS面とG1面上で培養を行った場合には，繊維状に重合したフィブロネクチンが見られることに対し，世代数の高いG5面上での高い遊走能を示す細胞では，重合したフィブロネクチン繊維が，壊れて断片化していることが確認された。特に，G5面上の伸展と急激な退縮を伴う遊走挙動に対する細胞培養面間相互作用の役割について，細胞培養面間での接着に関与しているフィブロネクチンに着目することで理解することを試みたところ，G5面上の細胞は，培養面上のフィブロネクチンを構築化することによって，伸展と退縮を伴う遊走挙動を引き起こしていることが示唆された。また，細胞接着する培養面の違いを細胞がどのように認識し，応答しているのかを明らかにすることを目的に，世代数が異なるデンドリマー面における細胞接着斑の形成について検討した。G5面上での細胞は，細胞接着斑構成タンパク質であるパキシリンのチロシンリン酸化が亢進されていることが確認され，細胞接着斑のダイナミクスが促進されることにより細胞遊走が活性化された可能性が示唆された。さらに，膜型マトリックスメタロプロテアーゼ（MT1-MMP）はファイブロネクチンの重合・集積を抑制することから培養中のMT1-MMPの発現を検討した結果，G5面上での細胞での発現がPS面とG1面上で培養を行った場合と比べ高いことが分かった。これらの結果から，細胞培養中の細胞が分泌したMT1-MMPがフィブロネクチンの重合を壊して細胞接

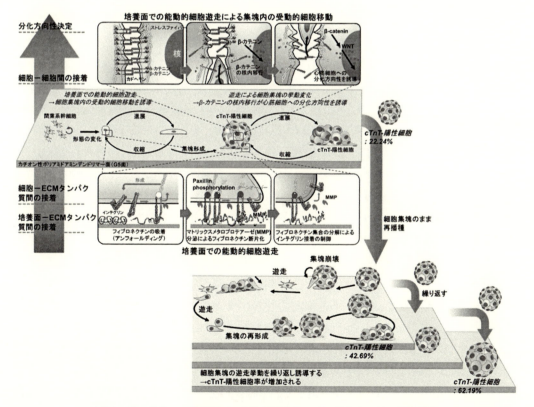

図5　デンドリマー培養面での細胞挙動変化による分化方向性の制御機構

着と遊走の変化をもたらしたと確認された。

　次に，足場形成タンパクの蛍光染色法やタンパク発現解析から，PS 面に比べ，デンドリマー面で，Rac1 の活性化が確認された[16]。PS 面上での伸展した細胞の場合には，ストレスファイバーの形成を維持したままであるが，デンドリマー面においては，世代数の増加と共に，丸い形態を示す細胞の頻度が高くなり，特に，細胞骨格形成においては，G3 面と G5 面にて細胞遊走の活性化ならびにストレスファイバーの形成阻止から，それぞれ足場タンパクである Rac1 の細胞先端部への局在化，RhoA の細胞中心部への局在化が見られた。一方，培養後の細胞の分化方向性を規定する特性（分化指向性）を調べたところ，PS 面では未分化維持マーカーである CD105 が陽性であることに対し，G1，G3，G5 面ではそれぞれ平滑筋細胞のマーカーである α-smooth muscle actin，骨格筋筋芽細胞のマーカーである MHC fast skeletal，心筋分化マーカーである cardiac troponin T（cTnT）に対して陽性であることがわかった。以上の結果から，デンドリマーの世代数を変化させた培養面により細胞挙動を制御することが可能になり，平滑筋細胞，骨格筋筋芽細胞，心筋細胞への選択的な分化方向性の制御が可能であることが示唆された。本研究での結果より，提案するデンドリマーの世代数を変化させた培養面により細胞骨格形成変化から細胞内シグナル伝達の制御が可能になり，筋系細胞への分化誘導が可能であることが示唆された。

　一方，G5 面上での細胞伸展と退縮を伴う挙動による間葉系幹細胞の集塊内挙動を細胞間相互作用の観点から理解することを試みたところ，G5 面上での細胞集塊の伸展と急激な退縮によって集塊内で細胞が混ざることが，細胞間接着の解離を介した心筋分化方向性を誘導することが示唆された。その細胞は，cTnT に対し陽性細胞となり，心筋細胞への分化に関与する内在性シグナリングを誘発していることを示唆した。また，得られた細胞集塊を，再度，新鮮なデンドリマー培養面上へ播種すると，細胞集塊が培養面へ伸展し，細胞が集塊から遊離，遊走，再集塊形成を経て，cTnT 陽性細胞率が向上することを見出した。これは，受動的遊走は培養面上で接着している細胞が伸展・収縮を繰り返す能動的遊走によって，集塊内の細胞が能動的に移動することを意味している。細胞遊走制御とそれにより引き起こされる細胞骨格変化は，培養中の細胞遊走により細胞質に蓄積した β-カテニンが核内に移行し蓄積することが確認された。細胞質内の β-カテニン量が増大すると，その一部が核内に移行し，細胞の分化に関連する Wnt 標的遺伝子を転写活性化する[9,10]。これらの結果は，Rac1 発現の活性化および継代による細胞集塊の崩壊を行うことで細胞集塊挙動に基づく間葉系幹細胞の培養特性を確認した。Rac1 activator の添加と継代操作を組み合わせて培養したところ，細胞集塊挙動が継続的に伸展と退縮し，cTnT 陽性細胞比率が増加することが確認された。従って，細胞集塊の継続的な挙動を誘導する培養法が cTnT 陽性細胞比率を増加させ，間葉系幹細胞を心筋分化方向性誘導へ揃えていくことが示唆された。このような細胞運動様式の分子機構を理解することは，細胞生物学的な意義はもとより，培養工学的にも重要なことと思われる。本培養面での培養を含め，細胞形態ならびに遊走挙動を積極的に制御することは，細胞接着にかかわるインテグリンやカドヘリンのシグナル変化を導き，細胞

の増殖促進／分化制御を実現できると考えられ，幹細胞の未分化／分化制御手法として展開が期待される。細胞挙動の制御によるアクチン細胞骨格の変化が心筋細胞へ分化誘導を方向付ける機能を有する分子現象が明らかになり，他の細胞種への分化においても類似のメカニズムが働いている可能性があり，幹細胞から特定の細胞への分化をこれまでより容易に誘導できる手段の開発が見込まれる。したがって，本培養面は，その他の態様として，分化誘導方法により間葉系幹細胞に対して分化の方向付けを行うことを含む，分化の方向付けがされた間葉系幹細胞由来の細胞の製造方法に関する，また，細胞の製造方法によれば，組織工学，再生医療，再生医工学等における生体材料又は細胞供給源（細胞ソース）として使用可能な分化の方向付けがされた間葉系幹細胞由来細胞を製造できると考えられる。

5　細胞・組織などの反応場の設計概念

　筆者らは，発生生物学と再生学が細胞培養工学分野に重要な視点を与えてくれると考え，ヒト細胞・組織の生産方法などの培養工学的見地からの研究を行ってきた。特に，細胞の増殖・分化能力を最大限に高める周辺環境を作り与える材料設計技術・方法論を組み合わせた細胞培養工学は，分化・増殖を制御する因子とメカニズムの探索，分化・増殖を制御できる新たな培養方法の開発に不可欠な医工学技術・方法論となる。図6に示すように，発生現象や再生の過程における細胞種多様化は，下に行くほど溝の数が増えていく坂道を玉が転がる様子で抽象的に解釈されている[2, 25〜27]。この坂道は「ワディントン地形」（Waddington's landscape）と呼ばれ，最上部が幹細胞，最下部のそれぞれの溝が，心筋や神経など安定な分化した細胞状態に対応している。山の頂上にいる幹細胞は，谷型構造の中でその未分化性を維持する方向で安定するが，ある一定以

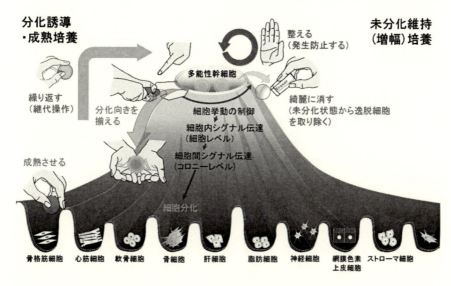

図6　幹細胞運命制御するための培養外環境設計による培養プロセス開発

上のエネルギー（刺激）を受けると，その丘を乗り越え山を下るかごとく，自発的に種々の細胞種へ分化する。実際に，細胞の運命は，幹細胞など多能性を維持した未分化細胞の時期に決定されるため，その時期に，運命決定に関わる転写制御因子をコードすると推測される遺伝子のオン・オフの切り換わりが深く関係していると考えられる。分化した細胞がiPS細胞化できることから，ワディントン地形の鉛直方向成分は時間という操作不可能なものではなく，細胞における遺伝子の発現状況という操作可能なものであることがわかってきた。そのため，従来の多くの幹細胞の研究は，細胞の分化状態は転写調節因子のネットワークにより決定されているので，これを人為的に制御できる方法を開発することで，いろいろな細胞種を創り出すものである。しかしながら，この発現状況を変えられるのは，物理的な刺激や培養環境に含まれる化学物質などさまざまであるが，細胞が集団で存在する以上，細胞が生産する分子による細胞間シグナリングも無視できない要因であり，長期間の細胞培養で細胞の種類を作り分ける手法は，分化効率が低いこと，さらに再現性が難しい点や均質な細胞を得ることが難しい点などが問題とされてきた。その主な原因は，細胞不均質性や培養環境内において位置的不均一性という特徴が，多方向かつ段階的に進行する細胞分化過程における局所の細胞間コミュニケーションを生じさせ，培養全体としての増殖，分化，遊走性に影響を及ぼすことにある。これらの問題を根本的に解決するためには，一連の生物的現象を生物的，環境的ヘテロな集団と捉え，培養工学的アプローチにて総合的に解析を行う技術や方法論の構築が望まれている。

　筆者らはその方法論の一つとして，細胞の挙動を操作するための場の設計を「ワディントン地形」概念を活用して設計し，新たな視点での培養手法を提案した[2]。細胞の挙動を操作する細胞外環境場の設計は，細胞内・細胞間の相互作用の結果を表す「地形」の初期進行方向を操作することに対応する。山の最上部にいる幹細胞は，谷型構造の中でその未分化性を維持したまま安定するが，外界からの刺激を受けることで山を下る。つまり，足場により分化誘導の初発段階において重要な細胞接着や細胞骨格形成の内在性シグナルを操ることで特定の細胞へ選択的に分化方向性を整えることができると考えられる。さらに，分化の方向性が整った細胞について培養液中へ細胞増殖因子や分化誘導因子を積極的に添加することにより成熟した細胞を獲得することも可能になる。本手法は，個々の細胞に最適化された細胞-基質間接着と細胞-細胞間接着とその未分化/分化制御の機序を理解・利用して，未分化/分化制御システムを実現するものと考えられる。これらの初期運命決定過程での細胞挙動に依存した現象に関する新たな知見を得ることで，細胞の未分化/分化制御のための細胞外環境設計の創出やその方法論を提供する。

6　おわりに

　本稿では，細胞の挙動を操作する細胞外環境場の設計に基づく細胞機能の制御について紹介した。細胞挙動を制御が可能なデンドリマー面を設計することで細胞骨格を変化させ，内在的なシグナルを誘発，細胞間のシグナリング伝達により単一な分化方向性の誘導を実現することができ

た。これらの知見を踏まえて，培養面設計による細胞挙動制御自体を，メカニカルシグナル入力のスイッチング機構として活用し得る可能性について議論した。細胞挙動を操作するツールの確立のためには，細胞のメカノトランスダクション理解とその系統的操作をねらった培養面設計が不可欠であり，今後の課題は大きい。本培養面による内在的かつ自発的な未分化／分化誘導は，増殖を伴っており，「未分化性を保ちながら自己複製する」または「育みながら分化誘導し，分化の方向性を整える」新たな手法であると考えられる。これは，分化方向性が整えられた細胞群に対し，従来の液性因子による分化誘導を併用することで，均質で分化効率の高い細胞群を得る培養技術として期待している。これらの研究により，幹細胞の未分化／分化制御などの「しくみ」を解明し，さらにその仕組みを利用して培養プロセスの開発の発展に期待したい。

実験項　グルコース提示型デンドリマー面の作成[18, 24)]

［実験操作］

（1）　世代累積法（Generation accumulation method）

　世代数1（G1）のグルコース提示デンドリマー面（G1面）は，無菌条件下において下記4ステップで作製した。

　ステップ1：出発材料であるPS面上にヒドロキシル基を提示させるために，$50\,\mu\mathrm{mol/ml}$のカリウム tert-ブトキシド（t-BuOK）水溶液を培養容器に添加し，室温で1時間静置した。

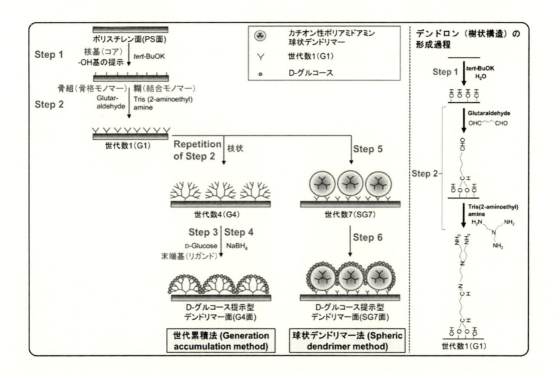

その後，滅菌水で3回洗浄した。

ステップ2：360 μmol/ml のグルタルアルデヒド水溶液を培養容器に添加し，室温で1時間静置し，その後多量の滅菌水で洗浄した。360 μmol/ml のトリス（2-アミノエチル）アミン水溶液（pH9.0）を添加して1時間静置してデンドロン構造を形成し，滅菌水で洗浄した。

ステップ3：デンドリマー末端にグルコースを提示させるため，0.5 μmol/ml のグルコース水溶液を添加して2時間静置した。

ステップ4：0.5 μmol/ml の水素化ホウ素ナトリウム（NaBH$_4$）を添加して24時間静置した。滅菌水で洗浄し，グルコースが提示されたデンドリマーで修飾された培養面を得た。世代数3及び5（G3及びG5）のグルコース提示デンドリマー面は，上記ステップ1の後，上記ステップ2をそれぞれ3回及び5回繰り返してデンドリマーの世代数を3及び5とし，その後，上記ステップ3及びステップ4を行うことにより作製した。

(2) 球状デンドリマー法（Spheric dendrimer method）

高次構造を持つデンドリマー面は以下のようにして作成した。世代累積法により第1世代および第2世代で作製した第1世代のデンドリマー表面について，球状デンドリマーを以下の反応で固定化した。

ステップ5：球状デンドリマーのアミノ基を架橋するために，360 μmol/ml のグルタルアルデヒドの水溶液を容器に注いだ。1時間放置した後，滅菌水で洗浄し，ポリアミドアミン球状デンドリマーの0.05％（v/v）表面に置き，3時間放置した。次いで，球状のデンドリマー固定化表面を滅菌水で洗浄し，結合していないデンドリマー分子を除去した。

ステップ6：ステップ3および4を実行することによって，固定化デンドリマーの末端基にグルコースを提示した。必要に応じて，ステップ6の前に，上記の固定化デンドリマーの世代数を増加させるための反復ステップを加えた。

［注意・特徴など補足事項］

a) 培養面を修飾するデンドリマー化合物の形成方法としては，デンドリマー化合物の枝状部分を構成する分子（デンドロン）を平面培養面に直接，或いはリンカーとなる化合物を介して結合させて形成する世代累積法である。さらに，球状デンドリマーを直接固定することで，より簡単に高次構造を持つデンドリマー面を作成することができる。

b) 本手法は，デンドリマー分布濃度，リガンド提示密度，凹凸度などの操作変数を変化させて，様々なデンドリマー培養面を作成することができる。

c) 操作変数の異なる培養面は，原子間力顕微鏡（AFM）を用いた表面粗さ（Ra）の測定で1～10 nm の培養面にナノメートルオーダーの凹凸を作成することができる。

d) 培養面を修飾するデンドリマー化合物の分岐方向の末端（アミノ基）には，必要に応じて，様々な物質を結合させてもよい。所望の物質を末端に結合することにより，該物質を培養する細胞に提示することができる。細胞の培養面への固定化を促進する点からは，デンド

リマー化合物の末端に結合させる物質としては，細胞のトランスポータが取り込み可能な
物質であることが好ましい。

謝辞

　本稿で紹介する内容における知見の一部は，JSPS 科研費 15K11035 および，日本医療研究開発機構
（AMED）の，再生医療の産業化に向けた評価基盤技術開発事業「再生医療の産業化に向けた細胞製造・加
工システムの開発」（PS：中畑龍俊，SPL：紀ノ岡正博）の成果である。

文　　献

1)　M. Ohnuki and K. Takahashi, *Philos. Trans. R. Soc. Lond. B. Biol. Sci.*, **370**, 20140367
　　（2015）
2)　M.-H. Kim and M. Kino-oka, *Trends Biotechnol.*, **36**, 89（2017）
3)　J. A. Hubbell, *Curr. Opin. Biotechnol.*, **14**, 551（2003）
4)　R. McBeath *et al.*, *Dev. Cell*, **6**, 483（2004）
5)　S. M. Dellatore *et al.*, *Curr. Opin. Biotechnol.*, **19**, 534（2008）
6)　B. Laurie *et al.*, *Biotechnol. Adv.*, **31**, 10（2013）
7)　D. A. Brafman, *Physiol. Genomics*, **45**, 1123（2013）
8)　S. Wongin *et al.*, *Biotechnol. Lett.*, **39**, 1253（2017）
9)　Y. Ogawa *et al.*, *J. Biosci. Bioeng.*, **122**, 627（2016）
10)　Y. Ogawa *et al.*, *J. Biosci. Bioeng.*, **120**, 709（2015）
11)　M.-H. Kim and M. Kino-oka, *J. Biosci. Bioeng.*, **118**, 716（2014）
12)　M.-H. Kim *et al.*, *Biochem. Eng. J.*, **84**, 53（2014）
13)　M.-H. Kim and M. Kino-oka, *Biomaterials*, **35**, 5670（2014）
14)　M. Kino-oka *et al.*, *J. Biosci. Bioeng.*, **115**, 96（2013）
15)　S. Mashayekhan *et al.*, *Polymers*, **3**, 2078（2011）
16)　M.-H. Kim *et al.*, *Biomaterials*, **31**, 7666（2010）
17)　M.-H. Kim *et al.*, *J. Biosci. Bioeng.*, **109**, 55（2010）
18)　M.-H. Kim *et al.*, *Biotechnol. Adv.*, **28**, 7（2010）
19)　M.-H. Kim *et al.*, *J. Biosci. Bioeng.*, **107**, 196（2009）
20)　S. Mashayekhana *et al.*, *Biomaterials*, **29**, 4236（2008）
21)　M. Kino-oka, *et al.*, *Biomaterials*, **28**, 1680（2007）
22)　M.-H. Kim *et al.*, *J. Biosci. Bioeng.*, **105**, 319（2008）
23)　M.-H. Kim *et al.*, *J. Biosci. Bioeng.*, **104**, 428（2007）
24)　M.-H. Kim *et al.*, *J. Biosci. Bioeng.*, **103**, 192（2007）
25)　S. Huang and D. E. Ingber, *Exp. Cell Res.*, **261**, 91（2000）
26)　F. M. Watt and B. L. Hogan, *Science*, **287**, 1427（2000）
27)　E. Fuchs, *et al.*, *Cell*, **116**, 769（2003）

28) N. Wang *et al.*, *Nat. Rev. Mol. Cell Biol.*, **10**, 75 (2009)

29) D. E. Leckband, *et al.*, *Curr. Opin. Cell Biol.*, **23**, 523 (2011)

30) J. T. Parsons *et al.*, *Nat. Rev. Mol. Cell Biol.*, **11**, 633 (2010)

31) A. J. Ridley *et al.*, *Science*, **302**, 1704 (2003)

32) W. T. Arthur *et al.*, *Biol. Res.*, **35**, 239 (2002)

33) B. Baum and M. Georgiou, *J. Cell Biol.*, **192**, 907 (2011)

34) L. Przybyla *et al.*, *Cell Stem Cell*, **19**, 462 (2016)

第15章　固定化酢酸菌触媒の産業への応用

足立収生[*1]，松下一信[*2]

1　はじめに

「酢の科学」[1)]によれば，昔から人が酒を作るところには必ず酢があり，聖書にも酢が見られる。ギリシャ・ローマ時代の酢，中世の酢，近世の酢，そして現代の酢へと酢の変遷が記され，古くから健康的調味料としての評価が定着していたようである。中国で紀元前3世紀に芽生えた酒つくりが，我が国に伝えられたのは3世紀と考えられていて，酢も酒と行動を共にしてきたと考えられる。時を置かず中国の酢の技術は酒造り技術と前後して，現在の大阪府の堺あたりに伝えられ，「いずみ酢」として，その後は相模，駿河，尾張などの地に伝えられたとある。

　古くからの製造は，国内では静置発酵法[2)]で行われてきた。第二次世界大戦後にペニシリンのタンク生産技術が端緒となって，我が国にも1960年頃から革新技術が導入され始めた。発酵タンクを使用した糖類，アルコール，アミノ酸や抗生物質などの生産が我が国でも活発かつ大規模化される時代になった。酢酸発酵でもタンクによる通気撹拌培養による短期間での食酢製造法が実現した。

　本稿で主題とする酢酸菌の固定化と関連して述べれば，古くから西欧で行われてきた食酢ジェネレーターが酢酸菌の固定化による食酢製造法の原型に相当する。千畑[3)]によって酵素の固定化法や微生物細胞の先駆的な固定化法が紹介されているが，そこでも酢酸菌を大鋸屑などに吸着させてカラムに詰め，原料であるぶどう酒を上部から流してカラム内で酢酸発酵を行わせ，連続的に酢をつくるジェネレーター型の方法が紹介されている。この方法の本来の目的は，大鋸屑の表面に薄い発酵液の層を作り，十分に空気との接触を保つようにすることにあるが，方法的には一種の固定化微生物の利用と考えられると千畑は述べている。

2　固定化酢酸菌による食酢の製造

　上述したジェネレーターは，17世紀以来，食酢のクイック・プロセスとして利用されており，固定化酢酸菌を利用した最も古いバイオリアクターであるが，生産性は低く効率も良くなかった。酢酸菌は絶対好気性細菌であることから，酢酸菌の固定触媒化は難しいと考えられていたが，

＊1　Osao Adachi　山口大学　農学部　応用微生物学研究室　名誉教授
＊2　Kazunobu Matsushita　山口大学　創成科学研究科　教授（特命）；
　　　　　　　　　　　中高温微生物研究センター長

1980 年以降に酢酸菌の固定化について報告が見られるようになった。含水酸化チタンまたは含水チタンセルロースキレート[4]や，表面積の大きなセラミック担体[5,6]への酢酸菌の固定化が行われた。大菅[7]や森[8]は κ-カラギナンによる酢酸菌の包括固定化を行った。繊維状担体の使用では，奥原[9]のポリプロピレン，南波ら[10]のポリプロピレン製ホロファイバーや，山下ら[11]の木綿製織布への酢酸菌の着生固定化などの例を見ることができる。これらの方法の先には酢酸発酵の連続化が念頭に置かれていた。しかし，いずれも酢酸生産速度は高いものの生成酸度が低い問題点が指摘される。1990 年に初めて酢酸菌の固定化にアルギン酸カルシウムを使った佐伯が，酢酸菌の固定化触媒の使用による酢酸発酵において，良好な結果を得ている。以下の項では主として佐伯[12,13]の成果を中心に紹介する。

3 アルギン酸カルシウムゲルを担体とした固定化酢酸菌による食酢製造[12,13]

Acetobacter aceti（現：*Acetobacter pasteurianus*）NBRC 3283 株と NBRC 3284 株とを混合培養した酢酸菌培養液とオートクレーブ滅菌したアルギン酸ナトリウム液を混合して酢酸菌懸濁液を作り，塩化カルシウム溶液に滴下して，アルギン酸カルシウム包括固定化した酢酸菌ゲル粒子を調製する。同じ塩化カルシウム溶液中でゲル粒子の硬化を促す。ゲルの平均直径が 1.1～2.6 mm になるように調節する。後の酢酸発酵試験から明らかになることであるが，ゲル粒径が大きくなると，ゲル中の生菌数が減少するのに対して，ゲル粒径が小さいと 8 日間の培養後においてもゲル中の生菌数は 10^7 個/ml に維持されていた。反応液中の溶存酸素を利用するので，ゲル中心部よりもゲル表面に固定化増殖した細胞が酢酸発酵に寄与すると考えられる。したがって，ゲルの比表面積を大きくする方が有利であり，調製するゲル粒子の大きさは可能な範囲で小さくなるように行う。

気泡撹拌式の流動層型カラムリアクター（図1）を構築して，上部から培地を供給して下部からオーバーフローさせて，リアクター底部に焼結ガラスフィルターを空気分散板として取り付けた構造とした。増殖用培地を 72 時間供給してゲル表面に酢酸菌を増殖させた。固定化後の生菌数が $6.2×10^5$ 個/ml であったものが，48 時間の培養後には $1.5×10^9$ 個/ml に達し，ゲル表面に増殖した酢酸菌は寒天培地上に生育したコロニーのように肉眼でも確認できる。次いで，アルコールを含む酢酸生産用培地を 78 ml/h の流速で供給して酢酸の連続発酵を行った結果，5 日後生産酸度は 29 g/L に達した。この場合，エタノールが残存するため，同じ規模のリアクターを直列に連結した二槽式によって連続酢酸発酵法によってほぼ完全にエタノールを酢酸に変換することが可能となった。佐伯は，この方法を用いて，市販清酒を 4 倍希釈して酢酸を加えて規定酸度 11 g/L，アルコール 34.3 g/L を基本とする原料からの食酢製造を行った。その結果，滴定酸度 4.3％，エタノール 0.56％，直接還元糖 0.9％，総窒素 0.066％，無塩可溶性固形分 1.56％，pH 2.93 の酢が得られ，その香味も官能検査では市販品と比べて遜色なく，良好であった。

佐伯は，さらにアルギン酸カルシウムで固定化したアルコール発酵酵母と固定化酢酸菌による

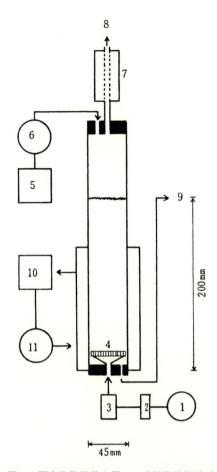

図 1　固定化酢酸菌を用いる連続酢酸発酵系
反応槽に送られた仕込み液は，酢酸発酵後に発酵液出口から
取り出される。1：通気用コンプレッサー，2：エアフィル
ター，3：流量計，4：ガラスフィルター，5：仕込み液，6：
ポンプ，7：クーラー，8：排気筒，9：発酵液出口，10：温
水槽，11：送液ポンプ（佐伯明比古　学位論文から引用）。

食酢の製造法を完成させた[13]。ここでは，それぞれ固定化酵母と固定化酢酸菌が充填されたアル
コール発酵槽と酢酸発酵槽を連結して行われた。この技術は1%酢酸存在下で良好にアルコール
発酵できる *Saccharomycodes ludwigii* AKU 4400 株を用いることが重要である。詳細は原著に
譲るとして，市販の米酢と遜色ない食酢が製造されている。様々な有機酸が適度に含まれ，特に
食酢の良否を左右すると言われるグルコン酸[14]が多く，良質な米酢を得ている。

4　酢酸菌の固定化触媒によるキナ酸の酸化と有用物質の生産

Gluconobacter 属や *Gluconacetobacter* 属酢酸菌のなかに，キナ酸を資化する菌株が知られて

いて，1967 年に酢酸菌によるキナ酸酸化が初めて報告された[15]。物質代謝で重要なシキミ酸経路では，グルコースから出発すると，解糖系からのホスホエノールピルビン酸とペントースリン酸系からのエリスロース 4-リン酸とが合流して，3-Deoxyarabinoheputulosonate 7-phosphate をへて 3-Dehydroquinate となり，シキミ酸へ連結する。シキミ酸は芳香族アミノ酸の生合成に重要であるのに加え，抗インフルエンザウイルス剤として知られるタミフルの合成原料としての重要性も擁している。シキミ酸の製造をグルコースからのシキミ酸経路に委ねると，シキミ酸までの代謝経路が複雑なうえ克服が困難な代謝調節をいかに回避するかが問題である。その困難を回避しながら発酵法によるシキミ酸製造法[16]が提出されていて，シキミ酸の発酵培地中からの単離などにも経費を要する方法となっている。一方，酢酸菌のキナ酸酸化系を使えば，キナ酸から 3-Dehydroquinate と 3-Dehydroshikimate を経て容易にシキミ酸を製造できる[17]。キナ酸はコーヒー豆や産廃のコーヒー粕から取ることができるが，それらの原料にはイオン交換樹脂の交換能を劣化させる脂質を高濃度に含むので，脂質含量が極端に低いマテ茶をキナ酸源とする方法が確立された（図 2）。コーヒー豆やマテ茶に含まれるクロロゲン酸を糸状菌のクロロゲン酸加水分解酵素で水解すればキナ酸は容易に得られる。キナ酸から 3-Dehydroshikimate までの反応は，*Gluconobacter oxydans* NBRC 3244 などの細胞または細胞膜をアルギン酸カルシウムで固定化した触媒の利用が有効である[18]。酢酸菌による酸化発酵では，加えた基質はほぼ 100% に近い収率で反応生成物へ変換されるまで続くことが，最大の特徴である。反応初期に，微酸性条件でキナ酸から 3-Dehydroquinate を生産し，その後，微アルカリ条件にシフトすることで効率的に 3-Dehydroshikimate を生産できる[17, 19]。酢酸菌細胞膜にはキナ酸脱水素酵素（QDH）[20]とデヒドロ

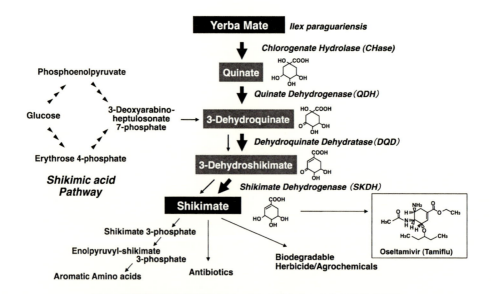

図 2　酢酸菌の酸化発酵能を用いるキナ酸からのシキミ酸生成経路
マテ茶からシキミ酸製造経路を示す。酢酸菌の固定化細胞でキナ酸からデヒドロシキミ酸までの二段階が触媒される。シキミ酸経路を図の左辺に示した。

キナ酸脱水酵素（DQD）[21]が存在するので，アルギン酸カルシウムで固定化した細胞または細胞膜を pH 6 でクロロゲン酸から得られたキナ酸と反応させることで，最終産物として 3-Dehydroshikimate が高収率で得られた[18]。適正な 3-Dehydroshikimate 生成が見られた段階で反応を停止させずに継続すると，3-Dehydroshikimate から Protocatechuate へ反応が進行するので注意が必要である[22]。グルコースからの発酵法と違って，反応液中に含まれる物質が限られているので，反応液をイオン交換カラムで容易に 3-Dehydroshikimate を単離できる。

　3-Dehydrosikimate からシキミ酸の製造法を簡単に述べる。同じ酢酸菌の NADP-シキミ酸脱水素酵素を使用して，3-Dehydrosikimate からシキミ酸への不斉還元反応で生じる NADP を NADPH へ再生するのに，同じ酢酸菌の NADP-グルコース脱水素酵素と共役反応を構成するのが有効である。この反応系に過剰のグルコースを加えておけば，3-Dehydroshikimate が完全にシキミ酸へ変換されるまで反応が継続する[18]。この 2 つの細胞内酵素の固定化には，両酵素を精製する際に使用した DEAE-Sephadex A-50 に吸着させることで容易に固定化できる。両酵素とも安定に機能してシキミ酸を生成する[18]。その固定化酵素に，3-Dehydroshikimate，グルコース，触媒量の NADP を添加すれば，反応は進行する。

5　固定化酢酸菌による新規な酸化糖の製造

　酢酸菌はアルコール，グルコース，ソルビトールやグリセロールを酸化して，産業的に重要な酸化発酵生産物が製造されてきた。最近になって，これまであまり知られていなかった新規な糖酸化物が生成されることが明らかになった。アルゼンチンの伝統的飲料のウオーターケフィアから，*Gluconacetobacter liquefaciens* RCTMR 株を単離したことに始まる[23]。本菌はグリセロールを迅速にジオキシアセトンへ酸化するほか，短時間にグルコースを酸化してグルコン酸，2-ケトグルコン酸，2,5-ジケトグルコン酸を蓄積するが，培地中にケトンを持つ未同定な酸化糖も蓄積した。その未同定な酸化糖は 4-ケトアラボン酸と判明した。アラビノースを酸化して得たアラボン酸を休止菌体と反応させると，同じ 4-ケトアラボン酸を生成した。図 3 に要約するように，リボン酸からも 4-ケトリボン酸が生成された。アラビノースを酸化できることから，アルドペントース類の酸化を調べると，リボースからリボン酸を経て 4-ケトリボン酸を，アラビノースからアラボン酸を経て 4-ケトアラボン酸を，2-デオキシリボースから 2-デオキシリボン酸を経て 2-デオキシ-4-ケトリボン酸が生成された。四糖類のエリスロースからはエリスロン酸を経て 3-ケトエリスロン酸を生成した。また，果糖から 2,5-ジケト果糖や，プシコースから 5-ケトプシコースも得られた。

　これらの反応は，休止細胞の代わりに，アルギン酸カルシウムで固定化した酢酸菌ゲルを用いても同じ結果が得られる。このような酸化糖の生成について文献記録はないので，酢酸菌に特徴的な反応と考えられる。それら多数の酸化糖の用途は今後の課題である。その後の検討で，これらの反応は，*Gluconobacter* 属や *Gluconacetobacter* 属酢酸菌で優勢な酸化活性を示し，ソルビ

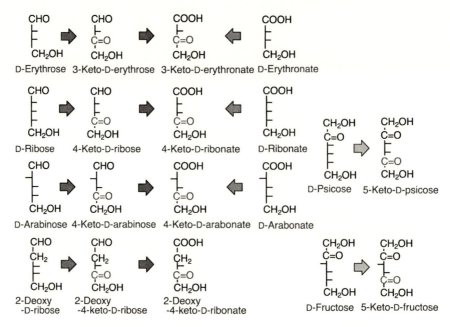

図3　酢酸菌の糖酸化能を用いる様々な新規酸化糖及びケト酸の生成
図の左辺に示したアルドースからケトアルドースを経てケト糖酸が，右辺に
示したエリスロン酸，リボン酸，アラボン酸から，同じケト糖酸が得られる。

トールやグリセロールの酸化を触媒する PQQ を補酵素とするグルセロール（主要ポリオール）脱水素酵素[24, 25)]によって触媒されることが判明した[26)]。

6　固定化酢酸菌を利用した食品の不快臭の低減

Acetobacter 属酢酸菌の強いアルコール酸化力やアルデヒド酸化力の応用例として，食品素材中に含まれる不快臭の低減方法について触れる。豆乳，小麦粉ドウや牛乳に含まれる不快臭の主体をなす中鎖アルデヒド類は微量に含まれていても青臭みなど特徴的な不快臭を発する。アルデヒド類を酸化して，不快臭の閾値の高いカルボン酸へ変換することによる消臭に酢酸菌は有用である。豆乳 20 ml に *Acetobacter aceti*（現：*Acetobacter pasteurianus*）NBRC 3284 の湿菌体 10 mg を加えて30℃で30分放置後の気相のガスクロ図を，酢酸菌を加えていないものと比較した（図4）[27)]。酢酸菌によって不快臭を示した *n*-ヘキサナールは痕跡程度に低減された。固定化酢酸菌を使っても遊離酢酸菌による脱臭効果と同じ結果を与えた。固定化酢酸菌に豆乳や牛乳など，タンパク質を高濃度に含む食品を接触させる場合，κ-カラギナンを使用して包括固定化すると，酢酸菌による食品中の不快臭の低減は好都合であった[28)]。

固定化ゲルの調製にあたり，5% κ-カラギナン溶液と酢酸菌懸濁液を混合時に酢酸菌濃度は

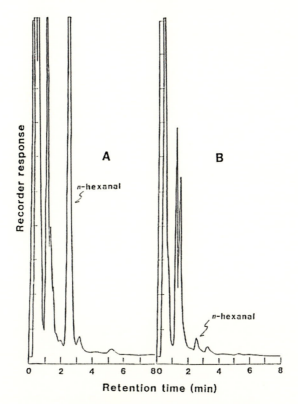

図4　固定化酢酸菌によるヘキサナールの除去
豆乳 20 ml に酢酸菌の湿菌体 10 mg を加えて 30℃ で 30 分
放置後の気相のガスクロ図（B）を，酸菌を加えていない
もの（A）と比較した。

最大 70 mg/ml 程度まで加えることができた。もちろん，アルデヒド酸化速度はゲル中に含まれ
る酢酸菌濃度に比例する。酢酸菌懸濁液を使った場合も，固定化酢酸菌によって行った場合も，
その最適反応温度や反応 pH はほとんど同じであった。50℃ に最大反応温度を示し少なくとも 8
時間の反応に耐熱性を示した。0℃ 近くでも最大活性の約 50% のアルデヒド酸化活性を示したこ
とは，食品原料の処理にとって有利であり，不快臭を示す中鎖アルデヒド類をよく酸化した。固
定化微生物を産業に応用する場合，反応液とゲル粒子を容易に分離できること，固定化触媒を繰
り返し使用できることや，長期間保存できて必要に応じて使用可能であること，などが固定化触
媒を使用する利点として挙げられる。ここで紹介した固定化酢酸菌による食品の不快臭の低減に
おいても，5℃ で 65 日間保存しても酵素活性は安定で，脱脂豆乳を用いて数十回使用しても脱臭
効果は安定していて，ゲルの外観も変化は見られなかった。上記の通り，酢酸菌の固定化ゲルは
食品加工においてアルデヒド類に起因する不快臭の脱臭・低減には好適な微生物触媒と判断でき
る。

実験項　固定化酢酸菌体の安定保存法

　酢酸菌による食品原料中の不快臭の除去以外の項目は，酢酸発酵から新規な酸化糖の製造まで，培養によっても休止菌体を使っても同様の結果を伴う。本書の他の項目と共通して，微生物の固定化触媒を使用する利点も，①反応生成物と菌体とを容易に分離できる，②固定化触媒を繰り返し使用できる，③固定化触媒にすぐれた保存性や安定性があれば，必要な時に随時使用できる，などの利点がある。酢酸菌の固定化触媒の調製も他の例と比べて特段に強調しなければならないものはない。κ-カラギナンに固定化して食品原料の脱臭に使用した固定化酢酸菌は約2ヶ月間冷所の水中で酵素活性を損なうことなく保存できた。ここではさらに保存に適した方法として，酢酸菌をアルギン酸カルシウムに固定化したゲルを乾燥させることについて述べる。

[実験操作]

　試薬として入手できるアルギン酸ナトリウム pc300～400（Wako）の1.5％溶液と，濃厚な酢酸菌菌体懸濁液を混合してホモジナイザーで均一化した。アルギン酸ナトリウム濃度を1.25％になるように菌体懸濁液を加えた。ゲル粒子は可能な範囲でできるだけ小さくなるように送液して，5％ CaCl$_2$ 液中に滴下してゲルを硬化させる。このようにして調製したゲルは固定化触媒としてすぐに使用できる。酢酸菌ゲルを濾紙で水分を拭ってペトリ皿に移し，シリカゲル上で減圧デシケーターを使用して室温で乾燥させる。乾燥前と乾燥後のゲルを示した（下図）。ゲルは乾燥すると暗緑色の光沢のある硬い粒子になる。水分や湿気を遮断して冷暗所で長期間の保存に耐え，水や緩衝液で水和することで本来の触媒活性が復元され，固定化触媒としての機能を発揮する。

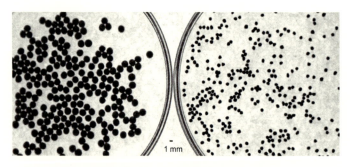

アルギン酸を用いる酢酸菌の固定化ゲル
左：調製直後の酢酸菌の固定化ゲル，右：乾燥して得られたゲル。

第 15 章　固定化酢酸菌触媒の産業への応用

文　　献

1)　大塚　滋，「酢の科学」（飴山　実，大塚　滋 編），p. 5-14, 朝倉書店（1990）

2)　柳田藤治，「酢の科学」（飴山　実，大塚　滋 編），p. 97-116, 朝倉書店（1990）

3)　千畑一郎，「固定化酵素」（千畑一郎 編），p. 75-80, 講談社サイエンティフィック（1975）

4)　J. F. Kennedy *et al.*, *Enz. Microb. Technol.*, **2**, 209（1980）

5)　C. Ghmmidh *et al.*, *Biotechnol. Bioeng.*, **24**, 605（1982）

6)　近藤正夫ほか，醗酵工学，**66**, 393（1988）

7)　J. Osuga *et al.*, *J. Ferment. Technol.*, **62**, 139（1984）

8)　A. Mori, *et al.*, *Biotechnol. Lett.*, **11**, 183（1989）

9)　A. Okuhara, *J. Ferment. Technol.*, **63**, 57（1985）

10)　A. Nanba *et al.*, *J. Ferment Technol.*, **63**, 175（1985）

11)　山下純隆ほか，日食工誌，**38**, 608（1991）

12)　佐伯明比古，日食工誌，**37**, 191（1990）

13)　佐伯明比古，日食工誌，**37**, 722（1990）

14)　A. Saeki, *J. Ferment. Bioeng.*, **75**, 232（1993）

15)　G. C. Whiting & R. A. Coggins, *Biochem. J.*, **102**, 282（1967）

16)　A. Escalante *et al.*, *Microb Cell Fact.* **9**, 21（2010）

17)　O. Adachi *et al.*, *Biosci. Biotechnol. Biochem.*, **70**, 2579（2006）

18)　O. Adachi *et al.*, *Biosci. Biotechnol. Biochem.*, **74**, 2438（2010）

19)　S. Nishikura-Imamura *et al.*, *Appl. Microl. Biotechnol.*, **98**, 2955（2014）

20)　O. Adachi *et al.*, *Biosci. Biotechnol. Biochem.*, **67**, 2115（2003）

21)　O. Adachi *et al.*, *Biosci. Biotechnol. Biochem.*, **72**, 1475（2008）

22)　E. Shinagawa *et al.*, *Biosci. Biotechnol. Biochem.*, **74**, 1084（2010）

23)　O. Adachi *et al.*, *Biosci. Biotechnol. Biochem.*, **74**, 2555（2010）

24)　M. Ameyama *et al.*, *Agic. Biol. Chem.*, **49**, 1001（1985）

25)　K. Matsushita *et al.*, *Appl. Environ. Microbiol.*, **69**, 1959（2003）

26)　Y. Ano *et al.*, *Biosci. Biotechnol. Biochem.*, **81**, 411（2017）

27)　野村幸弘ほか，日本農芸化学会誌，**61**, 1079（1987）

28)　野村幸弘ほか，日本農芸化学会誌，**62**, 143（1987）

第16章 微生物ナノファイバーを用いた可逆的な微生物細胞固定化技術

堀 克敏[*]

1 はじめに

　細胞には様々な種類の酵素が含まれ，生きるための無数の化学反応の触媒として働いている。細胞から分離精製された各種酵素は，医薬品，食品，化成品などの生産や，洗剤や柔軟剤などの日用品，バイオセンサーまで様々な分野で利用されている。しかし，酵素の分離精製には手間やコストがかかり，また多くの精製酵素は不安定で失活しやすいため，その利用は比較的付加価値の高い分野に限られる。一方，細胞はいわば酵素の詰まった袋のようなものである。そこで，酵素を取り出さずに細胞そのものを触媒として利用する場合も多く，全細胞触媒（whole cell catalyst）と呼ばれる。通常は，動物や植物の細胞に比べて扱いやすく，適用できる遺伝子工学技術も発達している微生物細胞を用いる。酵素のように高度な分離精製をする必要もなく，また多くの場合，精製酵素よりは細胞内に含有されている酵素の方が安定である。そのため，微生物細胞は酵素と比べ生産コストがずっと低く，排水・廃棄物処理や安価な化学物質の生産のような，低コストでないと市場に受け入れられない分野にも適用しやすい。ただし，脂質二重膜でできた細胞膜が，反応物や生成物の移動障壁となるという問題がある。また，生成された酵素はもはや単なる物質に過ぎないが，全細胞触媒は"生き物"であるため，その取り扱いには相応の煩雑さがあるし，"死ぬ"という問題もある。一方，微生物の最大の利点は，自己修復・再生・増殖が可能であるということである。

　微生物細胞は酵素より安価とは言え，培養には培地や基質などの化学品，エネルギーを投入せねばならず，それなりの生産コストはかかる。そこで全細胞触媒の利用効率を高めるため，微生物細胞の固定化は古くから研究，実用されてきた。精製酵素の固定化が広く研究され普及しているのと同様であるが，全細胞触媒は酵素を内包・固定化した袋とも考えられるため，微生物細胞固定化技術は，袋ごと触媒を固定する技術ともいえる。袋と言っても微生物細胞は $1\,\mu m$ 程度と小さく，生産物の分離の際には，遠心分離やフィルターろ過などによる細胞の分離回収操作が必要である。微生物細胞を固定化すれば，分離回収を省略でき，また触媒の反復使用や連続使用が容易になる。さらに，触媒濃度を上げることも容易になる。したがって，微生物細胞の固定化は，微生物反応プロセスの効率化には欠かせない。

---

　[*] Katsutoshi Hori　名古屋大学　大学院工学研究科　教授

2　従来の微生物細胞固定化技術と問題点

　微生物細胞固定化技術の多くは酵素の固定化技術と共通するが，酵素よりはずっと大きいので，その特性を活かした微生物特有の技術もある。従来の主要な微生物固定化技術を挙げる。

① 　細胞表層分子の活性化による共有結合

② 　物理吸着

③ 　包括法

④ 　クロスリンキングによる細胞の凝集塊化

　これらの固定化法には様々な問題点がある。例えば，①では微生物細胞や表層タンパク質の失活や活性低下を招くことが多い。また，活性化に必要な化学品や工程などで，コストが嵩む。②については，一般に物理吸着力は弱く，固定化には不十分である。固定化に利用可能なほど強い物理吸着を示すのは，これまでのところ，一部の糸状菌に限られている。包括法は，アルギン酸などの高分子ゲルに細胞を閉じ込める方法であり，微生物の固定化に最もよく使われてきた方法である。しかし，ゲル内部における物質移動律速の問題は大きく，物質変換速度の大きな低下をもたらす。また，脆弱なゲルは攪拌などによって破壊されやすいし，キレート作用をもつ物質があると崩壊するゲルもある。一般に耐久性も高いとは言えず，ゲルからの細胞の漏出も時間とともに増大する。④には①と同じような問題がある。

　近年，物理吸着の一方法として，バイオフィルム法が注目されている。バイオフィルムは，微生物が固体表面に付着し，EPS と呼ばれる細胞外高分子を分泌しながら形成するもので，身近な例では“ぬめり”とか“水垢”と呼ばれるものがある。医療現場や公衆衛生の分野では，薬剤耐性などを示す病原菌のバイオフィルムが問題になっているが，水処理の分野では生物膜法として古くから利用されてきた。近年は，水処理だけでなく，特定の微生物のバイオフィルムをつくらせ，化学物質の生産に利用しようという研究も行われている。自然固定化法，受動的固定化法などと呼ばれることもある[1~3]。各種バイオフィルムリアクターの開発も進んでいる。基本型は連続攪拌リアクター，固定床（カラム型リアクター），流動床，気泡塔であるが，担体の種類や投入・設置法，基質や酸素の供給法などによって形成されるバイオフィルムの形状や厚み，活性などが異なり，詳細な解析も進んでいる[4]。特に，酸素供給がバイオフィルムリアクターの制限因子となることが多いため，酸素供給膜上にバイオフィルムを形成させる MABR（membrane-aerated biofilms）が考案されている[5]。しかし，通常のバイオフィルムは幾種類もの微生物種で構成される微生物コミュニティであるのに対し，物質生産で利用されるバイオフィルムについては，反応に関わる微生物を一種類のみ含む純粋培養系，または一連の反応に関わるせいぜい3, 4種ぐらいまでの数種からなる混合培養系である。よって，微生物生態学者が取り上げる一般的なバイオフィルムとは，だいぶ，趣も異なる。実際，一つの化学反応にバイオフィルムを利用するには，特定の反応を触媒する能力とバイオフィルム形成能力を併せ持つ微生物種をスクリーニングせねばならず，かなりの時間と労力を要する[2,6]。また，バイオフィルム形成に長期間を有

すること[2]，細胞濃度と物質輸送律速のバランスをとって高活性を発揮する適切な厚みのバイオフィルムを維持することが非常に難しいことなど，現状のバイオフィルムリアクターにも，実用化に向けた課題は多い[2,7,8]。

3　高付着性微生物 *Acinetobacter* 属細菌 Tol 5 株と接着ナノファイバータンパク質 AtaA

　筆者らは，排ガス処理用バイオフィルムから単離されたベンゼン／トルエン分解能力を有する高付着性細菌 *Acinetobacter* sp. Tol 5 株[9]について研究を進めてきた。Tol 5 の付着が他の微生物のそれと特に異なる点は，①様々な表面へ付着できるという非特異性と②その強さ・親和性の高さと，③増殖を伴わなくても休止菌体細胞自体の付着能力が高いことなどである[10]。緑膿菌 *Pseudomonas aeruginosa* PAO1 のようなバイオフィルム形成細菌は，増殖を伴ってバイオフィルムを形成しながら表面に付着するが，休止菌体状態ではほとんど付着しない。Tol 5 の休止菌体細胞は，疎水性のプラスチックから親水性のガラス，さらには金属表面まで様々な種類の材料

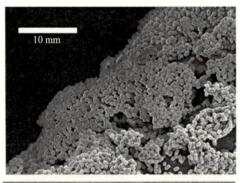

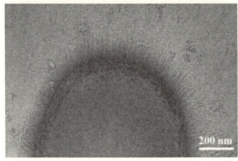

図1　高付着性 *Acinetobacter* 属細菌 Tol 5 株と接着ナノ
　　　ファイバータンパク質 AtaA の電子顕微鏡写真
（A）ポリウレタンの表面に付着する Tol 5 の細胞凝集塊。
（B）Tol 5 細胞の表層から生える周毛状の AtaA ファイ
　　　バー。このファイバーで固体表面に接着したり細胞凝
　　　集塊を形成する。

表面に付着することができる。Tol 5 は細胞凝集力も高く，最近の解析では，この凝集力の高さが付着性に大きく寄与していることが明らかとなってきた。筆者らは，他の微生物では報告例のないこのような付着特性をもたらす因子として，細菌細胞表層に存在する新規のバクテリオナノファイバーを発見し，それを構成する新しい蛋白質を同定した（図1）。この蛋白質は三量体型オートトランスポーターアドヘシン（TAA）ファミリーに属しており，AtaA と名付けた[11]。TAA はグラム陰性病原性細菌の接着因子として知られ，宿主細胞の表層分子やコラーゲン，フィブロネクチンなどの ECM に接着する[12]。また，バイオフィルム形成にも関与する。しかし，TAA の中で AtaA のみが様々な表面に対し非特異的で高い接着性を示す。

4　AtaA の特性

　TAA のファイバー構造はピリなど代表的な細胞表層の線毛様タンパク質とは異なる構造で，一種類のポリペプチド鎖のアミノ（N）末端側がファイバーの先端を，カルボキシル（C）末端側が外膜結合部位をそれぞれ構成する。また，名称が示すように，ホモ三量体を形成する。分泌においては，グラム陰性細菌の細胞表層構造である内膜を Sec システムで通過後，ポリペプチド鎖の C 末端端側が外膜中に β バレル構造を形成し，さらに，3 つのポリペプチド鎖の β バレルが三量体を形成し外膜に孔を形成する。その孔を通って，パッセンジャードメイン（PSD）と言われる N 末端側の残りの部分が外膜を通過し細胞外に出る。近年，β バレル構造の形成に Bam 複合体と呼ばれる一連のタンパク質群や，ペリプラズムでのペプチド鎖の外膜への輸送やアンフォールディング状態の維持に関して，分子シャペロンが関与することが明らかになり，オートトランスポーターという名称は実体を表さなくなってきている。AtaA に関して言えば，我々はその分泌をアシストする新規のタンパク質 TpgA を発見している[13]。

　膜結合部位と異なり，PSD は細菌の種類や株によって多様である。PSD は多くの TAA で保存されている様々な種類のドメイン構造が並んでおり，含まれるドメインの種類や数は TAA によって様々である。そのため，TAA を構成するポリペプチド鎖の長さも，数百から数千アミノ酸まで多様であり，その違いは，細胞表層に提示されるファイバー構造に反映される。AtaA のポリペプチド鎖は 3630 残基からなり，TAA の中では最も巨大なグループに入る。AtaA の一次構造の模式図を図 2 に示す。巨大な膜蛋白質である天然 AtaA を Tol 5 株から分離精製することは容易ではない。そこで筆者らは，プロテアーゼ切断箇所を AtaA ファイバーに遺伝子レベルで導入する新しい分離精製法を考案した[14]。天然の AtaA の PSD ファイバーを，酵素消化により刈り取って分離した。得られたファイバーを電子顕微鏡で観察すると，直径 4 nm，長さ 225 nm，蛋白質の N 末となるファイバー先端と C 末の根元寄りに存在する二つの head ドメインが膨らんだ形状をしていることがわかる（図 2）。

　AtaA ファイバーを熱処理や酸・アルカリに曝し，CD スペクトルと電子顕微鏡により高次構造への影響を，水晶振動子マイクロバランスにより接着性を評価した。その結果，pH が 1 の酸

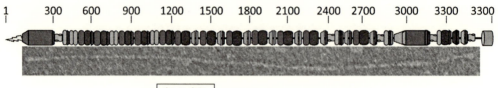

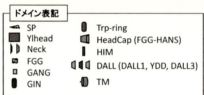

図2 AtaA の一次構造模式図と酵素消化法により細胞から切り取られた
AtaA ファイバーの電子顕微鏡写真
様々なドメインで構成されるマルチドメインタンパク質である。

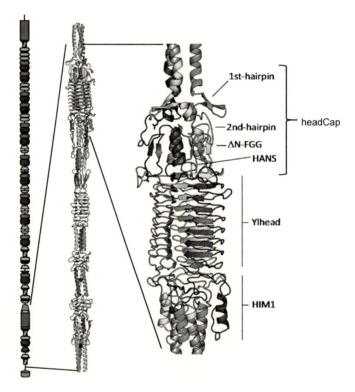

図3 CheadCstalk 部分の結晶構造
Chead（拡大図）はベータプリズム構造をもつ Ylhead と
呼ばれるドメインが三つのバイザーでキャップされている
ような構造となっており，ファイバーの安定化と強靱さに
貢献している。

や 12 のアルカリ中でも AtaA の高次構造は全く壊れず，接着性も損なわれなかった。熱処理に対しても，80℃以上 5 分間の処理で変性が顕著になったが，それ以下の温度では構造を安定に維持していた。興味深いことに，AtaA は高次構造が崩れるにつれ接着特性を失った。巨大分子である AtaA は一部が天然変性状態であり，そこが非特異的で高い接着性を示すのではないかという仮説もあったが，これは完全に否定された。筆者らは，AtaA ファイバーの根元に近い CheadCstalk と名付けたドメイン領域の結晶構造を決定した（図 3)[15]。この部分は直接の接着部位ではないが，AtaA ファイバーが強靭性と柔軟性を兼ね備えた構造を有していることが明らかとなり，これが AtaA の高い接着性に重要であると考えられる。上述のとおり変性しにくい特性も，結晶構造を見ると頷ける。

5　AtaA による微生物固定化法の革新

　我々は AtaA ファイバーを使って，有用物質を生産する微生物を担体に固定化し，化学反応に利用する手法を確立した[16]。これは一種の物理吸着法であるが，AtaA の強力な接着力を利用しているため従来の物理吸着力よりはるかに強く，微生物細胞を強固に固定できる。また，AtaA をコードする遺伝子を導入することによって標的微生物に非特異的付着性を付与することができるため，汎用性は高い。理論的には，グラム陰性細菌には広く適用できるはずである。AtaA ファ

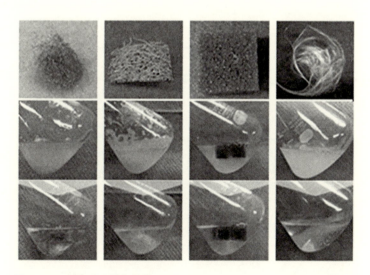

図 4　ataA 遺伝子の導入発現による *Acinetobacter baylyi* ADP1 の固定化
左からスチールウール，ヘチマ，ポリウレタンフォーム，ガラスウール担体に，休止菌体状態の ADP1 形質転換体を固定した。
写真上段：バージン担体，中断：ADP1 株ベクターコントロール，下段：*ataA* を誘導発現させた ADP1 形質転換体。ベクターコントロールの培養液は懸濁細胞で濁っている。*ataA* を誘導発現させると微生物は担体に固定され，細胞懸濁液が透明になり，担体も鮮明に見えるようになる。

イバーを発現している微生物細胞を，用途に応じて好きな担体に接触させるだけで，簡便かつ迅速に固定可能である。微生物を担体存在下で培養すれば増殖させながら固定できるし，休止菌体でも担体に30分から120分ほど接触させるだけで，大量の細胞を固定することができる。しかも，AtaA は材料表面に対し非特異的接着性を示すので，用途に応じて好きな担体を利用できる（図4）。担体存在下では懸濁細胞はほとんど存在せず，担体中に微生物細胞は濃縮される（図5）。そのため，超高密度細胞による微生物反応が可能になる。さらに，凍結乾燥した微生物細胞も調製直後の休止菌体細胞と変わらぬ効率で固定化できるため，あらかじめ大量の微生物細胞を培養し，保存しておけば，使用前に適宜，固定化することもできる。

　我々は化学反応のモデルとして，*ataA* 遺伝子の導入発現によって付着性を付与した *Acinetobacter baylyi* ADP1 をポリウレタン担体に固定し，ADP1 株のもつ細胞表層エステラーゼによるエステル加水分解反応に供した。30分間の反応終了ごとに，微生物が固定された担体を新鮮な反応溶液に移し，反復反応を行った。5時間に及ぶ10回の反復反応において，活性の低下は見られなかった（図6）。また，青色色素であるインディゴをインドールという化合物からつくる能力をもつ *Acinetobacter* sp. ST550 に，*ataA* 遺伝子を導入発現し，同様にポリウレタン担体に固定した[17]。これを反応液に投入してしばらく置くだけで，インドールからインディゴを生産することができた（図7）。さらに，固定化することにより，毒性基質であるインドール

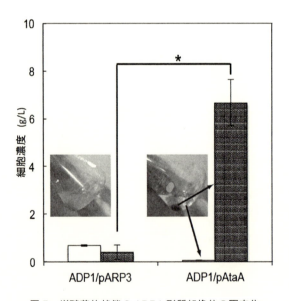

図5　増殖菌体状態の ADP1 形質転換体の固定化
20 mL の培地を含む三角フラスコに 1 cm 角のポリウレタンフォーム担体を一つ投入し，ADP1 形質転換体を植菌した。24時間，*ataA* の発現を誘導しながら培養し，菌体を増殖させながら固定を行った。培養後，固定化菌体と懸濁菌体の細胞濃度を乾燥菌体重量測定により求めた。グラフは3回の独立した培養により得られたデータの平均値と標準誤差である。＊ P < 0.01。

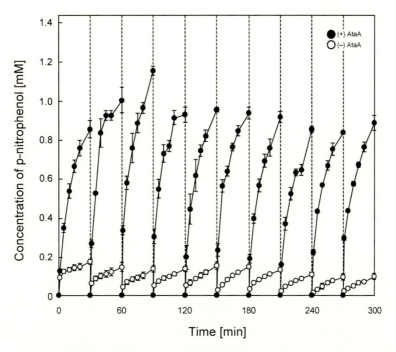

図6　*ataA* 遺伝子を導入発現させた *Acinetobacter baylyi* ADP1 のポリウレ
　　　タン担体固定化休止菌体細胞による反復エステル加水分解反応

図7　固定化 *Acinetobacter* sp. ST550 細胞による青色色素インディゴの生産
（A）非付着性の ST550 株に *ataA* 遺伝子を導入発現させ，ポリウレタンフォーム
　　担体に固定した。
（B）微生物細胞を固定した担体を 0.4 g/l のインドールを含むリン酸緩衝液（3 ml）
　　に入れて放置するだけで，インディゴが生産された。＊青色。

に対する ST550 細胞の耐性が増し，基質濃度を高められるようになったことで，反応速度を飛躍的に高めることに成功した。固定化状態にある微生物やバイオフィルム中の微生物は薬剤耐性を示すことが医療分野の関係者を悩ましているが，物質生産においては，細胞毒性や活性阻害を示す基質や生成物に対する耐性が，逆にプロセスの効率化に有効になることがあるという事例である。

　我々は，先述の酵素消化法によって分離精製した AtaA の PSD の生化学的性質を解析していたところ，10 mM 以下の低塩濃度になると AtaA の接着性は急激に低下し，純水中では完全に接着性を失うことを発見した[18]。そこで，AtaA の生えた微生物細胞についても同様な現象が見られるかどうか調べたところ，やはり同じ付着特性を示した。次に，あらかじめ塩存在下で付着させた微生物細胞を純水で剥離させることができることも発見した。そこで，純水での剥離と塩溶液中での固定を繰り返したところ，AtaA で固定した微生物細胞の着脱が反復可能であることが明らかとなった。しかも，着脱を繰り返しても固定化効率は全く低下せず，AtaA および細胞表層に存在する酵素（エステラーゼ）の失活も見られない。こうして我々は，反復着脱可能な微生物固定化法を世界で初めて確立した。これにより，微生物細胞と担体の両方を再利用することができるようになったのである。その有用性を検証するために行った実験を実験項に示す。はじめに，ポリウレタン担体に Tol 5 細胞を固定してエステル加水分解に供してから，純水で Tol 5 細胞を剥離させ，次に有機溶媒に侵されないスチールウールに Tol 5 細胞を再固定した。これを，気相中でトルエンの分解に供した。他方，微生物を脱離させたポリウレタン担体には，*ataA* 遺伝子を導入発現させた ST550 細胞を固定し，インディゴ生産反応に供した。

6　おわりに

　AtaA を利用する微生物固定化法は，2 節で述べた従来の微生物固定化法の欠点を全て克服する画期的な新規固定化法である。しかも，世界唯一の反復着脱可能な固定化法であり，夢の微生物固定化法といっても過言ではない。固定化プロセスも迅速で簡便であり，微生物プロセスに革新をもたらすであろう。今後，様々な微生物に適用され，微生物細胞を使った化学反応プロセスの普及に大きく貢献することを，新固定化法の発明者として願っている。

実験項　AtaA を利用した微生物固定化法による担体と微生物細胞の再利用の実例

［実験操作］
　まず，*Acinetobacter* sp. Tol 5 細胞を，100 mM の塩化カリウム溶液中に菌体光学密度（OD_{660}）が 1.0 になるように懸濁した。100 mL の三角フラスコ中で，比表面積が 37.5 cm^2/cm^3 のポリウレタンフォーム製（CFH-30, INOAC）の 1 cm 角担体に，115 rpm，28℃で 30 分振とうさせることで，細胞を固定した。担体一個を試験管中の 3 mL の反応溶液（1.9 mM 4-

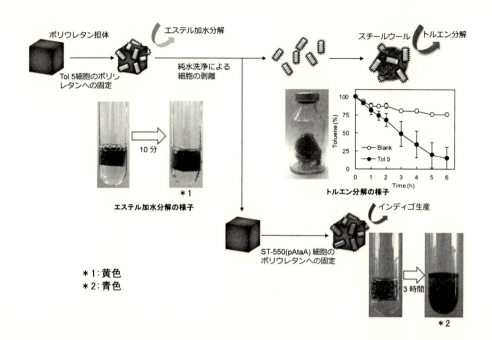

nitrophenyl butyrate（4-NPB），1.1% Triton X-100，50 mM 3,3-dimethylglutaric acid，50 mM Tris，50 mM 2-amino-2-methyl-1,3-propanediol）に投入し，28℃で 10 分間反応させた。反応によって生じた 4-nitrophenol により溶液は黄色に着色する。

　上記反応に使用した 3 個の担体を，500 mL 三角フラスコ中の 100 mL の純水に入れ，115 rpm で 5 分間振とうすることで，微生物細胞を剥離させた。この洗浄操作を 3 回繰り返し，剥離した菌体は遠心分離により回収した。回収した Tol 5 細胞を 30 mL の無機塩培地に再懸濁し，100 mL 三角フラスコ中で 300 mg のスチールウールに，115 rpm で 1 時間振とうさせながら再固定した。

　次に，Tol 5 細胞を再固定したスチールウールをペーパータオル上に置いて余分な水分を除いた後，25 mL のバイアル瓶中に移した。ここに 1 µL のトルエンをガスタイトシリンジで注入し，トルエン雰囲気下 28℃で 1 日静置することで，Tol 5 細胞のトルエン分解遺伝子群の発現を誘導した。その後，Tol 5 細胞が固定されたスチールウールを新しいバイアル瓶に移し，1 mL のトルエンを注入してトルエン分解実験に供した。バイアル瓶の気相トルエン濃度の変化を，GC-MS により測定した。

　他方，Tol 5 細胞を洗浄剥離したポリウレタン担体 3 個を，*Acinetobacter* sp. ST-550 の *ataA* 形質転換体の細胞懸濁液（100 mM 塩化カリウム中，OD660＝1.0）30 mL に投入し，100 mL 三角フラスコ中で 115 rpm，30℃で 30 分間振とうさせながら，*ataA* 発現 ST-550 細胞を固定した。固定後，担体 1 個を 3 mL の反応溶液（1 mM indole，1% DMF，40 mM potassium phosphate buffer，pH 7.0）に入れ，30℃で 3 時間反応させてインディゴを生産した。

細胞・生体分子の固定化と機能発現

文　　献

1) G. A. Junter and T. Jouenne, *Biotechnol. Adv.*, **22**, 633 (2004)
2) R. Gross, B. Hauer, K. Otto, A. Schmid, *Biotechnol. Bioeng.*, **98**, 1123 (2007)
3) K. C. Cheng, A. Demirci, J. M. Catchmark, *Appl. Microbiol. Biotechnol.*, **87**, 445 (2010)
4) N. Qureshi, B. A. Annous, T. C. Ezeji, P. Karcher, I. S. Maddox, *Microb. Cell Fact.*, **4**, 1 (2005)
5) E. Syron, and E. Casey, *Environ. Sci. Technol.*, **42**, 1833 (2007)
6) X. Z. Li, B. Hauer, B. Rosche, *Appl. Microbiol. Biotechnol.*, **76**, 1255 (2007)
7) B. Rosche, X. Z. Li, B. Hauer, A. Schmid, K. Buehler, *Trends Biotechnol.*, **27**, 636 (2009)
8) B. Halan, K. Buehler, A. Schmid, *Trends Biotechnol.*, **30**, 453 (2012)
9) K. Hori, S. Yamashita, S. Ishii, M. Kitagawa, Y. Tanji, H. Unno, *J. Chem. Eng. Japan*, **34**, 1120 (2001)
10) M. Ishikawa, K. Shigemori, A. Suzuki, K. Hori, *J. Biosci. Bioeng.*, **113**, 719 (2012)
11) M. Ishikawa, H. Nakatani, K. Hori, *PLoS One*, **7**, e48830 (2012)
12) D. Linke, T. Riess, I. B. Autenrieth, A. Lupas, V. A. J. Kempf, *Trends Microbiol.*, **14**, 264 (2006)
13) M. Ishikawa, S. Yoshimoto, A. Hayashi, J. Kanie, K. Hori, *Mol. Microbiol.*, **101**, 394 (2016)
14) S. Yoshimoto, H. Nakatani, K. Iwasaki, K. Hori, *Sci. Rep.*, **6**, 28020 (2016)
15) K. Koiwai, M. D. Hartmann, D. Linke, A. N. Lupas, K. Hori, *J. Biol. Chem.*, **291**, 3705 (2016)
16) K. Hori, Y. Ohara, M. Ishikawa, H. Nakatani, *Appl. Microbiol. Biotechnol.*, **99**, 5025 (2015)
17) M. Ishikawa, K. Shigemori, K. Hori, *Biotechnol. Bioeng.*, **111**, 16 (2014)
18) S. Yoshimoto, Y. Ohara, H. Nakatani, K. Hori, *Microb. Cell Fact.*, **16**, 123 (2017)

第 17 章 リガンドペプチドのシングルステップ固定化技術の開発とバイオアクティブ医療機器への展開

柿木佐知朗[*1]，山岡哲二[*2]

1 はじめに

医薬品や医療機器の進歩によって，我が国は平均寿命（2015 年）が男性 80.8 年，女性 87.1 年と世界トップクラスの長寿国である一方，平均寿命と健康寿命の差は男性で 9 年，女性に至っては 12.4 年と年々大きくなっている[1]。高齢者の QOL を低下しうる要因は認知症や運動器症候群（ロコモティブシンドローム），閉塞性動脈硬化症，歯周疾患など多岐にわたり，これら疾患を迅速に治療もしくは予防できる新しい医療技術の確立には高機能な医療機器の開発が不可欠となる。従来の医療機器には，生体に対して悪影響を及ぼさない，いわゆる生体不活性（バイオイナート）な基材が用いられてきた。これは，医療機器が，組織や臓器の機能の一次的もしくは永久的な代替えを目的として開発されてきたためである。例えば，人工血管には血小板粘着性や血栓形成性が比較的低い延伸ポリテトラフルオロエチレンが用いられている。骨充填剤や人工骨に用いられるヒドロキシアパタイトやリン酸三カルシウムは，骨組織と癒合することから生体活性セラミックスと一般的に表現されるが，セラミックスと骨組織の両表面に体液中のカルシウムイオンやリン酸イオンによって形成されるハイドロキシアパタイト薄層を介した受動的な自然結合であり，生体に対しては不活性である。今後は，再生医療や組織工学といった組織の再生と治癒が各種疾病の治療戦略となり，従来とは相反して積極的かつ能動的に細胞や組織に働きかける生体活性（バイオアクティブ）な医療機器の開発が求められる。

バイオアクティブバイオマテリアル（生体材料）の概念は 1990 年代後半には提唱されており，生体内外で細胞や組織の生理的機能を能動的に制御できる医療機器の開発を目指して研究が進められてきた[2,3]。生体は，移植された医療機器が異物か否か，界面を通して判断する。つまり，医療機器の界面に生体分子を修飾することによって生体の組織や細胞を欺いて自在に操ることが，バイオアクティブな医療機器界面設計における基本戦略となる。生体内で細胞は，細胞外マトリクス（Extracellular matrix：ECM）や基底膜（Basal lamina もしくは Basement membrane）を足場とし，そこから様々なシグナルを受け取って増殖や遊走，分化といった機能を発現する（図1）。ECM や基底膜の主要構成分子であるコラーゲンやエラスチン，フィブロネクチン，ラミニンなどのタンパク質や，ヒアルロン酸やヘパラン硫酸などのグリコサミノグリカン（ムコ多

＊1 Sachiro Kakinoki 関西大学 化学生命工学部 化学・物質工学科 准教授
＊2 Tetsuji Yamaoka 国立循環器病研究センター研究所 生体医工学部 部長

細胞・生体分子の固定化と機能発現

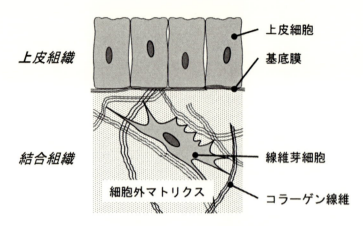

図1　細胞外マトリクスと細胞外基質

糖），もしくはこれらと増殖因子などの混雑物（細胞や組織から抽出）をコートした基材に播種
された細胞は，それぞれの生体分子を感知して応答する．例えば，コラーゲンの加水分解物であ
るゼラチンをコートした細胞培養用ポリスチレンディッシュ（Tissue Culture Polystyrene：
TCPS）上に血管内皮細胞を播種し，血管内皮細胞増殖因子（Vascular endothelial growth
factor：VEGF）などを含んだ培地中で長期間培養すると，毛細血管用の管腔構造を形成する[4]．
Engelbreth-Holm-Swarm（EHS）マウス肉腫から抽出した可溶性の基底膜成分である
Matrigel®（Corning Inc. 米国）をコートした TCPS 上でも血管内皮細胞の管腔形成が認められ
る[5]．興味深いことに，血管内皮細胞は血管内膜組織の基底膜を構成する VI 型および V 型コラー
ゲンをコートした TCPS 上では管腔を形成するが，結合組織（Connective tissue）中に多く存
在する I 型および II 型コラーゲンをコートした TCPS 上では増殖が促進されるものの管腔構造
は形成しない[6]．これらの結果は，基材ではなくその界面の生体分子によって，血管内皮細胞の
機能や形態を制御できることを意味する．

　タンパク質をはじめとする生体分子は，一つの分子で複数種の生理活性を示すことが多い．言
い換えると，特定の細胞の特定の機能のみを制御，例えば血管内皮細胞の増殖のみを促進するこ
とは，生体分子をそのまま使っても達成されない．細胞は，膜上のインテグリンや増殖因子受容
体が ECM もしくは基底膜のリガンドと結合することで外部環境を感知して特異的な機能を発現
する（図2）．コラーゲンの場合，分子内にインテグリン $\alpha_v\beta_1$ や $\alpha_{IIb}\beta_3$ などに認識される Arg-
Gly-Asp（RGD），インテグリン $\alpha_2\beta_1$ や $\alpha_{11}\beta_1$ に認識される Phe-Tyr-Phe-Asp-Leu-Arg
（FYFDLR）や Gly-Phe-Hyp-Gly-Glu-Arg（GFOGER），インテグリン $\alpha_1\beta_1$ に認識される Arg-
Leu-Asp（RLD）など，多くのインテグリンリガンド配列（生理活性配列）が一つの分子内に
存在する．細胞の種類や表現型によって提示されるインテグリンが異なる上に，インテグリンの
種類によって関与する生理的機能も異なるため，特定の細胞の特定の機能のみを制御するために
は，特定のインテグリンリガンドによって特定のインテグリンを活性化しなければならない．ま

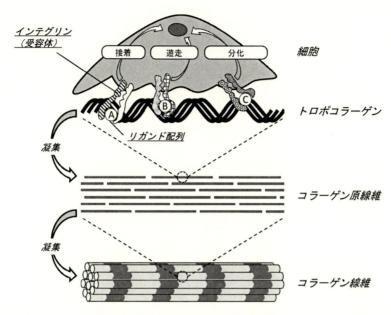

図2　コラーゲン分子上のリガンド配列とそれを感知するインテグリン受容体

た，臨床医療への応用を踏まえると，感染や免疫反応といった生物学的危険性を完全に回避するためには，動物組織から抽出した生体分子に代わるゼノフリーな人工分子の利用が好ましい。そのため，インテグリンリガンド配列のみを抽出して人工的に合成したリガンドペプチドは，バイオアクティブな界面を構築するための有力な分子ツールとして広く研究されている[7]。本章では，バイオアクティブな次世代医療機器開発を目指したリガンドペプチド固定化技術について，リガンドペプチド固定化界面の設計指針，同定されているリガンド配列，バイオアクティブ化の対象となる医療機器とその基材，最後にそれらに関係する筆者らの研究の一部を紹介したい。

2　リガンドペプチド固定化界面の設計指針

　医療機器基材の界面にリガンドペプチドが存在すれば，細胞は受容体を介してそれを感知して応答する。しかし，言うは易く行うは難しであり，リガンドペプチドを基材界面に安定に保持するためのアンカー分子と，リガンドペプチドの高次構造と運動性を維持するためのリンカー分子を駆使してリガンドペプチドが機能しやすい界面環境を構築しなければ，細胞は意に沿った機能を発現しない（図3）。ECMタンパク質分子中のリガンド配列は，細胞膜と接触しやすい親水性ドメインに存在することが多く，それを抽出して合成したリガンドペプチドはほぼ例外なく水溶性となる。リガンドペプチドを医療機器もしくは基材にコートするのみでは細胞膜受容体と相互作用する前に流失してしまうため，リガンドペプチドを基材上に安定に固定化するためのアンカー分子が必要となる。アンカー分子には，静電的もしくは疎水的な吸着を利用するものや，化

学的な共有結合を利用するものが数多く考案されており，基材の種類に応じて選択しなければならない（図4）。また，リガンドペプチドをアンカー分子を介して基材表面に安定に固定化できたとしても，基材との相互作用によってリガンドペプチドの高次構造が変化したり運動性が低下したりすると，受容体と結合できなくなる。そのため，リガンドペプチドと基材もしくはアンカー分子との間に適切なリンカー分子を挿入する必要もある。もちろん，リンカー分子には基材やアンカー分子，リガンドペプチドと相互作用しない特性が求められ，ポリエチレングリコー

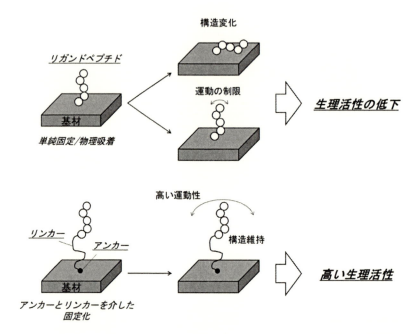

図3 アンカー分子とリンカー分子を介したリガンドペプチドの固定化とその特性

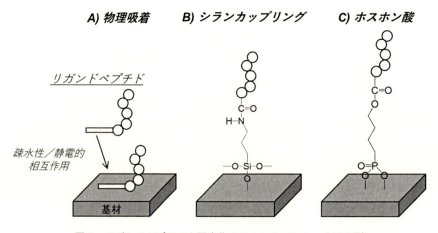

図4 リガンドペプチドを固定化するためのアンカー分子の例

ル[8]や Gly-Gly-Gly-Ser（GGGS）リンカー[9]が広く利用されている。細胞の機能を効果的に制御できるリガンドペプチド固定化界面を構築するためには，特異性の高いリガンドペプチドと，その活性を最大限にし得るリンカー分子，基材に適したアンカー分子のそれぞれの設計を欠くことができない。

3　ECM タンパク質や細胞増殖因子に含まれるリガンド配列

これまでに ECM タンパク質や増殖因子などから数多くのリガンド配列が同定されている（表1）。最も代表的な細胞接着性インテグリンリガンドである RGD は，1984 年に Ruoslahti らおよび Yamada らの両グループによってフィブロネクチンの細胞接着セグメントから同定され，さらに RGDX の X 残基が細胞接着性に大きく影響を及ぼすこと，すなわち短鎖ペプチドリガンドである RGDX の高次構造が生理活性に関与していることも明らかにされた[27,28]。1980 年〜2000 年にかけて ECM バイオロジーが極めて活発に研究され，Kleinman らによってラミニン B1 鎖由来の Tyr-Ile-Gly-Ser-Arg（YIGSR）[15]や，Yamada や Humphries らによってフィブロネクチン IIICS 由来の Arg-Glu-Asp-Val（REDV）[12]や Leu-Asp-Val（LDV）[13]など，多くのリガンド配

表 1　ECM タンパク質や増殖因子などから同定されたリガンド配列の例

リガンド配列	タンパク質	受容体	文献
RGDS	Fibronectin, Osteopontin von Willebrand facor	Integrin $\alpha V \beta_n$ (n = 1, 3, 5, 6, 8) Integrin $\alpha_5 \beta_1$, $\alpha_8 \beta_1$, $\alpha_{IIb} \beta_3$, $\alpha_V \beta_3$	10, 11)
RGDV	Fibronectin		
RGDT	Collagen		
RGDN	Laminin		
REDV	Fibronectin	Integrin $\alpha_4 \beta_1$	12)
LDV	Fibronectin	Integrin $\alpha_4 \beta_1$, $\alpha_4 \beta_7$, $\alpha_9 \beta_1$	13)
HHLGGAKQAGDV	Fibronectin	Integrin $\alpha_{IIb} \beta_3$	14)
YIGSR	Laminin	Integrin $\alpha_n \beta_1$ (n = 1-3, 5-7)	15)
RKRLQVQLSIRT	Laminin	Syndecan	16)
IKVAV	Laminin	110 kD laminin binding protein	17)
LRAHAVDVNG	N-cadherin	N-cadherin	18)
FHRRIKA	Bone sialoprotein	Heparan sulfate	19)
DGEA	Collagen	Integrin $\alpha_2 \beta_1$	20)
GFOGER	Collagen	Integrin $\alpha_2 \beta_1$	21)
WRTQIDSPLNGK	VCAM-1	Integrin $\alpha_4 \beta_1$	
Cyclic（CQIDSPC）	VCAM-1 mimicked peptide	Integrin $\alpha_4 \beta_1$	22)
VGVAPG	Elastin	Galectin-3	23)
VSWFSRHRYSPFAVS	Phage Display	Integrin $\alpha_6 \beta_1$	24)
SVVYGLR	Osteopontin	Integrin $\alpha_4 \beta_7$	25)
SYGRKKRRQRRRAPQ	HIV TAT	Flk-1/KDR	26)

列が同定された。2000年代頃からは，これまでのタンパク質フラグメンテーション法による同定から，ファージディスプレイやペプチドライブラリーによる探索が主流となり，Arg-Arg-Lys-Arg-Arg-Arg（RRKRRR）[29]やVal-Ser-Trp-Phe-Ser-Arg-His-Arg-Tyr-Ser-Pro-Phe-Ala-Val-Ser（CSWFSRHRYSPFAVS）[24]など膨大な数，種類のリガンド配列が報告されている。

　再生医療や組織工学において，特定の細胞の接着や増殖，遊走，分化の促進，血管新生の誘導などがリガンドペプチドを固定化するための目的となる。例えば，神経再生誘導チューブでは内腔に結合組織が浸潤すると神経再生の妨げとなるため，神経細胞のみの接着と増殖を促進できるリガンドペプチドの固定化が必要になる。また，人工血管では，閉塞や血栓形成を引き起こす血管平滑筋細胞や血小板の接着は抑制しつつ，血管内皮細胞の接着と増殖のみを促進しなければならない。しかし，インテグリンや増殖因子受容体の多くは複数種の細胞で提示されており，また，RGDなどの多くのリガンドペプチドは複数種のレセプターに認識されるため，特定の細胞の特定の機能のみを特異的に制御できるリガンドペプチドの選定は容易ではない。

4　バイオアクティブ化の対象となる医療機器基材

　人工股間節を見てみると，ステムはチタン合金などの金属，骨頭はアルミナなどのセラミックス，カップは超高分子量ポリエチレンで構成されている。人工心臓弁も，機械弁はパイロライトカーボン製の弁葉および弁輪とポリエチレンテレフタレート製の縫合カフで構成されており，生体弁はグルタルアルデヒドで架橋したウシやブタの心膜でなる弁葉とCo-Cr合金などの金属製のフレーム（ステント），ポリエチレンテレフタレート製の縫合カフで構成されている。このよ

表2　各種医療機器の界面で求められる生理活性

医療機器	基材	界面で求められる生理活性
人工股関節	ステム・ソケット：チタン合金	骨結合性
	骨頭：アルミナ，ジルコニア	—
	カップ：超高分子量ポリエチレン	—
人工心臓弁（機械弁）	フレーム：パイオライトカーボン	血液適合性・血管内皮細胞親和性
	弁葉：パイオライトカーボン	血液適合性・血管内皮細胞親和性
	弁輪：ポリエチレンテレフタレート	軟組織結合性
人工心臓弁（生体弁）	フレーム：Co-Cr合金など	血液適合性・血管内皮細胞親和性
	弁葉：ウシ・ブタの心膜や心臓弁	血液適合性・血管内皮細胞親和性
	弁輪：ポリエチレンテレフタレート	軟組織結合性
人工血管	延伸ポリテトラフルオロエチレン	内腔：血液適合性・血管内皮細胞親和性
	ポリエチレンテレフタレート	外壁：軟組織親和性
人工心臓	チタン・チタン合金	内壁：血液適合性・血管内皮細胞親和性
		外壁：軟組織親和性・血管新生性
歯科インプラント	フィクスチャー：チタン・チタン合金	骨結合性・抗菌性
	人工歯：ポリメチルメタクリレート	抗菌性・バイオフィルム形成阻害性
	長石・けい石（ケイ酸塩鉱物）	

うに，医療機器は多種多様な基材によって構成されており，各部材の役割に応じたバイオアクティブ化が求められる（表2）。人工股関節のステムやソケットは骨組織へ強固に固定されなければならず，その界面には骨組織との結合性が求められる。人工弁や人工血管などの血液と接触する部位の界面では，血液適合性（非溶血性，抗血小板粘着性，抗凝固性）に加えて，超長期的な開存のためには血管内膜組織で被覆されることが好ましく，血管内皮細胞やその前駆細胞の接着・遊走促進性が求められる。さらに，人工心臓も含めた循環器系デバイスの場合，カプセル化（異物反応）によって外壁と周囲の結合組織との間に空隙ができると，そこで細菌が繁殖して感染症が引き起こされるため，外壁界面には軟組織結合性や新生血管誘導性が求められる。再生医療・組織工学に用いるスポンジのような足場材料（スキャホールド）であれば，組織再生性や新生血管誘導性などが必要となることは周知のとおりである。

5　医療基材へのリガンドペプチドのシングルステップ固定化技術

多様な基材と要望に応じた医療機器のバイオアクティブ化を達成するためには，前述したように，最適なリガンドペプチド，アンカー分子，リンカー分子の設計が欠かせない。特に，医療機器の更なる高機能化を目的とする際，基材やリガンドペプチドに制限されずに適用できるアンカー分子を介したリガンドペプチド固定化法の開発が望まれる。P. Messersmith らのグループがイガイ類の分泌する接着タンパク質に含まれる 3,4-ジヒドロキシフェニルアラニン（DOPA）をアンカー分子とした基材表面修飾法を報告して以降，ジヒドロキシフェニル基を持つ DOPA やドーパミンをアンカー分子として用いたリガンドペプチドの固定化が多く報告されている[29,30]。船底や岩場，係船索（ロープ）に接着しているイガイ類を見たことがある方は多いと思うが，DOPA は金属やセラミックス，高分子などあらゆる基材に反応もしくは吸着して疑似的な自己組織化層を形成する。ジヒドロキシフェニル基の酸化で生じるキノンの高い反応性は，リガンドペプチド固定化のためのアンカー分子として有用である。その一方で，キノンはリガンドペプチド分子内のアミノ基やメルカプト基などとも反応するため，リガンドペプチドと複合化する際は特殊な保護基の使用を要し，かつ，その複合体は安定性に乏しく取り扱いが難しいという問題があった。

筆者らは，DOPA 前駆体の天然アミノ酸であるチロシン（Tyr, Y）を末端に導入したリガンドペプチドを合成し，チロシン残基を酸化することで生じるキノンをアンカー分子としたリガンドペプチド固定化法を考案した。チロシン残基を含むリガンドペプチドは，汎用のペプチド合成機で容易に得られ，常温安定性にも優れている。また，少量の遷移金属触媒と過酸化水素によってチロシン残基側鎖のヒドロキシフェニル基は容易にキノンへと直接酸化される。この方法を用いれば，シングルステップ反応で容易に多様な種類・形状の基材上にリガンドペプチドを安定に固定化することができる（図5）[31,32]。チロシン残基を含むアンカー部，Gly スペーサー，そしてフィブロネクチン由来のインテグリン $\alpha_4\beta_1$ のリガンド配列である Arg-Glu-Asp-Val（REDV）

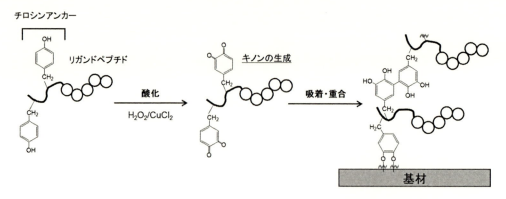

図5　チロシン残基をアンカー分子としたリガンドペプチドの固定化[31, 32]

で構成されるペプチド（Ac-YG$_3$REDV）を，この方法で人工血管基材である延伸ポリテトラフルオロエチレン（ePTFE）に固定化したところ，血管内皮細胞の接着性が向上した[31]。ePTFEは，反応性官能基を持たないことから，チロシン残基（アンカー部位）が疎水性吸着し，その吸着層内でキノン同士が重合することによって疑似的な自己組織化層を形成し，結果として REDV ペプチドが安定に固定化されているものと推察している。さらに，キノンが金属イオンと強固な配位結合を形成する性質を利用し，同様の方法で REDV ペプチドリガンドを固定化した Co-Cr 合金製ステント（長さ 18 mm，拡張時直径 3.0〜3.6 mm）をウサギ下行大動脈に留置したところ，わずか 1 週間でステントストラットの 80％以上が新生内膜に覆われることを明らかとした[32]。留置 6 週間後もステントは開存し，内膜肥厚は認められなかった。これらの結果から，我々の方法でリガンドペプチドを固定化したバイオアクティブ界面が，循環器系デバイスの更なる高機能化に貢献できると期待される。

6　まとめ

リガンドペプチド固定化技術がバイオアクティブな医療機器の開発に有効であろうと期待され始めておよそ 30 年が経過した。その間，多種多様なリガンド配列が決定され，ますます応用への期待が高まっている。その一方で，リガンドペプチドや基材の種類，固定化方法は異なるものの，その膨大な研究の大半がリガンドペプチド固定化界面と培養細胞との相互作用の評価に留まっており，リガンドペプチドを固定化した医療機器は一つとして臨床の場には辿り着いていない。近年，山岡らのグループは，脱細胞化したダチョウ頸動脈（内径 2〜4 mm，長さ 20〜30 cm）の内腔に Arg-Glu-Asp-Val を修飾することで，移植後わずか 1 週間で新生内膜が形成されて長期間開存することを報告している[33]。リガンドペプチド固定化界面が生体内でも機能することを示した貴重な知見である。これまでに蓄積された基礎的な知見をもとに，基材とリガンドペプチドに応じた適切なリンカー分子およびアンカー分子を選定・設計しながら，複雑で駁雑

な生体内環境でも意図した機能を発現できるリガンドペプチド固定化界面を構築できるかどうかが今後の大きな課題である。

実験項　チロシンの直接酸化反応を介した基材へのペプチドリガンドの固定化[31]

［実験操作］

　ガラスや細胞培養用ポリスチレンなどの基材を 70％エタノール水溶液中で超音波洗浄し，真空乾燥する。基材を Ac-YG$_3$REDV の水溶液（0.5 mM）に浸漬させ，CuCl$_2$ 水溶液（25 mM，最終濃度 0.25 μmol）と H$_2$O$_2$ 水溶液（3％（v/v），最終濃度 2.2 mmol）を加えて撹拌後，24時間，37℃，遮光下で振盪する。反応後の基材を超純水で充分に洗浄することで，未反応の Ac-YG$_3$REDV や吸着した CuCl$_2$ を除去する。

［注意・特徴など補足事項］

a）本方法は，様々な基材に適用できるが，基材の種類によって結合する反応機構が異なるため，リガンドペプチドの導入効率（固定化密度）が基材に大きく依存する。

b）CuCl$_2$ を触媒とした H$_2$O$_2$ によるチロシン残基のキノンへの酸化を利用するため，本法では酸化に敏感なメチオニン残基やトリプトファン残基を含むリガンドペプチドの固定化には不向きである。

c）反応温度を上げると，チロシン残基の酸化反応が進行するため，より迅速にリガンドペプチドを基材に固定化することができる。

d）CuCl$_2$ は細胞や生体に対する毒性が高いため，固定化反応後は基材を充分に洗浄しなければならない。

文　　　献

1)　平成 28 年度　厚生労働白書
2)　JA. Hubbell, *Curr. Opin. Biotechnol.*, **10**, 123（1999）
3)　Y. Ito *et al.*, *J. Biomed. Mater. Res.*, **25**, 1325（1991）
4)　J. Folkman *et al.*, *Nature*, **288**, 551（1980）
5)　Y. Kubota *et al.*, *J. Cell Biol.*, **107**, 1589（1988）
6)　JA. Madri *et al.*, *J. Cell Biol.*, **97**, 153（1983）
7)　JA. Hubbell *et al.*, *Nat. Biotechnol.*, **9**, 568（1991）
8)　S. Soultani-Vigneron *et al.*, *J. Chromatograph. B*, **822**, 304（2005）
9)　AB. Sanghvi, KPH *et al.*, *Nat. Mat.*, **4**, 496（2005）

10) M. J. Humphries, *J. Cell Sci.*, **97**, 585 (1990)

11) J. D. Humphries *et al.*, *J. Cell Sci.*, **119**, 3901 (2006)

12) M. J. Humphries *et al.*, *J. Cell Biol.*, **103**, 2637 (1986)

13) M. J. Humphries *et al.*, *J. Biol. Chem.*, **262**, 6886 (1987)

14) E. F. Plow *et al.*, *J. Biol. Chem.*, **259**, 5388 (1984)

15) Y. Iwamoto *et al.*, *Science*, **238**, 1132 (1987)

16) B. L. Richard *et al.*, *Exp. Cell Res.*, **228**, 98 (1996)

17) K. Tashiro *et al.*, *J. Biol. Chem.*, **264**, 16174 (1989)

18) O. W. Blaschuk *et al.*, *Develop. Biol.*, **139**, 227 (1990)

19) A. Rezania *et al.*, *Biotechnol. Prog.*, **15**, 19 (1999)

20) W. D. Staatz *et al.*, *J. Biol. Chem.*, **266**, 7363 (1991)

21) J. Emsley *et al.*, *Cell*, **101**, 47 (2000)

22) J-H. Wang *et al.*, *PNAS*, **92**, 5714 (1995)

23) P. Pocza *et al.*, *Int. J. Cancer*, **122**, 1972 (2008)

24) O. Murayama *et al.*, *J. Biochem.*, **120**, 445 (1996)

25) Y. Yokosaki *et al.*, *J. Biol. Chem.*, **274**, 36328 (1999)

26) A. Albini *et al.*, *Nat. Med.*, **2**, 1371 (1996)

27) MD. Pierschbacher *et al.*, *Nature*, **309**, 30 (1984)

28) KM. Yamada *et al.*, *J. Cell Biol.*, **99**, 29 (1984)

29) H. Lee *et al.*, *Science*, **318**, 426 (2007)

30) E. Faure *et al.*, *Prog. Polym. Sci.*, **38**, 236 (2013)

31) S. Kakinoki *et al.*, *Bioconj. Chem.*, **26**, 639 (2015)

32) S. Kakinoki *et al.*, *J. Biomed. Mater. Res. A*, **106A**, 491 (2018)

33) A. Mahara *et al.*, *Biomaterials*, **58**, 54 (2015)

第18章　固定化微生物・酵素を用いた有用物質生産法の技術開発

木野邦器[*1]，古屋俊樹[*2]

1　はじめに

　酵素は古くは消化酵素タカジアスターゼにはじまり，洗剤用アルカリプロテアーゼや異性化糖製造用グルコースイソメラーゼ等，産業上欠くことのできない存在となっている。近年では，物質生産における効率化や環境負荷低減の観点からも微生物や酵素を触媒として利用する生体触媒の研究に一層の期待が寄せられている。しかし，生体触媒の利用に際して，しばしばその安定性が問題となっている。水に溶解した状態の酵素は一般に不安定で，反応時間の経過とともに徐々に失活して反応速度が低下する。また，安定性の高い酵素であっても，水に溶解した状態の酵素を分離回収して再利用することは技術的に困難である。そのため，酵素を利用するプロセスはもっぱら回分法となり，経済的とはいえない。

　そこで，酵素の有する触媒活性や選択性を維持したまま酵素の安定性を向上させて，再利用する効率的な物質生産プロセスとして固定化酵素法が開発されている。担体への固定化によって酵素の分離回収は容易となり，また固定化酵素を充填したカラムをリアクターとして使用することで，繰り返し利用や連続生産も可能となる。固定化酵素を利用するプロセスは，酵素の工業的利用法としては有利であり，食品や医薬品等の分野で広く利用されている。また，微生物を固定化する固定化微生物も固定化酵素と同様の利点があり，細胞の代謝機能を利用した複数の酵素を必要とする多段階反応の場合にはとくに有利である。

　筆者らはこれまでに，アルギン酸カルシウムゲルに包括した微生物を用いて，エタノールや乳酸の効率的な連続生産プロセスを検討している。とくにエタノール生産では，エタノール耐性を付与した酵母 *Saccharomyces cerevisiae* X33 をアルギン酸カルシウムゲルに固定化して，木質バイオマスから調製した糖液を連続的に投入することで生産速度 16 g/l/h を維持したまま 1000 時間以上も安定なエタノール連続発酵生産プロセスを開発している。

　また最近，筆者らはバニリンの生産研究に取り組んでいる。バニリンは，バニラアイスクリームやシュークリームに代表されるスイーツに添加されている上質な甘い香りの成分であり，食品のみならず化粧品にも添加されている。市場規模の大きい代表的な香料化合物だが，植物からの抽出のみでは需要に追いつかず，微生物や酵素を利用した生産に期待が寄せられている。本章で

＊1　Kuniki Kino　早稲田大学　先進理工学部　応用化学科　教授
＊2　Toshiki Furuya　東京理科大学　理工学部　応用生物科学科　講師

は，はじめに微生物・酵素を利用したバニリン生産について概説し，筆者らのバニリン生産研究の取り組みについて紹介する。固定化酵素や固定化微生物を利用した生産法については，着手したばかりであるが有効性を示すデータを得ており，その成果を中心に解説する。

2 微生物・酵素を利用したバニリン生産

バニリンは，ラン科のバニラ属植物の種子鞘から得られる。しかしながら，植物から得られる量は限られているため需要に追いつかず価格高騰が大きな問題となっている。マダガスカル等の原産地での栽培に力を入れる動きがある一方で，微生物や酵素を利用した新しい製法の開発にも関心が寄せられている。食品や化粧品において好まれるナチュラルなバニリンという観点からは，原料としてバイオマス由来の化合物を用いることが必須であり，多様な化合物を出発物質としたバイオプロセス開発の研究が進められている[1~3]。

フェルラ酸は，その代表的な化合物である。フェルラ酸は米糠や小麦麸等の農産廃棄物から比較的容易に回収できる芳香族化合物であり[4]，フェルラ酸をバニリンに変換する微生物は多数報告されている。当該活性を有する微生物は，*Streptomyces* 属や *Pseudomonas* 属の細菌で報告されており，フェルラ酸を分解する過程で中間体としてバニリンを蓄積する。例えば，*Streptomyces* sp. V-1 株を利用して 19.2 g/l のバニリン生産が達成されている[5]。ベルギーに本社のある Solvay 社（元々はフランスの Rhodia 社）は，フェルラ酸からの微生物変換によりバニリンを小規模ながら実生産している[6]。代表的な放線菌等の微生物では酵素や遺伝子レベルでの解析も進んでおり，フェルロイル CoA（コエンザイム A）シンテターゼ（Fcs）とエノイル CoA ヒドラターゼ／アルドラーゼ（Ech）の作用によりフェルラ酸がバニリンへと変換される（図 1A）[7]。

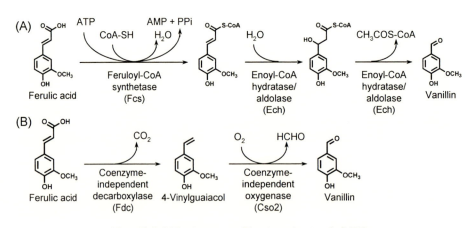

図1 酵素を用いたフェルラ酸からのバニリン合成経路
（A）ATP および CoA 依存型経路，（B）補酵素非依存型経路。

上述のフェルラ酸分解細菌の場合には，バニリンがさらに変換されてバニリン酸やグアヤコール等の副生物を生成することが課題として挙げられるが，fcs 遺伝子と ech 遺伝子を，バニリン分解活性を有さない細菌内で発現させることにより副生物の生成を回避できる。これまでに，大腸菌細胞を宿主としてこれらの遺伝子を発現させることにより，0.58～2.52 g/l のバニリン生産が達成されている[8,9]。しかしながら，Fcs と Ech からなる合成経路は補酵素として ATP と CoA を要求するため，補酵素の供給が滞ると生産が止まってしまう。これらの補酵素は，高価でありまた細胞膜を透過しにくいため，細胞の外から供給することは困難である。細胞を触媒として利用する場合は代謝改変により補酵素の供給を高めることも考えられるが，酵素を触媒として利用する場合は補酵素の供給が大きな障害となる。

3　補酵素非依存型酵素を利用したバニリン生産

Fcs と Ech からなる経路は補酵素として ATP と CoA を要求するが，筆者らは最近，補酵素非依存型の合成経路を構築している（図1B）。本経路は，補酵素非依存型の脱炭酸酵素と酸化酵素からなる 4-ビニルグアヤコールを中間体とするもので，補酵素を必要としない点が大きな特長である。一段階目のフェルラ酸脱炭酸酵素は，Bacillus 属の細菌や酵母 S. cerevisiae に存在することが報告されており，遺伝子も同定されている[10,11]。一方，二段階目の 4-ビニルグアヤコールの C=C 結合を酸化的に切断する酵素に関してはこれまで報告されていないため，目的酵素の探索を行った。筆者らは，カロテノイド酸化開裂酵素ファミリーの酵素が C=C 結合を補酵素非依存的に切断する活性を有していることに着目し，ゲノム情報を活用してカロテノイド酸化開裂酵素ファミリーの中から 4-ビニルグアヤコールに対して活性を示すと予想される酵素を選択した。当該酵素遺伝子をクローニング後，大腸菌細胞内で発現させて活性を評価した。その結果，細菌 Caulobacter segnis 由来の Cso2 と命名した酵素が，4-ビニルグアヤコールとイソオイゲノールに対して高い活性を示し，C=C 結合を切断してバニリンに変換することを見いだした[12]。

そこで，既報の B. pumilus 由来フェルラ酸脱炭酸酵素遺伝子 fdc と，筆者らが見いだした C. segnis 由来 4-ビニルグアヤコール酸化酵素遺伝子 cso2 を大腸菌細胞内で共発現させ，新規合成経路の構築を試みた。fdc 遺伝子と cso2 遺伝子を pETDuet-1 ベクターに連結し，大腸菌細胞に導入して培養後，遺伝子の発現を誘導した。この大腸菌細胞をフェルラ酸と反応させたところ，予想した通り，フェルラ酸から 4-ビニルグアヤコールを経由してバニリンを生成した（図2）。本方法では，10 mM のフェルラ酸から 8.0 mM（1.2 g/l）のバニリン生産を達成している[12]。また，fdc 遺伝子と cso2 遺伝子を別々の大腸菌細胞内で発現させ，各段階の反応条件を最適化後に二段階プロセスによるバニリン生産を試みた。具体的には，fdc 遺伝子発現大腸菌細胞をフェルラ酸と反応させた反応液から細胞を除去後，引き続いて cso2 遺伝子発現大腸菌細胞を作用させた。この方法により，52 mM（7.8 g/l）のバニリン生産を達成している[13]。

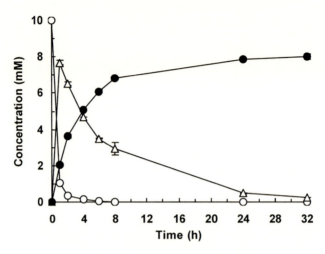

図2　Fdc および Cso2 発現大腸菌細胞を用いたバニリン生産
○：フェルラ酸，△：4-ビニルグアヤコール，●：バニリン。

4　固定化酵素を利用したバニリン生産

　筆者らが構築した新規合成経路は補酵素を必要としないので，菌体を利用した反応だけでなく，菌体から取り出した酵素を利用した反応も容易に行なうことができると考えられる。とくに，酵素を担体に固定化することによりその安定性を向上させ，さらに繰り返し反応や連続反応に適用できれば，工業的利用法として有利である。そこで，固定化酵素によるバニリン生産プロセスについて検討を行った。

　4-ビニルグアヤコール酸化酵素 Cso2 は不安定で，Cso2 発現大腸菌細胞を繰り返し利用するとすぐに活性が低下してしまう（図4参照）。そこでまず，Cso2 の固定化について検討した。Cso2 の等電点は pH 5.3 であり，反応を行なう pH であるアルカリ性領域において Cso2 はマイナスに荷電している。このことに着目して，陰イオン交換体への吸着について検討した。陰イオン交換体としては，マトリックスと官能基の異なる4種類の樹脂を選択した。具体的には，マトリックスとしてポリメタクリレートまたはスチレン－ジビニルベンゼン，官能基としてエチルアミン，四級アルキルアミンまたはポリアミンを有する Sepabeads EC-EA，Sepabeads EC-Q1A，Diaion HPA25L，Diaion WA21J について試験した（表1）。まず，それぞれの担体と Cso2 を含む溶液をインキュベーションし，すべての担体に Cso2 が保持されることを確認した（0.04〜0.10 mg mg-carrier^{-1}）（図3A）。Cso2 は，4-ビニルグアヤコールよりも安定で扱いやすいイソオイゲノールに対しても活性を有するため，Cso2 を保持させた担体をイソオイゲノールと反応させて活性を評価した。その結果，Sepabeads EC-EA に固定化した Cso2 はイソオイゲノールを効率的にバニリンへと変換した（図3B）。一方，他の3種類の担体を使用した場合には，活性がほとんど検出されなかった。以上の結果から，ポリメタクリル酸をマトリックス，エチルアミンを官能基とする Sepabeads EC-EA が Cso2 の固定化担体として有効であることが明らかと

表1　試験に用いた陰イオン交換体

	Sepabeads EC-EA	Sepabeads EC-Q1A	Diaion HPA25L	Diaion WA21J
Structure	(化学構造)	(化学構造)	(化学構造)	(化学構造)
Matrix	polymethacrylate	styrene-divinylbenzene	styrene-divinylbenzene	styrene-divinylbenzene
Functional group	ethylamine	quaternary alkylamine	quaternary alkylamine	polyamine
Particle size (μm)	100–200	200–600	300–1200	300–1200

なった[14]。

　そこで，Sepabeads EC-EA に固定化した Cso2 を用いてイソオイゲノールからのバニリン生産について検討を行った。Cso2 を発現する大腸菌細胞を比較の対象として実験を行った。Cso2 発現大腸菌細胞および固定化 Cso2 を 10 mM のイソオイゲノールと 24 時間反応させたところ，前者は 8.4 mM，後者は 4.6 mM のバニリンを生成した（図4）。固定化 Cso2 の方が生成量は少ないが，これはイソオイゲノールおよびバニリンの担体への吸着が一因であることを確認している。さらに，反応後の細胞および固定化酵素を回収し，繰り返し利用について検討した。その結果，Cso2 発現大腸菌細胞は 2 サイクル目の反応では 4.9 mM のバニリンしか生成せず，3 サイクル目以降の反応では活性はほとんど失われていた。これに対して，固定化 Cso2 は 2 サイクル目の反応で 6.3 mM のバニリンを生成し，7 サイクル目の反応でも 50% 以上の活性が維持されていた。このように，Cso2 を Sepabeads EC-EA に固定化することで安定性を向上させることができ，さらに繰り返し反応が可能となった。固定化 Cso2 によるバニリン生産量は，10 回の繰り返し利用により 1 ml スケールの反応で 6.8 mg に達した。一方，Cso2 発現大腸菌細胞の場合は，2.5 mg に留まった（図4）[14]。

　Sepabeads EC-EA への固定化により Cso2 の安定性が向上することを確認したので，つぎに，フェルラ酸からのバニリン生産について検討した。一段階目のフェルラ酸脱炭酸酵素 Fdc についても Sepabeads EC-EA への固定化を試みたところ，活性を維持した状態で固定化可能なこと

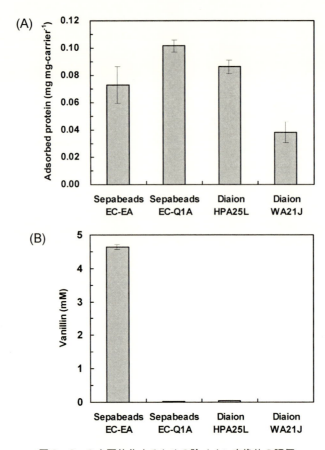

図3　Cso2 を固体化するための陰イオン交換体の評価
（A）担体によるタンパク質吸着量，（B）Cso2 を吸着させた担体のバニリン合成活性。

が明らかとなった。そこで，固定化 Fdc と固定化 Cso2 を反応液に添加し，10 mM のフェルラ酸と反応させてバニリン合成を試みた。その結果，これらの固定化酵素はフェルラ酸から 4-ビニルグアヤコールを経由してバニリンを効率的に生成した（図 5）。さらに，反応後の固定化酵素を回収し，繰り返し利用について検討した。その結果，固定化酵素は 2 サイクル目の反応で 3.5 mM のバニリンを生成した。3 サイクル目，4 サイクル目でも活性が維持されており，それぞれ 3.1 mM，2.4 mM のバニリンを生成した。以上，補酵素非依存型の Fdc と Cso2 を Sepabeads EC-EA に吸着させることにより，固定化酵素によるフェルラ酸からのバニリン生産およびその繰り返し利用の可能性が広がった。なお，それ以降のサイクルではバニリン生産活性が徐々に減少した。反応液中に 4-ビニルグアヤコールの蓄積を確認しており，依然として Cso2 の安定性に課題のあることが示された。最終的に，本方法によるフェルラ酸からのバニリン生産量は，10 回の繰り返し利用により 1 ml スケールの反応で 2.5 mg に達した（図 5）[14]。

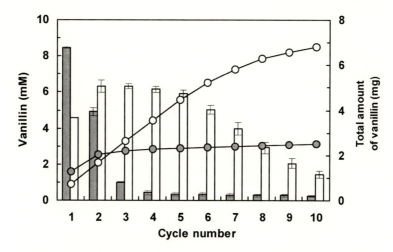

図 4　Cso2 固定化酵素を利用したイソオイゲノールからのバニリン生産
白のシンボルは Cso2 固定化酵素，グレーのシンボルは Cso2 発現大腸菌細胞を
示す。また，バーは各サイクルにおけるバニリン生産量を，丸はトータルのバ
ニリン生産量を示す。

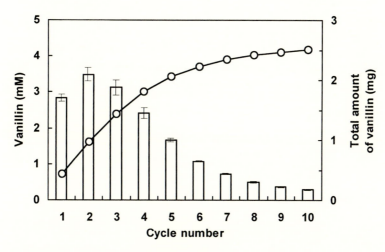

図 5　Fdc および Cso2 固定化酵素を利用したフェルラ酸からのバニリン生産
バーは各サイクルにおけるバニリン生産量を，丸はトータルのバニリン生産量を示す。

5　固定化微生物を利用したバニリン生産

　菌体から取り出した酵素を Sepabeads EC-EA に固定化することによりその安定性が向上し，
繰り返し利用が可能になったが，24 時間の反応を 5 回程度繰り返すと活性は次第に低下するこ
とも明らかとなった。ここで，酵素を発現させた菌体をそのままゲルに包括固定化すれば，安定
性のさらなる向上が期待されると考えた。そこで，固定化微生物によるバニリン生産プロセスに
ついて検討を行った。

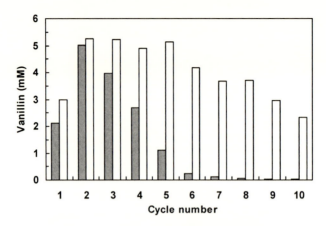

図6　包括固定化した Cso2 発現大腸菌細胞を利用した 4-ビニル
　　　グアヤコールからのバニリン生産
　　　白のシンボルは包括固定化した Cso2 発現大腸菌細胞，グレーの
　　　シンボルは包括固定化していない Cso2 発現大腸菌細胞を示す。

　固定化には使用実績のあるアルギン酸カルシウムゲルを用いた。4-ビニルグアヤコール酸化酵素 Cso2 を発現する大腸菌細胞をアルギン酸ナトリウム溶液と混合後，塩化カルシウム溶液に滴下することで，菌体をゲルにより包括したビーズを作製した。この包括固定化した Cso2 発現大腸菌細胞を用いて 4-ビニルグアヤコールからのバニリン生産について検討を行った。包括固定化していない大腸菌細胞を比較の対象として実験を行なった。Cso2 発現大腸菌細胞および包括固定化ビーズを 10 mM の 4-ビニルグアヤコールと 24 時間反応させたところ，前者は 2.1 mM，後者は 3.0 mM のバニリンを生成した（図6）。さらに，反応後の細胞およびビーズを回収し，繰り返し利用について検討した。その結果，Cso2 発現大腸菌細胞は 3 サイクル目以降の反応で活性が低下し，6 サイクル目以降の反応では活性はほとんど失われていた。これに対して，包括固定化ビーズは 6 サイクル目の反応でも 4.2 mM のバニリンを生成し，10 サイクル目の反応でも 2 mM 以上のバニリンを生成した。このように，酵素を直接固定化する手法のみならず，酵素を発現させた菌体をゲルで固定化する手法によっても，Cso2 の安定性を向上させることができた。この固定化微生物を利用したバニリン生産についての結果は着手したばかりのデータであり（未発表），連続生産プロセスの開発を含め，現在詳細な検討を行っているところである。

6　おわりに

　本章では，微生物や酵素を利用したバニリン生産について，筆者らの固定化酵素を利用した研究を中心に解説した。実用化されている固定化酵素反応プロセスは，加水分解酵素等の補酵素を必要としない酵素を利用したものがほとんどである。一方，従来のバニリン合成経路は ATP と CoA を必要とするため，その供給を考えると固定化酵素反応プロセスへの応用はコスト的，技

術的に困難である．筆者らは，補酵素非依存型酵素の探索とそれらを用いた代替反応経路の構築に成功しており，このことが固定酵素反応プロセスへの応用を可能にした．本章で紹介した固定化酵素や固定化微生物を利用したバニリン生産は初めての例となる．酵素反応の多くは補酵素を必要とするが，本研究のように補酵素非依存型の代替反応経路を構築することができれば，固定化酵素法は汎用性の高い効率的な物質生産プロセスになりうると考えられる．本研究で用いた酵素のイオン交換樹脂への吸着固定化は簡便で有効な手法である．酵素の性質に応じていくつかの樹脂への吸着を試み，固定化酵素の活性や安定性を評価してその中から最適なものを選択するとよいであろう．また，酵素を発現させた微生物菌体を固定化する方法は，酵素の抽出や精製を必要とせず，酵素を菌体成分により保護したより安定な固定化法となる．夾雑する副反応が回避できれば，有効な物質生産プロセスとなる．アルギン酸カルシウムゲルによる包括固定化は代表的な手法であり，本研究において固定化微生物を利用したバニリン生産にも応用可能なことを示した．

　本研究で，固定化酵素や固定化微生物を利用してバニリンを生産可能なことを示すことはできたが，実生産に向けては多くの課題が残されている．4-ビニルグアヤコール酸化酵素の安定性は固定化により大きく向上したが酵素単独では安定性が低いため，現在，不安定化をもたらす要因の解明や安定性の向上について検討を進めている．酵素自体の安定性を高めることができれば，固定化と組み合わせることによりさらなる持続性の高いプロセスが可能になると考えている．今後，固定化微生物・酵素を利用したバニリンの連続生産プロセスの実用化に迫りたい．

実験項　固定化酵素および固定化微生物によるバニリンの生産

［実験操作］
（1）　固定化酵素の調製と反応

　培養後に遺伝子発現を誘導した組換え大腸菌細胞を，10％（v/v）グリセロールを含む100 mM グリシン-NaOH 緩衝液（pH 9.0）に，湿重量で 250 mg/ml となるように懸濁した．超音波破砕後，遠心分離（7,000×g，30 min，4℃）を行い，回収した上清を酵素溶液（約 25 mg protein/ml）として用いた．酵素溶液（1 ml）に，上記の緩衝液で洗浄した担体（Cso2 に対しては 100 mg，Fdc に対しては 50 mg）を添加し，20℃，240 rpm で 3 時間振とうすることにより吸着固定化を行った．振とう後，上記の緩衝液で 3 回洗浄し，これを固定化酵素として用いた．作製した固定化酵素を，上記の緩衝液，10％（v/v）ジメチルスルホキシド，および 10 mM の基質を含む溶液 1 ml に添加し，20℃，240 rpm で振とうすることにより反応を行った．

（2）　固定化微生物の調製と反応

　培養後に遺伝子発現を誘導した組換え大腸菌細胞を，100 mM グリシン-NaOH 緩衝液（pH 9.0）に，湿重量で 600 mg/ml となるように懸濁した．この懸濁液を 2％（w/v）アルギン酸ナ

トリウム溶液と1：1で混合後，マイクロピペットを用いて2%（w/v）塩化カルシウム溶液に滴下し，30分間撹拌することにより組換え大腸菌の包括固定化を行った。これを固定化微生物として用いた。作製した固定化微生物を，上記の緩衝液，10%（v/v）ジメチルスルホキシド，および10 mMの基質を含む溶液3 mlに添加し，20℃，120 rpmで振とうすることにより反応を行った。

[注意・特徴など補足事項]

a) イオン交換樹脂への吸着固定化では，タンパク質のみならず，基質や変換産物等も吸着してしまうことがあるので，注意を要する。

b) アルギン酸カルシウムによる包括固定化では，反応が進行すると時間経過とともにゲルが崩壊し，酵素や微生物が漏出する場合がある。その時は，塩化カルシウムの添加によってゲルの強度を維持し，ゲルの崩壊を抑制することがある。

文　　献

1) N. J. Walton, M. J. Mayer, A. Narbad, *Phytochemistry*, **63**, 505-515（2003）

2) A. Mell, U. Kragl, *Green. Chem.*, **13**, 3007-3047（2011）

3) N. J. Gallage, B.L. Møller, *Mol. Plant*, **8**, 40-57（2015）

4) S. Mathew, T. E. Abraham, *Crit. Rev. Biotechnol.*, **24**, 59-83（2004）

5) D. Hua, C. Ma, L. Song, S. Lin, Z. Zhang, Z. Deng, P. Xu, *Appl. Microbiol. Biotechnol.*, **74**, 783-790（2007）

6) M. M. Bomgardner, *Chem. Eng. News*, **92**（6），14（2014）

7) S. Achterholt, H. Priefert, A. Steinbüchel, *Appl. Microbiol. Biotechnol.*, **54**, 799-807（2000）

8) P. Barghini, G. D. Di, F. Fava, M. Ruzzi, *Microb. Cell Fact.*, **6**, 13（2007）

9) S. H. Yoon, C. Li, J. E. Kim, S. H. Lee, J. Y. Yoon, M. S. Choi, W. T. Seo, J. K. Yang, J. Y. Kim, S. W. Kim, *Biotechnol. Lett.*, **27**, 1829-1832（2005）

10) M. W. Bhuiya, S. G. Lee, J. M. Jez, O. Yu, *Appl. Environ. Microbiol.*, **81**, 4216-4223（2015）

11) L. Barthelmebs, C. Diviès, J. F. Cavin, *Appl. Environ. Microbiol.*, **67**, 1063-1069（2001）

12) T. Furuya, M. Miura, K. Kino, *Chembiochem*, **15**, 2248-2254（2014）

13) T. Furuya, M. Miura, M. Kuroiwa, K. Kino, *N. Biotechnol.*, **32**, 335-339（2015）

14) T. Furuya, M. Kuroiwa, K. Kino, *J. Biotechnol.*, **243**, 25-28（2017）

第19章　酵素バイオ電池の基礎技術と新展開

加納健司[*]

1　生物の持つエネルギー変換機能

　好気性生物は，食物としてグルコースのような還元剤を摂取し，酸素呼吸の過程でそれらを二酸化炭素に酸化し，ATP を生産している。代謝・呼吸とは逆に，光合成では水を光酸化して酸素とし，二酸化炭素をグルコースに還元し還元力を蓄える。つまり，1.25 V 程度の標準電位差がある二酸化炭素／グルコースと酸素／水の2つの酸化還元対の間を電子が行き来してエネルギー変換している。バイオ電池とは，生物の持つエネルギー生産経路を利用して，糖や水素などを酵素触媒で電極酸化し，生ずる電子で酸素を酵素触媒で電極還元することによって，酸化還元反応エネルギーを電気エネルギーとして取り出すデバイスである（図1）。原理的には生物がエネルギー源とするあらゆる物質を燃料として使用できる。電極触媒として酵素を用いる場合を酵素バイオ電池という[1,2]。

　電池反応とはアノード反応とカソード反応を直列に接続したものであるが，その特性を知るためには，各単極の特性を知ることが重要である。その考え方の基礎を図2に示した。図2（A）は，アノードおよびカソードで生じる電極反応の定常電流-電圧曲線である。カソードにおける電流の正負を反転させたものが（B）となる。（B）の四角部分が出力を示すので，出力の向上とは，電位差をより大きくし，電流を増大させることである。

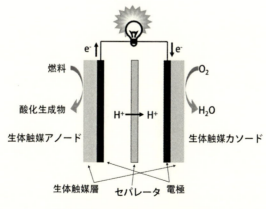

図1　バイオ電池の基本的構成

＊　Kenji Kano　京都大学　大学院農学研究科　教授

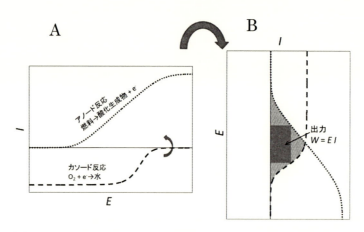

図2 （A）燃料電池の単極反応における仮想ボルタモグラムと（B）電池の出力の関係

2　酵素機能電極反応

　酸化還元酵素反応と電極反応の共役は，酵素機能電極反応とよばれる。酵素機能電極反応により，糖や有機酸，酸素（O_2）などの生体関連物質を温和な条件下で電気化学的に酸化あるいは還元させることができる。燃料の多様性や，安全管理の上からも，酵素機能電極反応は優れた利点を持つ。一方で，極端な条件では酵素が不可逆的に変性し失活することもある。

　図3に酸化還元反応と電極反応の共役形式を示した。酸化還元酵素と電極の共役は，低分子酸化還元物質（メディエータ）を介して電子を授受するメディエータ型（mediated electron-transfer, MET型）と酵素と電極間で直接電子を授受する直接電子移動型（direct electron-transfer, DET型）に大別される。

3　MET型酵素機能電極

　一般に酵素反応は基質に対して高い特異性があるとされているが，ほとんどの酸化還元酵素では，一方の基質に対する特異性は低い。例えば酸素を電子受容体とするグルコース酸化酵素（GOx）は，様々な低分子酸化体を電子受容体とし，脱水素酵素的のような振る舞いでグルコースの2電子酸化を触媒する。またマルチ銅酸化酵素（MCO）は，様々な低分子還元体を電子供与体とし，酸素の4電子還元を触媒する。この性質により，ほとんどの酸化還元酵素でMET型反応を組み立てることができる。MET型反応とは，特異性の低い方の基質を人工のメディエータに置き換えることに他ならない。この反応系の電流-電圧曲線等の考え方については，参考文献を参照されたい[3]。

　上述のように酵素（E）-メディエータ（M）間の電子移動は非特異的である。このため，分子構造のよく似たM_jとM_iの特性については直線自由エネルギーの関係（linear free energy relationship；LFER）が成り立つ[3]。

$$\log \left(\frac{k_{2,j}}{k_{2,i}} \right) = \beta \log \left(\frac{K_j}{K_i} \right) = -\beta \frac{\Delta G^{\circ'}_j - \Delta G^{\circ'}_i}{2.303RT} = \beta \frac{n'_M F(E^{\circ'}_{Mj} - E^{\circ'}_{Mi})}{2.303RT} \qquad (1)$$

ここで，k_2：E-M 間電子移動の二次反応速度定数，K：E-M 反応の平衡定数，$\Delta G^{\circ'}$：E-M 反応の条件標準反応ギブズエネルギー，$E^{\circ'}_M$：M の条件酸化還元電位，n'_M：E-M 反応の律速段階の M の電子数，β：比例定数（$0 < \beta < 1$）である（式(1)は基質の酸化反応を想定したものであり，基質の還元反応では符号は反対となる）。すなわち，同系列のメディエータでは，酵素からメディエータへの電子移動速度定数（k_2）は，$E^{\circ'}_M$ が正になるにしたがい指数関数的に増加する。しかし，電位差が十分大きくなると，その速度定数は，ある極限値に収束する。この極限値は拡散や長距離電子移動といったような $E^{\circ'}_M$ に依存しない因子で決まる。この速度定数を $k_{non-LFER}$ とし，式(1)の性質をもつ速度定数を k_{LFER} とすると，k_2 は次式で表される[3]。

$$\frac{1}{k_2} = \frac{1}{k_{LFER}} + \frac{1}{k_{non-LFER}} \qquad (2)$$

図 3　直接電子移動およびメディエータ型電子移動による酵素機能電極反応の模式図

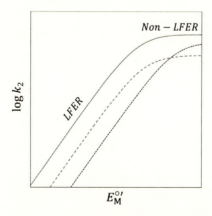

図 4　酵素-メディエータ間の二次反応速度定数 k_2 とメディエータの酸化還元電位 $E^{\circ'}_M$ の関係

図4に，この関係を模式的に描いた。酵素電極反応を有効に利用する上では，小さい過電圧で，大きな電流密度を得ることが肝要であることから，同系列のメディエータでは，図4の曲線の折れ曲がり部分に位置するものが最適となる。一方，図4で縦軸方向へのずれは，E-M間の静電相互作用，立体因子等の微視的な特性を反映する。このようにして最適のメディエータを選択・合成し，さらに溶解度の調節や高分子化を志向して適切なメディエータを設計する。

図5に，MET系のメディエータとしてよく使われるレドックスハイドロゲルを示した。Poly

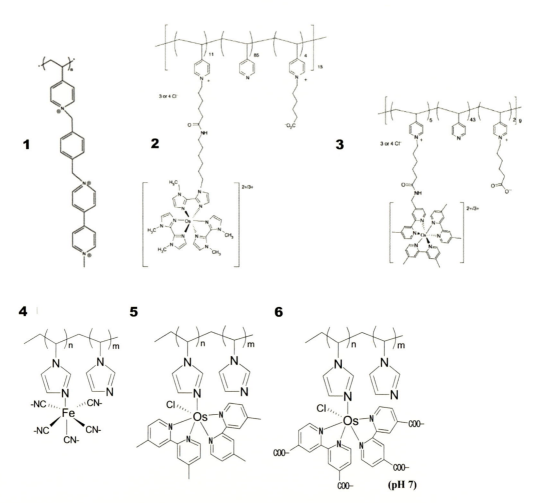

図5　MET系メディエータとしてよく用いられるレドックスハイドロゲル
（カッコ内は酸化還元電位 vs. Ag｜AgCl｜KCl(sat.)）

1：*N*-(4-bromomethylphenylmethyl)-*N'*-methyl-4,4'-bipyridinium dibromide と PVP を縮合さハイドロゲル（−0.48 V）[5]，2：Os dimethyl biimidazole 錯体（Os(dmdim)$_3$）と PVP を縮合させたハイドロゲル（0.20 V）[4]，3：Os dimethyl bipyridine 錯体（Os(dmdim)$_3$）と PVP を縮合させたハイドロゲル（0.15 V）[4]，4：poly(1-vinylimidazole)（PVI）に pentacyanoferrate を配位させたハイドロゲル（0.21 V）[6]，5：PVI に Os(dmbpy)$_2$Cl を配位させたハイドロゲル（0.16 V），6：PVI に Os(dicarboxy biimidazole)$_2$Cl を配位させたハイドロゲル（0.20 V）[6]

(4-vinylpyridine)（PVP）や poly(1-vinylimidazole)（PVI）をバックボーンとして，金属錯体を配位あるいは縮合させたものが多い[4]。作成法に関しては原著を参考にされたい[4~6]。錯体の電位はリガンドの置換基の電子的効果が加成的になるので，特に Os 錯体の場合，その酸化還元電位を比較的容易にチューニングできる[6]。また，これらハイドロゲルのピリジンやイミダゾール部分には poly(ethylene glycol) diglycidyl ether（PEGGDE）を用いて酵素を架橋できる[4]。Poly(1,1,2,2-tetrafluoroethylene)（PTFE）をバインダーとして Ketjen black（KB）を電極上に修飾し表面積が大きな多孔質電極を作成し，この電極上に，酵素，ハイドロゲルおよび PEGGDE をまぜて塗布すれば，高い電流密度の MET 型酵素固定化電極を作成することができる。

4　DET 型酵素機能電極反応

　この反応系を実現できる酵素は現時点では限られているが，世界の研究者がこの反応に注目しており，その進展は著しい。DET 型の酵素機能電極反応が進行する条件として，第一基質の触媒反応部位と，第二基質との電子授受部位に相当する2つ以上の酸化還元部位を有する酸化還元酵素であることが挙げられる（GOx のように酸化還元部位が1つしかない酵素に対しても DET 反応の報告があるが，遊離した補酵素による MET 反応であることを否定できず，現時点は，この種の酵素が DET 反応したという明確な証拠は出されていない）。DET 型の酵素電極反応では，酵素と電極が直接接触することが必須であり，多重酵素層ではなく単分子層とするのが好ましい。多孔質電極の場合，単純な物理吸着で十分である。また，DET 反応する部位は触媒部位ではなく電子授受部位であり，その電子移動は長距離型であり，電子授受部位と電極との距離 d の増加とともに速度定数 k は指数関数的に減少する。

$$k = k° \exp[- \beta (d - d°)] \tag{3}$$

ここで，$d°$ は電子授受部位が電極に最近接した時の距離で，$k°$ はその時の反応速度定数である。また，β は電子移動する媒質に依存する定数で，タンパク質の場合，$\beta = 14 \, \text{nm}^{-1}$ とすると k は d がたった 1 Å 増加だけで 1/4 になり，2 Å 増加すると 1/16 まで減少してしまう。したがって図6（A）のように平面電極でランダムに配向すると d が大きくなる配向確率が増え，平均的な k は極めて小さくなり，DET 反応は観察しにくくなる。これに対して，メソ孔（直径 2~50 nm の細孔）を有する多孔質電極に酵素が吸着した場合，曲率効果で近距離での接触確率が増加し k の減少を抑えることができ DET 反応を観察できるようになる[7]。また，図6（B）のようにミクロ孔（直径 2 nm 以下の細孔）の頂点に酵素が吸着したとき，その頂点での電気二重層が三次元的に広がるためその厚みが薄くなり，電場が極めて大きくなる[8]。このことによりその点での k が増加する。したがって，電極表面はミクロ孔レベルで凹凸があることが DET 反応には有利となる。さらに図6（C）に示したように，電子授受部位の電荷が偏っている場合には，反対の電

荷になるよう化学修飾することにより，より均一な配向が得られる場合が多い（例えば文献9），
10））。

　基質が十分存在するときは，DET型触媒反応電流は，掃引速度に依存せず定常となり，その
電流-電圧曲線は，一般には図7（A）のように，電極での電子移動速度定数（$k°$）と酵素触媒
反応速度定数（k_c）の比に依存して変化する。図8（B）のように，配向がよくkが大きい酵素
によるシグモイダルな形と，kが小さくランダムに配向した酵素による斜めに徐々に増加する形
とに近似的に分けると考えやすい[11]。シグモイダル部分は近似的に可逆として考察することがで
きる[11,12]。もちろん，このシグモイダル部分が大きくなるということは，$k°$が大きくなることと，
良好配向割合が多くなったことを意味する。このような電流-電圧曲線の形を指標に酵素の配向
を議論し，最適化することが必要である。

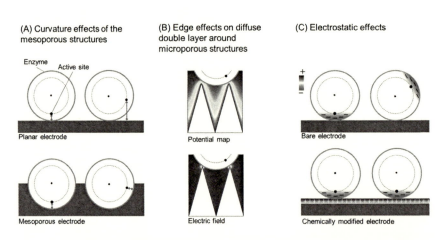

図6　（A）球形酵素が平面電極とメソポーラス電極に吸着したときの，酵素と電極の
　　　距離の違いを示した模式図，（B）ミクロ孔の頂点に酵素が吸着したときの電位
　　　と電場，（C）静電相互作用で配向が均一化することを示した模式図

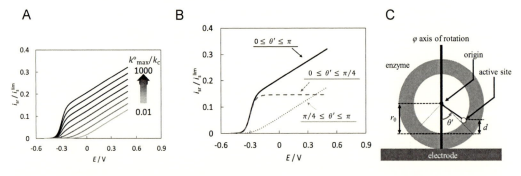

図7　（A）様々な$k°/k_c$比におけるランダム配向を想定した定常的触媒電流-電圧曲線，（B）DET反応
　　　の電流-電圧曲線（実践）を電極に都合よく配向した成分（破線）と都合の悪く配向した成分（破
　　　線）に分解した考え方，（C）球形酵素が電極にランダム吸着したときのパラメータ

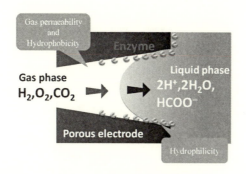

図 8　ガス拡散電極の概念図

5　バイオ電池の現状

　近年では，多孔質電極を用いることにより，MET 反応でも DET 反応でも，静止下で投影面積あたり数十 mA cm^{-2} 程度のバイオ電解が実現されている。適当なバイオアノードとバイオカソードを組み合わせ様々なバイオ電池が報告されている。バイオカソードでは，MCO 酵素の一種であるビリルビン酸化酵素を触媒とした O$_2$ 還元反応を行うケースが多い。O$_2$ は水溶液での溶解度が低いので，溶存 O$_2$ を用いるとすぐに濃度分極を起こし出力が低下してしまう。そこで気相からガスを直接供給するガス拡散電極（図 8）を用いる。この場合，ガス透過のために疎水性が必要で，酵素反応のために親水性が必要であるので，三相界面の構成が重要になる。詳細は文献 13) を参考にされたい。このようなガス拡散電極は，O$_2$ に限らず，H$_2$，CO$_2$ のバイオ電解にも極めて有効である。水素電解触媒のヒドロゲナーゼや二酸化炭素還元触媒のギ酸脱水素酵素は，気体の基質を利用するという特性もこのことを支持する。

　現在までの主なバイオ電池の静止下での出力の遷移を図 9 に示す。MET 型ではグルコースの 2 電子酸化による電池が発表され[14]，2010 年には出力 10 mW cm^{-2} となった[15]。さらにギ酸を燃料とする電池により世界最高出力 12 mW cm^{-2} が達成され，その開回路電圧 1.2 V は理論値 1.25 V に極めて近い。一方，DET 型ではフルクトースの 2 電子酸化のバイオ電池が初めて発表されたが，出力は 0.4 mW cm^{-2} と低かった[17]。その後 DET 反応の理解が進み，改良され 2.6 mW cm^{-2} まで向上した[18]。さらに H$_2$ を燃料とする電池では室温で 6.1 mW cm^{-2} [13] と 40 ℃ で 8.4 mW cm^{-2} まで向上した。開回路電圧は 1.1 V である（理論値 1.23 V）[19]。

　酵素バイオ電池は，無限の様式が考えられ，大きな夢がある。現在では，太陽電池並に達している。また，生体への埋め込み型としての応用も謳われており，特に米国では盛んに行われている。しかし酵素バイオ電池には，長期連続運転における耐久性に関して大きな課題が残っている。現実論で考えるならば，市場をにらんだ酵素バイオ電池の適用例を示すことにより，学際的研究が一層進展できると思われる。

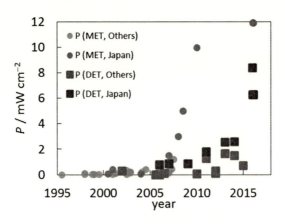

図9 バイオ電池の出力の増加

実験項1 MET 用の Os（dmbpy）₂Cl-PVI 修飾電極の作成法

［実験操作］

① （NH₄）₂[OsCl₆]（0.57 mmol）と 2 倍 の 物 質 量 の 4,4´-dimethyl-2,2´-bipyridine を 9 mL の ethylene glycol に溶かし，2 h 還流する。常温に戻してから，1 M の Na₂S₂O₄ を 15 mL 加え錯体を還元し，氷浴で 30 min 冷却し，Os(dmbpy)₂Cl₂ を黒緑の結晶として得る。

② 一方，6 mL の 1-vinylimidazole に 0.5 g の 2,2´-azobisisobutyronitrile を加え 70℃で 2 h アルゴン気流下で反応させる。冷却後黄色の沈殿物を得る。これを methanol に再溶解し，acetone を滴下し白色沈殿を得る。これをろ過して，PVI を得る。

③ ①で得た Os(dmebpy)₂Cl₂（66 mg, c.a. 0.105 mmol）と②で得た PVI(100 mg, c.a. 1.05 mmol）を 100 mL の ethanol に溶かし，3 日間還流する。冷却後，反応物に diethyl ether を加え Os(dmbpy)₂Cl-PVI を沈殿させる。沈殿物をろ過，乾燥後，10 mL のリン酸緩衝液（10 mM, pH 7.0）に溶かし，4℃で保存する。ハイドロゲルの最終濃度は約 18 mg mL⁻¹ となり，PVI の imidazol 基 10 あたりに 1 つ程度の割合で Os(dmebpy)₂Cl が配位する。

④ 電極に③で得た Os(dmbpy)₂Cl-PVI と PEGDGE と固定化する酵素を混ぜ，4℃で 24 h 乾燥させる。Os(dmbpy)₂Cl-PVI と PEGDG の重量比は 2：1 程度で，酵素量は活性との兼ね合い調整する。この電極を軽く水洗いし，電気化学測定に用いる。電極としては，後に述べるような多孔質電極が好ましいが，カーボンフェルトでも可能である。またセンサー等小型の電極を作る場合，グラッシーカーボンのような平板電極も使うことができる。

実験項2 DET 反応用の酵素／KB 修飾電極の作成法

［実験操作］

KB 粉末と PTFE 粉末を 4：1 程度 2-propanol に混ぜ，氷浴上で 3 min ホモジナイザーで混

合し，KB スラリーを作成する。PTFE 量を増加させれば疎水的になることを念頭にいれ，混合比は適宜調整する。KB スラリーを carbon paper に 50 μL cm^{-2} 程度塗布する。これを 60℃で乾燥し，KB 修飾電極を作成する。この上に，酵素液を適当に塗布し乾燥させ，酵素／KB 修飾電極とし，電気化学測定に供する。

文　　献

1）　バイオ電気化学の実際，監修：池田篤治，シーエムシー出版（2007）
2）　バイオ電池の最新動向，監修：加納健司，シーエムシー出版（2011）
3）　北隅優希，加納健司，酵素・微生物を用いた電極反応，*Electrochemitry*, **83**, 1079-1084（2015）
4）　A. Heller, *Curr. Opin. Chem. Biol.*, **10**, 664-672（2006）
5）　K. Sakai, Y. Kitazumi, O. Shirai, and K. Kano, *Electrochem. Commun.*, **65**, 31-34（2016）
6）　S. Tsujimura, K. Kano, and T. Ikeda, *Chem. Lett.*, 1022-1023（2002）
7）　Y. Sugimoto, Y. Kitazumi, O. Shirai, and K. Kano, *Electrochemistry*, **85**, 82-87（2017）
8）　Y. Kitazumi, O. Shirai, M. Yamamoto, and K. Kano, *Electrochim. Acta*, **112**, 171-175（2013）
9）　H. -q. Xia, Y. Kitazumi, O. Shirai, and K. Kano, *J. Electroanal. Chem.*, **763**, 104-109（2016）
10）　H. -q. Xia, K. So, Y. Kitazumi, O. Shirai, K. Nishikawa, Y. Higuchi, and K. Kano, *J. Power Sources*, **335**, 105-112（2016）
11）　K. So, R. Hamamoto, R. Takeuchi, Y. Kitazumi, O. Shirai, R. Endo, H. Nishihara, Y. Higuchi, and K. Kano, *J. Electroanal. Chem.*, **766**, 152-161（2016）
12）　K. Sakai, Y. Kitazumi, O. Shirai, K. Takagi, and K. Kano, *Electrochem. Commun.*, **84**, 75-79（2017）
13）　K. So, K. Sakai, and K. Kano, *Curr. Opin. Electrochem.*, **5**, 173-182（2017）
14）　H. Sakai, T. Nakagawa, A. Sato, T. Tomita, Y. Tokita, T. Hatazawa, T. Ikeda, S. Tsujimura, and K. Kano, *Energy Environ. Sci.*, **2**, 133-138（2009）
15）　H. Sakai, T. Nakagawa, H. Mita, H. Kumita, and Y. Tokita, *Electrochem. Soc.*, **1001**, 396（2010）
16）　K. Sakai, Y. Kitazumi, O. Shirai, K. Takagi, and K. Kano, *ACS Catalysis*, **7**, 5668-5673（2017）
17）　Y. Kamitaka, S. Tsujimura, N. Setoyama, T. Kajino, and K. Kano, *Phys. Chem. Chem. Phys.*, **9**, 1793-1801（2007）
18）　K. So, S. Kawai, Y. Hamano, Y. Kitazumi, O. Shirai, M. Hibi, J. Ogawa, and K. Kano, *Phys. Chem. Chem. Phys.*, **16**, 4823-4829（2014）
19）　K. So, Y. Kitazumi, O. Shirai, K. Nishikawa, Y. Higuchi, and K. Kano, *J. Mater. Chem. A*, **4**, 8742-8749（2016）

第20章　プリンタブル電気化学バイオセンサーの開発

民谷栄一*

1　はじめに

　バイオセンサーは，生体の有する優れた分子識別機能を活用し，これと電極，半導体，光検出素子などのデバイスから構成される計測装置である。特に生体や環境などの状態を分子レベルで精密に理解できるため多くの有益な情報を与える。作製技術としてスクリーン印刷，ナノインプリントなどのプリンタブル技術は，量産可能で特性の良いバイオセンサーを開発するうえで，きわめて有用である。著者らは，プリンタブル電極だけでなくこれを接続するモバイル型の電気化学計測装置を開発し，モバイルバイオセンサーへと展開している。いうまでもなくモバイルPCや携帯電話の広がりに伴いこれとリンクしたセンサー開発が進んでいる。特に，Point of care testing（POCT）用としてどこへでも容易に持ち運びが可能，身体に装着したままで利用可能であるといったモバイルで測定可能なバイオセンサーの開発が，実用化を図る上で有用とされている。こうしたモバイルバイオセンサーの用途は健康医療，環境保全，食の安全などにも貢献できる（図1）[1,2]。

図1　モバイルバイオセンサーとその応用分野

＊　Eiichi Tamiya　大阪大学　大学院工学研究科　教授；産総研・阪大先端フォトニクス・バイオセンシングオープンイノベーションラボラトリー　ラボ長

2　プリンタブル電極を用いたモバイルバイオセンサー[3~6]

　バイオセンサーに用いる電極には，電気化学計測用として通常用いられる作用極，対極，参照極の3極が必要である。たとえば，作用極や対極にはカーボン，金電極が，参照極にはAg/AgCl電極などが用いられる。こうした電極材料をスクリーン印刷するためには，インク状の粘性を有する高分子材料と混合して用いられる。そのため，最終的には導電性を有する加工処理が求められる。印刷基板には，セラミック，プラスチック，紙材料も可能で透明かつフレキシブルな印刷電極も作製できている（図2）。著者らは，バイオデバイステクノロジー社と連携して量産可能な印刷電極を種々開発している。作用極，対極，参照極の3電極を同一基板上に作成した電極から作用極を複数配置したマルチ電極，光計測も同時にできるようにした透明印刷電極，遺伝子増幅のためのPCRチューブにちょうど配置できるPCR電極，電極基板上に試料溶液をドロップできるようにした電極などの作製も実現している（図2）。こうした印刷電極チップはモバイル型バイオセンサーに有効である。すでに著者らが開発している手のひらサイズの電気化学装置と組み合わせて用いる。この電気化学装置は，65gと軽量であるが，測定モードとしてCV（Cyclic Voltammetry）LSV（Linear Sweep Voltammetry）CA（Chronoamperometry）DPV（Differential Pulse Voltammetry）SWV（Square Wave Voltammetry）を有しており，タブレッ

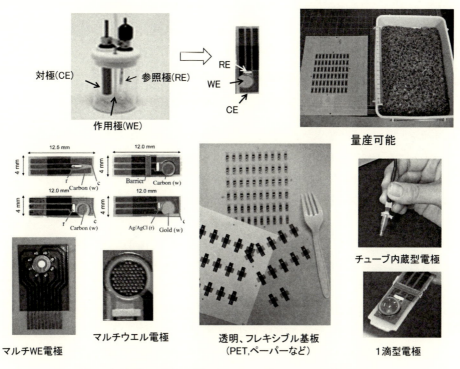

図2　印刷電極 - 量産・安価・フレキシブル・マルチ機能を実現

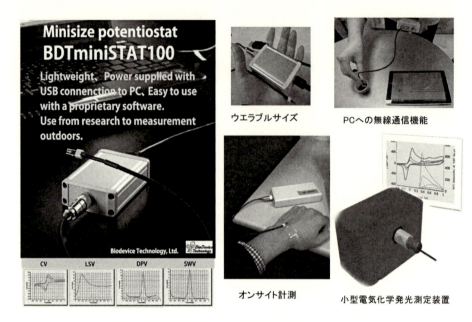

図3　小型軽量ウエラブル無線機能を有する計測装置

トやノート型 PC に USB を介して接続され，PC の充電電源で稼働できるため，戸外でのフィールド測定や移動中の測定なども可能である。ウエラブルな測定部からタブレット PC へとブルーツースなどの wireless で信号を伝送するシステムもできており，運動時や睡眠時などの無意識計測用への応用も可能となっている（図3）。

3　酵素の固定化と酵素センサーの特製評価[7]

　バイオセンサーのうち，酵素分子識別素子として用いたのが酵素センサーであり，バイオセンサーではもっとも一般的なものとなっている。酵素は水溶性であるから，それをバイオセンサーに用いるためには，水不溶性の担体に固定化する必要がある。酵素センサーにおける固定化酵素の形状は，膜状とビーズ状などがあるが，電極に直接装着することができる膜状が用いられる。このような酵素センサーを，膜型酵素センサーと称する。酵素固定化法としてよく用いられるのは，①担体結合法，②架橋化法，③包括法，④吸着法である（図4）。①は多孔性の高分子膜に，直接酵素を共有結合させる方法である。担体としては，アセチルセルロース，コラーゲン，ポリビニルクロリド，ポリビニルアルコール，ポリグルタミン酸，ポリビニルブチラールなどが用いられる。いずれも，親水的で多孔性であることが有用である。②はグルタルアルデヒト（GA）のような二官能性試薬を用いて，酵素分子間に共有結合を導入して酵素を不溶化する方法である。非常に簡便で，任意の形状にできる利点を持つが，酵素が失活しやすいことや，膜強度がやや弱いなどの欠点がある。担体を用いることにより，強度上の欠点を補う試みをなされている。

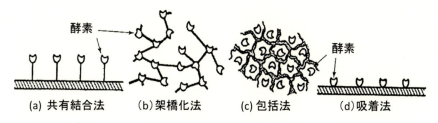

(a) 共有結合法　　(b)架橋化法　　(c) 包括法　　(d)吸着法

図4　酵素固定化膜の作成法

①と並び多用されている方法である。③はポリアクリルアミドやコラーゲンなどの高分子ゲルマトリックス中に，酵素を閉じ込める方法である。比較的簡単であり，任意の形状にできる反面，酵素の漏出や固定化時の失活などの可能性がある。光架橋可能なポリマーに溶解させた後に，光照射し，重合させてポリマー内に酵素を包括固定化することも可能となっている。④の方法はニトロセルロースなどの多孔性を酵素水溶液に含浸させ，酵素分子を膜に吸着させるものである。センサーに装着するときは，さらに外側を透析膜で覆って酵素の漏出を防ぐことが行われる。

　こうした酵素固定化に要求される条件としては，①基質や生成物の透過性がよいこと，②酵素分子を高密度で結合できること，③固定化時の酵素の失活が少ないことなどがあげられ，種々の固定化方法が検討されている。また，半導体微細加工技術やファイバー技術により作成された微小電極の特定領域にのみ，高密度に酵素を固定化する方法が求められており，集積型のマイクロバイオセンサーを作成する際には，近接した微小部分に選択的に何種類かの酵素を固定化する必要もある。これらの目的のため，蒸着法を利用した方法，インクジェットノズルを用いた滴下法，写真製版技術を利用した方法，リフトオフ法を応用した方法なども開発されている。

　酵素センサーの特性を議論するモデルとして，電極上に膜状に固定化された酵素の特性について示す。図5に示すように，左端が閉じており，右側に溶液部との境界を有するモデルを仮定する。このモデルを用いて，たとえば，膜型のバイオセンサーの酵素膜部分の性質を理解することができる。今，酵素反応は Michaelis-Menten 式に，基質や生成物は Fick の第二法則に従うとすると，均一層では次式のようになる。

$$E + S \underset{k_{-1}}{\overset{k_1}{\rightleftarrows}} ES \overset{k_2}{\longrightarrow} E + P \tag{1}$$

$$\frac{dC_S}{dt} = \frac{k_2[E]_0 C_S}{K_M + C_S} \tag{2}$$

ここで，C_S：基質濃度，$k_2[E]_0$：酵素活性，K_M：ミカエリス定数（$k_2 + k_{-1}/k_{-1}$）。

　一方，酵素固定化膜部分では，以下のような関係式が得られる。

$$\frac{\partial C_S}{\partial t} = D_S \frac{\partial^2 C_S}{\partial X^2} - \frac{k_2[E]_0 C_S}{K_M + C_S} \tag{3}$$

ここで，D_S：膜内での基質の拡散係数。

　定常状態を仮定し，上のような2次の非線形の微分方程式となる。これの解を得るためには二

つの束縛条件が要求される。ここでは次の境界条件が設定される。すなわちゼロ地点では，基質，生成物濃度の両者は一定値へと落ち着く。また，L地点では，溶液部と同じ基質濃度となる。

$$\frac{dC_S}{dX}\bigg|_{X=0} = \frac{dC_p}{dX}\bigg|_{X=0} = 0 \tag{4}$$

$$C_S\big|_{X=L} = C_S^0 \tag{5}$$

今，簡単にするために基質と生成物の拡散定数を同じとし，生成物濃度は溶液部ではゼロとなる。この様子を図6に示す。式(4)は，溶液部から膜外表面への物質移動は律速ではないことや基質が選択的に膜内に分配されないことを意味しており，実際の系では，こうした点も考慮しなければならないが，今回のモデルでは簡単化している。以下のように，酵素膜の全長に対する位置とバルクの基質濃度に対する濃度の変数を規定することにより，変数を減らすことができる。こうした変数の操作は，次のような無次元化された式を成立させる。

$$\overline{C}_S = C_S/C_S^0$$
$$\overline{X} = X/L$$
$$\overline{K}_M = K_M/C_S^0$$

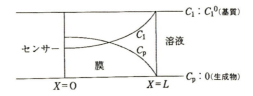

図5　酵素センサー膜での基質及び生成物の濃度分布

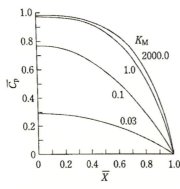
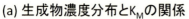

(a) 生成物濃度分布とK_Mの関係

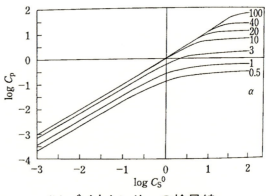

(b) バイオセンサーの検量線

図6　酵素センサーの酵素固定化膜の特性と検量線

$$\alpha = \frac{k_2[\mathrm{E}]_0 L^2}{K_\mathrm{M} + \overline{D}_\mathrm{S}}$$

$$\frac{\mathrm{d}^2\overline{C}_\mathrm{S}}{\mathrm{d}\overline{X}^2} - \frac{\alpha\,\overline{K}_\mathrm{M}\overline{C}_\mathrm{S}}{\overline{K}_\mathrm{M} + \overline{C}_\mathrm{S}} = 0 \tag{6}$$

この式は α と K_M の二つの因子に依存している。α は固定化酵素膜の性質を表しており、K_M は、遊離酵素の特性と溶液部での基質濃度に依存している。なお実際には、固定化されている酵素は、K_M、k_2 などの数値が遊離状態の酵素とは異なるが、ここでは簡単化している。そこで、式(6)を式(4)、(5)の境界条件で成立する非線形の代数方程式として数値計算法により解くと、図6(a)(b)のような、基質や生成物濃度のプロファイルが得られる。図6(a)は生成物濃度のプロファイルであり、K_M の値が大きくなるにつれて C_p が急速に増大する。$X = 0$ での濃度は、バイオセンサーでのセンサー感応部での生成物濃度に対応する。センサー表面での生成物濃度とバルクでの基質濃度の関係を、酵素ロード量に対応する α を変化させながらプロットしたのが、図6(b)である。これは、いわばバイオセンサーの検量線であり、α によって検量範囲が変化することが示される。

4　プリンタブル電極を用いた酵素センサー

バイオセンサーとしては、血糖値センサーが最初であるが、このセンサーでは、酵素固定化膜と電極が用いられた。血糖値であるグルコースを選択的に酸化触媒する酵素であるグルコースオキシダーゼを電極上に固定化することにより、反応により消費される溶存酸素を電極で測定するものであった。これはその後、1991年に京都第一科学（現アークレイ）と松下電器（現パナソニック）が、印刷電極を用いて量産化に成功し、現在、在宅血糖値センサーとして数千億円（世界市場）に至っている。ここでは、著者らが行ったプリンタブル電極上に乳酸オキシダーゼを固定化して汗の乳酸を測定した事例を示す。

乳酸オキシダーゼを薄膜状に固定化するために、使用した樹脂の主骨格はポリビニルアルコール（PVA）で、PVAの所々に感光基を有した構造を持つ。300〜400 nmの光が照射されると、この感光基が活性化し、ある感光基は電極基板に結合し、ある場所では感光基同士が結合する。これらの反応が進むことで、電極上にPVAの立体的な網目構造が形成される（図7）。酵素は、この網目構造内に封じ込められる形になり、流れ出ないように配置されている。以上の手順に従い、光硬化性樹脂で乳酸オキシダーゼおよびメディエーター（フェリシアン化カリウム）を固定化したプリンタブル電極を作製した。なお、メディエーターは、酵素反応と電極反応を仲介するもので、図8にその様子を示す。なお、メディエーターの流出を抑制する目的で、酵素固定化ののち、光硬化性樹脂のみを再積層した。

この酵素固定化電極を使用して、乳酸溶液を滴下し、電気化学計測を行った。印加電圧 + 1.0 V にてクロノアンペロメトリー計測を実施したところ、図9(a)に示すアンペログラムを得た。計測

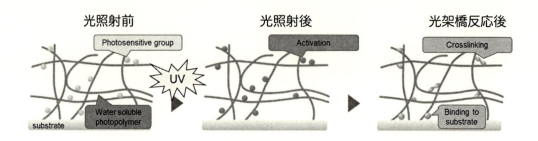

http://www.toyogosei.co.jp/rd/bio.html を一部改変

図7　酵素固定化に用いる水溶性光硬化性樹脂：AWP-MRH

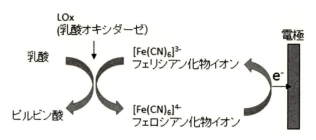

図8　酵素とメディエータを利用した乳酸センサー

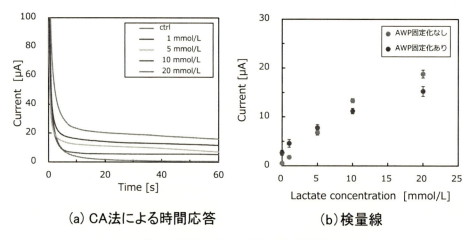

（a）CA法による時間応答　　　　　　　　（b）検量線

図9　乳酸センサーの時間応答と検量線

した電流値は，電圧印加開始とともに急激に減少し，20秒程度で一定値を示した。このアンペ
ログラムにおいて，乳酸標準溶液濃度に対する60秒後の電流値をプロットしたグラフを図9（b）
に示す。乳酸濃度0〜20 mMで良好な直線性を確認した。次に実際のヒト汗試料を測定に供し
たところ，平常時で約27 mM，1時間ランニング後で244 mMとなり10倍ほど濃度が高くなっ
た。また従来法である呈色法と比較した結果ともよく一致しており，この酵素センサーが汗中乳

酸の定量測定が可能であることが示された。

5　プリンタブル電極を用いた遺伝子センサー，免疫センサーへの応用[3~6]

　前述した印刷電極とモバイル型の電気化学計測装置を用いて独自に創案した遺伝子，タンパク電気化学検出手法に応用している。まず，遺伝子センサーでは，DNA 結合性の電気化学メディエーターを用い，電極に DNA プローブを固定せずに DNA ハイブリダイズや増幅プロセスをリアルタイムに測定することを可能とした。すなわち，DNA 増幅に伴い，メディエーターが DNA に取り込まれ，電極への電子移動が阻害される。その結果，電流値減少量が DNA 量と相関する。また，遺伝子増幅プロセスの迅速化を図るためにマイクロ流体を複数の固定ヒータ上を往復しながら迅速に遺伝子増幅を行なうことも実現した。この流路内の電極により増幅遺伝子をセンシングするデバイスも構築した。このセンサーを用いて各種現場を想定した POCT デバイスとして，食中毒サルモネラ，大腸菌 O-157，炭疽菌，院内感染 MRSA 菌，歯周病菌（口腔液）インフルエンザ（鼻腔液），肝炎ウイルス（血液）），ApoE（アルツハイマーリスク因子）などに応用した。

　また，タンパクセンサーとしては，これに特異的に結合する抗体分子にハイブリッドした金ナノ粒子に着目し，これらの電気化学シグナルを捉える新たな方式である GLEIA（Gold Linked Electrochemical ImmunoAssay）法を提案し，実証した。その手法は，プリンタブル電極の作用電極上に抗体を固定し，金ナノ粒子標識抗体と抗原でサンドイッチを形成させ，抗原の量を金ナノ粒子の数として測定する手法である。（図 10）まず，妊娠診断マーカーであるヒト絨毛性ゴナドトロピン（hGC）を用いて検討を行ったところ，サンドイッチを形成し，作用電極上に存在する金ナノ粒子は，測定対象である抗原が多くなるほど金ナノ粒子が多く存在することが確認でき，抗原が多くなるに電気化学的な信号も大きくなることが確認できた。hGC を 6.2 pg/mL の

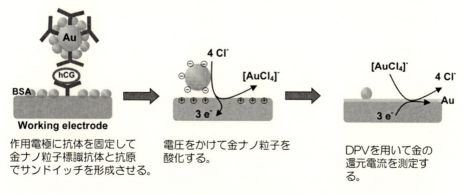

GLEIA (Gold Linked Electrochemical Immunoassay)

作用電極に抗体を固定して金ナノ粒子標識抗体と抗原でサンドイッチを形成させる。

電圧をかけて金ナノ粒子を酸化する。

DPVを用いて金の還元電流を測定する。

図10　金ナノ粒子を用いた電気化学イムノアッセイ

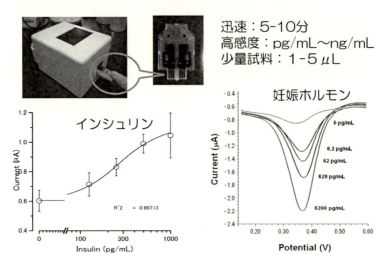

図11　本免疫センサーへのホルモン測定への応用

高感度測定が可能であった（図11）。さらのこの手法を用いて，インシュリンを測定し，血糖値センサーと一体化したHOMA係数を求めるセンサーの作成も実現している（図11）。その他，このデバイスを用いて血液中のCRP（炎症マーカー），唾液試料を用いた唾液IgA（ストレス），尿試料を用いたアルブミンやIgG（腎機能），アンジオテオシン（血圧調節ホルモン）にも応用できている。この免疫センサーの方式は，金ナノ粒子に限らず，他の金属ナノ粒子（銀，パラジウム，白金，銅，コバルト，セリウム，ニッケル，カドミウム，亜鉛など）や半導体ナノ粒子（酸化チタン，酸化亜鉛など）の利用も可能である[8]。金属ナノ粒子の場合は，金属単体もあれば，複数の金属の混合体（合金あるいは単体の結合体）の状態でも可能である。これらのナノ粒子は酸化還元電位など電気化学的特性が異なるため，前処理条件や測定条件などは最適化して用いられる。

6　さいごに[2, 9]

健康を維持し，安全安心な社会を築くインフラ技術としてバイオセンサーは期待値が大きい。特に，疾病からの回復や環境汚染の修復には，多大な社会的出費が発生する。事前に疾病や汚染の兆候を予知できれば，経費節減ともなり，有効な社会投資も可能でその意義は大きい。すでに，自分で指先から採った血液で血糖や中性脂肪などを測従来の規制を緩和が行われ，簡便迅速な診断機器の開発がますます推進されるであろう。著者らは最近，プリンタブル電極上での電気化学発光により唾液からの糖尿病マーカーである糖化アルブミンを高感度に測定できることを示している。こうした血液を用いずに診断するためのツール開発も必要となってくるであろう。また，スマートフォンにリンクさせたバイオセンサー開発も種々行われ始めている。著者らは，スマー

第 20 章　プリンタブル電気化学バイオセンサーの開発

図 12　スマートフォーン内蔵カメラを用いたバイオセンサー

トフォンのカメラ機能を用いたバイオセンサーも開発しており（図 12），今後ますますこうした
モバイル機器を通じた IoT ともリンクしたバイオセンサーが進展することを期待している。

文　　　献

1)　E. Tamiya *et al.*, (editors), Nanobiosensors and Nanobioanalyses, Springer (2015)
2)　民谷ほか（監修），IoT を指向するバイオセンシング・デバイス技術，シーエムシー出版
　　（2016）
3)　民谷栄一，プリンタブル電極を用いたモバイルバイオセンサー，*Electrochemistry*, **83**（1），
　　24-29（2015）
4)　民谷栄一，ポイントオブケア型バイオセンサーの開発とその展開，臨床化学，**44**（2），126-
　　134（2015）
5)　民谷栄一，プリンタブル技術とバイオセンサー開発，化学工業，**65**（10），40-50（2014）
6)　民谷栄一，プリンタブルバイオセンサーの開発，日本印刷学会誌，**51**（1），2-10（2014）
7)　民谷栄一，6.4 生物電気化学と酵素 / 遺伝子センサー，第 5 版　実験化学講座-触媒化学：
　　電気化学（日本化学会編），377-397（2005）
8)　被験物質の測定方法，特許第 5187759 号
9)　民谷栄一，電気化学発光バイオセンシング，**68**（6），61-68（2017）

第21章　DNA アプタマーの固定化とセンサーへの利用

上野絹子[*1]，池袋一典[*2]

1　はじめに

アプタマーとは，標的の分子に対して特異的に結合する核酸リガンドである。標的分子としては蛋白質から低分子化合物まで様々なものが報告されており，その中には抗体に匹敵する pM-nM レベルの解離定数を有するアプタマーも報告されている。そのため，抗体と同様にバイオセンサーへの応用が期待されている分子認識素子のひとつといえる。本章では，これまでに開発されてきたアプタマーの固定化手法を紹介するとともに，固定化したアプタマーを用いた様々な応用例についてまとめる。

2　アプタマーの固定化法

アプタマーの固定化方法として代表的な手法としては，担体へ直接アプタマーを吸着させる吸着法，ポリマーなどの網目構造の担体を用いて固定化する包括法，そしてアプタマーと担体間に共有結合を形成させることで固定化する共有結合法の 3 つの手法が挙げられる。またアプタマーを固定化する際の特徴的な手法として，相補鎖形成を利用するものが挙げられる。これは，共有結合により固定化した一本鎖 DNA に対し，相補鎖形成を介して他の一本鎖 DNA を固定化する方法である。相補鎖形成可能な DNA であるからこそ可能な手法であり，塩基配列特異的な結合を利用して特定の位置への固定化が可能なので，この手法を用いて様々な DNA を固定化した DNA マイクロアレイの作製も可能となった。

2.1　吸着法

アプタマーを単体に固定化する最もシンプルな手法として，静電的相互作用による吸着を用いた手法が挙げられる。代表的な例としては，ポリリジンやニトロセルロース，アミノフェニルトリメトキシレン（ATMS）処理をすることで正電荷に荷電した担体上に，リン酸骨格由来の負電荷を有する DNA を静電的に吸着させる方法が報告されている[1~3]。この手法を用いた DNA マイクロアレイの開発も行われ[4,5]，DNA 固定化の一般的な手法として広く用いられていた。しかし固定化可能な DNA 量は面積に依存するので，固定化最大量が限られてしまう。また単なる

＊1　Kinuko Ueno　東京農工大学　大学院工学府　生命工学専攻

＊2　Kazunori Ikebukuro　東京農工大学　大学院工学研究院　教授

吸着で固定化されているために外れやすく，さらに非特異的吸着が多いといった難点が多くあったため，近年は他の手法が用いられている。

2.2　包括法

　包括法は，担体上においてポリアニリンやポリピロールといったポリマーを電解重合により形成させる際に，同時に DNA を取り込ませることで包括固定する方法である[6,7]。DNA の代わりにアビジンを包括固定し，ビオチン修飾 DNA を添加することで DNA 固定化を行うことも可能である。また，ポリマーの他にもデンドリオンという多孔質な素材を担体に固定することで包括固定する手法が報告されている[8]。包括法を用いた場合，固定化量が多く，大量の分子を固定化することが可能である一方で，固定化された状態を維持することが難しく，固定化後の漏出が懸念される。また，ポリマーそのものが正に荷電している場合には非特異的吸着が大きくなるという課題がある[9]。

　その他の包括法として，プラズマ重合を用いる手法が報告されている[10]。これはヘキサメチルジシロキサン（HMDS；$(CH_3)_3SiOSi(CH_3)_3$）をガラス担体上でプラズマ重合し，その上にストレプトアビジンを添加した後，さらに HMDS の薄膜を形成させることでストレプトアビジンを包括固定することでビオチン修飾 DNA の固定化を行う手法である。HMDS の薄膜で担体を覆うことで疎水性表面を形成させ，非特異的吸着を抑制できる点が大きな利点であったが，1 週間ほど経過すると疎水性が失われてしまうという課題が残った。

2.3　共有結合法

2.3.1　Au-S 結合の利用

　チオール修飾した DNA と金電極を溶液中でインキュベートすることで，チオール基と Au 原子の化学吸着を介して固定化する手法である。金電極に加えて金ナノ粒子表面に対して DNA を結合させる際にも利用できるため，共有結合法の中で最も広く利用されている手法であるといえる[11,12]。また，アプタマーの配向制御や電極への非特異吸着の抑制を期待し，アルキル SH を用いて自己単分子組織化膜（SAM）を形成させることも多い[13~15]。

2.3.2　アミノ基を利用した共有結合形成

　末端をアミノ基で修飾した DNA を合成し，担体表面に存在するアミノ基，カルボニル基，あるいはチオール基といった官能基と反応させることで固定化する手法である。例えばグラファイト電極やカーボンナノチューブに対して共有結合法で固定化する場合は，N-Hydroxysuccinimide（NHS）およびカップリング試薬である 1-ethyl-3-(3-dimethylaminopropyl)carbo-diimide hydrochloride（EDC）を添加することで表面のカルボン酸を NHS 体という活性エステルに変換し，その上でアミノ基修飾 DNA を添加することでカップリング反応を介した結合を形成させることが可能である[16]。担体が導電性ポリマーの場合も，カルボキシル基やアミノ基といった官能基を導電性ポリマーに導入しておくことで同様に固定化することができる。この

手法でアビジンを固定化した上でビオチン修飾DNAを固定化する手法も広く用いられているが，導電性ポリマーに固定化をする際には処理前後における導電性の変化に注意する必要がある。また，DNA自体に多数のアミノ基が含まれているため様々な官能基に対する高い反応性を有しており，固定化した際にアプタマーの配向性や，その立体構造自体が崩れる可能性が懸念される。

2.3.3　シリコン，ガラス表面への固定化

前述のアミノ基を利用した共有結合形成によるDNAの固定化方法において，担体に対する導電性ポリマーによる修飾を介した固定化方法を紹介した。似たような化学反応を用い，シリコンやガラス表面自体に官能基を付加することでDNAを固定化する手法が報告されている。DNAを固定化する場合には，気化したγ-アミノプロピルトリエトキシシラン（γ-APTES），あるいは有機溶媒中に溶解させたγ-APTESを作用させシラン化剤脱水反応を引き起こすことで担体表面に直接官能基を付加することが可能となる[17]。このようにして担体上に形成された官能基に対してNHS，EDC等を添加し，アビジンを固定化することでビオチン修飾DNAを固定化するか，あるいは直接DNAを固定化する手法である。シリコンやガラスといった変質しにくい素材は担体として適しており，これらへのDNA固定化手法として本手法が広く用いられている。

2.3.4　相補鎖を利用した固定化

DNAの大きな特徴の一つとして，相補的な配列を持つDNA鎖と特異的に結合できる点が挙げられる。そのため，これまでに述べた固定化手法を用いて担体に一本鎖DNAを固定化し，それに対する相補鎖をアプタマーに連結することで相補鎖形成を介したアプタマーの固定化が可能である。この手法はアプタマーの構造を崩すことなく固定化できるため，様々な固定化方法と組み合わせた応用がなされている。特に一本鎖DNAを用いる場合はDNAマイクロアレイ技術を用い，決まった座標に特定のDNA配列を選択的に固定化することが可能となった。本項目ではDNAマイクロアレイ作製法について簡単に説明する。

DNAマイクロアレイ作製法の基本は，DNAプローブの固定化法と同様である。ビオチン標識DNAの合成は非常に容易であるため，アビジン-ビオチン結合を介した固定化手法も頻繁に用いられる[18]。アビジン-ビオチン結合は解離定数が10^{-15}M程度と非常に強固な結合でありながら，アプタマーと標的分子の結合や相補鎖形成に影響を与えないことが大きな利点である。

(1)　ポリリシン膜を用いた吸着固定

DNAマイクロアレイ技術が開発された初期の頃は，正電荷を有するポリリシン膜やアミノシレン膜に対する吸着により固定化する手法が広く用いられていた。この方法をインクジェットなどの印刷技術と組み合わせることで微小領域に異なるDNA配列を固定化することができる手法が多く報告された[19,20]。安価かつ作成後すぐに使用できる点が大きな利点であったが，スポットによって形成される膜が不均一であるために定量的な評価ができないこと，また非特異的な吸着が起こりやすいためにバックグラウンドが高くなることなどが欠点であったために他手法により代替された。

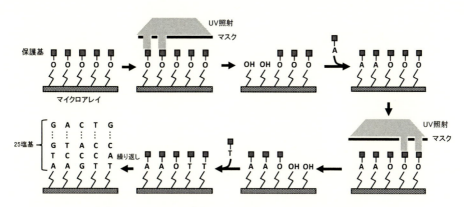

図1　フォトリソグラフィーを用いた GeneChip 作製法

⑵　光マスク等の半導体加工技術を用いた作製法

　DNA マイクロアレイ合成法として最も広く知られている手法として，Affymetrix 社の開発した GeneChip が挙げられる[21,22]。これまでのマイクロアレイでは合成した DNA プローブをマイクロアレイに固定化する手法が一般的であったが，Affymetrix 社の GeneChip はフォトリソグラフィーを応用し，アレイ上で直接 DNA を合成する手法を用いている（図1）。この手法を用いることで非常に高い密度で様々な配列を持つ DNA を固定できるようになり，トランスクリプトーム解析において膨大な量の転写産物中から目的の配列のみを高感度に検出することが可能となった。具体的には，インフルエンザのサブタイプ検出や，抗生物質耐性を持った病原菌のゲノム中における変異の特定などに用いられる例が多く報告されている[23~25]。

⑶　インクジェットを用いた CHIP-on-Chip 合成（Agilent）[26,27]

　DNA マイクロアレイの新しいプラットフォームとしてもうひとつ多用されているのが Agilent 社の開発した CHIP-on-Chip 技術である[26]。これは Hewlett-Packard 社のインクジェット印刷技術と，フォスホアミダイトを用いた DNA 合成技術を組み合わせた DNA マイクロアレイ作製法である。疎水性のヒドロキシル基を持つ化合物で被覆したガラス表面に対して，フォスホアミダイト試薬を一塩基ずつ添加することでマイクロアレイのスポットごとに異なる DNA 配列を合成することが可能である。⑵および⑶の方法では，特殊な構造を形成する DNA 配列の合成が難しい場合があるが，合成した一本鎖 DNA に対してその相補鎖を連結したアプタマーを結合させることで特殊な構造を形成するアプタマーの固定化が可能となる。

3　固定化アプタマーの様々な応用

3.1　コレステロール標識アプタマー

　これまでに紹介したアプタマーの固定化方法において，多数の標識 DNA を利用した固定化法を紹介したが，標識する物質の特性を生かして様々な応用例が報告されている。最も代表的な例

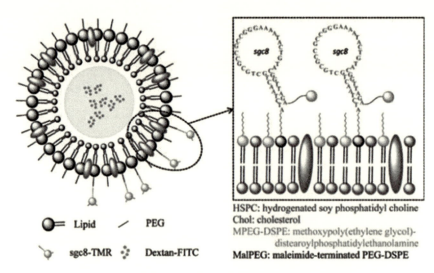

図2　PEG を用いたリポソーム表面へのアプタマー固定化
（Reproduced from Ref 30 with permission of The Royal Society of Chemistry）

がコレステロールやポリエチレングリコール（PEG）標識したアプタマーの利用である。この修飾によりコレステロールや PEG をリポソームの脂質膜中に介入させ，アプタマーを膜表面に固定化することが可能となる。特定の細胞に対する結合能を持つアプタマーや，特定の細胞から過剰分泌される物質に結合可能なアプタマーを固定化することで，薬剤を封入したリポソームを標的の細胞へ輸送可能なドラッグデリバリー方法としての応用が見込まれている[28, 29]。具体的には，白血病細胞である leukemia CEM-CCRF 細胞に特異的に結合する sgc8 アプタマーに対してマレイミド反応により PEG 修飾し，デキストランを内包したリポソーム表面に固定化することで細胞特異的な物質輸送に成功したことが報告されている（図2）[30]。また，コレステロール修飾したヌクレオリンアプタマーをリポソームに固定化し，その中に抗がん剤であるシスプラチンを封入することで，ヌクレオリンを過剰発現する癌細胞 MCF-7 特異的に抗癌剤輸送を行なった例も報告されている[31]。

3.2　アプタマーを利用した酵素等の固定化

　担体へ固定化されたアプタマーやその相補鎖を用いて酵素を固定すれば，酵素活性を利用した標的物質の検出に応用することが可能である[32, 33]。

　Xiang らは磁気ビーズに固定したアプタマーに対して，その相補鎖である一本鎖 DNA を結合させたインベルターゼを固定化した[34]。このビーズを標的物質が含まれる溶液中に添加した場合，ビーズに固定されたアプタマー部分が相補鎖から剥がれて標的物質に結合するため，相補鎖によって固定化されていたインベルターゼが遊離する。このとき溶液中にインベルターゼの基質であるスクロースを添加しておくことで，標的物質存在時にはインベルターゼにより生産された

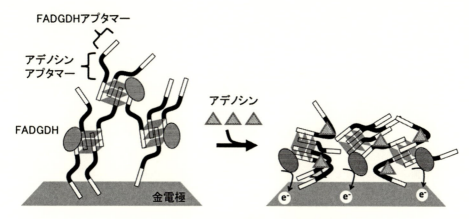

図3　アプタマーを介した電極上への酵素の固定化

グルコースを市販のグルコースセンサーを用いて計測することで標的物質の検出が可能となる。本報では実際にコカインあるいはアデノシンの検出系を構築している。

　また Zhu らは，標的物質に結合するアプタマーとその相補鎖を2種の異なるポリアクリルアミドポリマーにそれぞれ結合させ，この DNA およびポリマーによって形成されるゲル中にグルコアミラーゼを固定化した[35]。標的物質存在下ではポリマーに含まれるアプタマー配列が標的に結合するために構造変化が起こり，ゲル中に捕捉されていたグルコアミラーゼが溶出する。このとき同時に基質としてアミロースを添加しておくことで，グルコアミラーゼにより分解されたグルコースを市販のグルコースセンサーで計測することで標的物質を検出することが可能となる。本報ではこの原理を用いてコカイン，ベンゾレクゴニン，エコグニンメチルエステルに対する検出手法の開発に成功している。

　我々は，固定化する酵素として電極との直接電子伝達能を有する酵素を選択することで，標的物質を電気化学的に検出する手法を報告した[36]。直接電子伝達能を有する FAD グルコース脱水素酵素（FADGDH）に着目し，FADGDH に結合可能なアプタマーとアデノシンアプタマーを融合した配列を固定化した金電極を作製した（図3）。標的物質であるアデノシンが存在した際には，アプタマーが有するグアニン四重鎖構造が折りたたまれることで電極に FADGDH が近接し，直接電子伝達によって応答電流値が上昇するため，電気化学的にアデノシンを検出することが可能となる。

3.3　DNA プローブとハイブリダイゼーションさせた固定化アプタマーを利用した strand displacement assay

　2.3.4 項において相補鎖を介したアプタマーの固定化方法について紹介したが，この相補鎖に様々なメチレンブルーやフェロセンといったレドックスプローブを修飾すれば，DNA の構造変化を電気化学的に検出することが可能となる。Xiao らは，電極にトロンビンアプタマーとその

相補鎖を固定化し，相補鎖側にはメチレンブルー標識を行なった[37]。アプタマーがトロンビンに結合した場合には二本鎖構造が崩れ，乖離した相補鎖に付加されたメチレンブルーが電極表面に近接するため，応答電流値の上昇として検出される。このような DNA の相補鎖形成や鎖置換反応を利用した物質検出方法は strand displacement assay と呼ばれ，様々な手法に応用されている[38,39]。

　このような strand displacement assay を応用することで，標的物質を検出した際のシグナルを増幅する手法が報告されている。Yang らは，トロンビンに結合する 2 種類のアプタマーのそれぞれに相補鎖形成配列を連結した配列を設計し，この相補鎖形成部分を介した strand displacement assay を利用したトロンビン検出法を開発した[40]。これまでにトロンビンに対して 2 つの異なるトロンビンアプタマーが報告されており，それらの結合部位は異なっていることが明らかとなっている。Yang らはそれぞれのトロンビンアプタマーに相補鎖形成配列を付加することで，金電極上に固定化した DNA 二本鎖の一部分に対して鎖置換反応が起こるような配列を設計した（図 4）。このとき，アプタマーに連結された配列は，電極上に固定された配列と部分的に相補鎖形成するため，固定された一本鎖 DNA の一部分が露出する。この露出した配列に対して，メチレンブルー標識された一本鎖が結合し，再度鎖置換反応が起こることで電極表面に近接したメチレンブルーを介した電子伝達が起こり，電流値の上昇によってトロンビンを検出することが可能となる。この方法の特徴は，2 回目の鎖置換反応によってアプタマーに連結された相

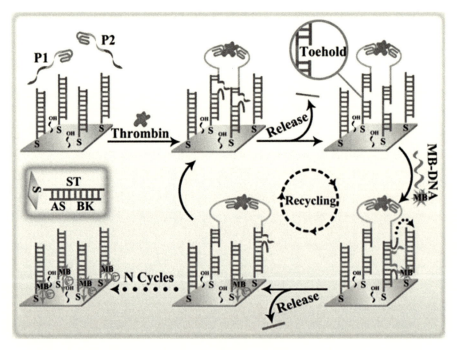

図 4　Strand displacement assay と 2 種のアプタマーを用いたトロンビン検出系
（Reprinted with permission from Ref. 40. Copyright 2017 American Chemical Society.）

補鎖形成配列が乖離しても，近傍の DNA 相補鎖に対して再度結合し鎖置換反応が繰り返されるため，一分子のトロンビンから得られるシグナルが繰り返し増幅されるという点である。

3.4　アプタマーの構造変化を利用した Bound/Free separation

　標的分子の検出系において，その認識素子を固定化する利点の一つとして Bound/Free separation（B/F 分離）を行えることが挙げられる。BF 分離は，標的物質に対して結合した分子以外を洗浄操作によって除去することを指し，標的分子の検出におけるバックグラウンド値を大きく抑えることが可能である。我々は，この利点を生かし，容易に B/F 分離を可能とする手法を報告している[41]。Capture DNA として担体に一本鎖 DNA 配列を固定化し，一方で Capturable aptamer としてアプタマー配列と相補鎖形成配列を連結させた配列を設計した（図5）。Capturable aptamer は標的物質が存在した場合には構造変化を引き起こし，一本鎖部分が露出するように設計し，この一本鎖部分を介して Capture DNA と相補鎖形成することが可能である。そのため，標的物質を添加した後に洗浄操作を行うことで標的物質に結合したアプタマーからのシグナルのみを検出することが可能である。

　以上，アプタマーの固定化法と固定化アプタマーの様々な利用法を紹介した。相補鎖 DNA を利用することにより，様々な検出法や信号増幅が可能になるので，アプタマーの応用において固定化は極めて重要な技術となる。基本骨格に多数の負電荷を有するアプタマーは，その特徴を活かすためにも様々な固定化担体との組み合わせが実用化において鍵となる。その割に利用できる化学反応や試薬は限られており，今後一層の研究の進展が求められる。

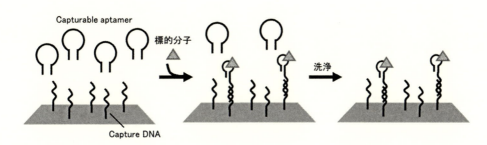

図5　Capturable aptamer を用いた B/F 分離法

実験項 アビジンビーズを DNA 固定化担体として用いた Systematic Evolution of Ligands by EXponential enrichment（SELEX）によるアプタマーの獲得方法

　SELEX 法とは，ランダムな配列を含む DNA 断片を用いて標的分子と特異的に結合するアプタマーを探索する技術である。具体的には，ライブラリー配列と呼ばれるランダムな DNA 配列群を標的分子と結合させ，結合した配列のみを回収し PCR により増幅させる手順を 1 サイクルとし幾度もサイクルを繰り返すことでアプタマーを獲得する。この SELEX の過程で，PCR 増幅した後の DNA を回収する際にはアビジン−ビオチンを介してビーズに DNA を固定化する手法が広く用いられている。本実験項では SELEX の手法およびビーズへの固定化方法を紹介する。

[実験操作]

　プライマー領域および 30 塩基のランダム配列を含むランダムライブラリーと，5' 末端側あるいは 3' 末端側に結合可能なプライマー，そしてそれぞれのプライマー領域の相補鎖配列を持つブロック配列を受託合成により合成した。ただし，3' 末端側のプライマーについては，3' 末端にビオチン修飾がなされているものを用意した。

　最初に，100 pmol/μl に調整したランダムライブラリーを 10 μl と，100 pmol/μl に調整した 2 種類のブロック配列 10 μl ずつを TBS（トリス干渉生理食塩水）に加えて撹拌し，95 度で 10 分熱処理を行なったのち，室温まで徐冷することで DNA のフォールディングを行なった。任意の標的分子をニトロセルロース膜に固定化し，2% BSA を含む TBS-T（トリス干渉生理食塩水，0.05%（v/v）Tween20）で洗浄後，フォールディング後の DNA ライブラリー溶液中で 1 時間インキュベートし，再度 10 ml の TBS-T を用いて 5 分間洗浄する操作を 2 回行なった。洗浄後の膜を 1.5 ml エッペンに入れ，200 μl の超純水と 600 μl のフェノールクロロホルムを加え，撹拌後に遠心分離（12,000 g, 25 度，3 分）を行なった。水層を別の 1.5 ml チューブに回収し，24：1 の混合比であるクロロホルム / イソアミルアルコール混合液（24：1 の混合比）を回収した溶液に対して等量加え，再度撹拌ののち遠心分離（12,000 g, 25 度，3 分）し，水層を 1.5 ml チューブに回収した。回収した溶液に対してエタノール沈殿操作を行うことで，DNA 溶液とした。

　DNA 溶液に対し，DNA ポリメラーゼとして ExTaq HS（Takara 社製）を用いて 5' 末端プライマーおよび 3' 末端がビオチン修飾されたプライマーを用いて PCR 増幅した。ただしこのとき，最終的な PCR 溶液が 1 ml となるように調整した。アビジンビーズである Pierce Avidin Agarose Resin（Thermo Fisher Scientific 社製）を 150 μl ずつ 1.5 ml チューブに取り，カラムバッファー（30 mM HEPES, 500 mM NaCl, 5 mM EDTA, pH7.0）で洗浄後，PCR 溶液を 500 μl ずつ添加し撹拌しながら 30 分間インキュベートした。回収した溶液を遠心分離（12,000 g, 4 度，3 分）し，カラムバッファーを用いて 2 回洗浄した。その後，0.15 M NaOH

を 300 μl 加え，15 分撹拌後に上清を回収する操作を 2 回繰り返した。得られた上清に対して
2 M HCl 溶液を添加することで pH を pH7 付近に調整した。これまでの操作を 1 ラウンドとし，
1 ラウンド後の DNA ライブラリーを次のラウンドに用いラウンドを繰り返すことで，標的物質
に対するアプタマーを獲得することが可能である。

文　　　献

1) R. C. Williams *et al.*, *Proc. Natl. Acad. Sci. USA*, **74**, 3740 (1977)

2) P. L. Dolan *et al.*, *Nucleic Acids. Res.*, **29**, 107 (2001)

3) B. A. Stillman *et al.*, *Biotechniques*, **29**, 630 (2000)

4) M. B. Eisen *et al.*, *Methods Enzymol.*, **303**, 179 (1999)

5) T. Lenoir *et al.*, *J. Biomed. Discov. Collab.*, **1**, 11 (2006)

6) P. P. Sengupta *et al.*, *J. Vis. Exp.*, **1**, 117 (2016)

7) W. Joseph *et al.*, *Anal. Chim. Acta.*, **402**, 7 (1999)

8) B. Hong *et al.*, *Langmuir*, **21**, 4257 (2005)

9) S. Nimse *et al.*, *Sensors* (*Basel*), **14**, 22208 (2014)

10) H. Miyachi *et al.*, *Biotechnol. Bioeng.*, **69**, 323 (2000)

11) A. B. Steel *et al.*, *Anal. Chem.*, **70**, 4670 (1998)

12) J. A. Wood *et al.*, *IEEE Send. J.*, **16**, 3403 (2015)

13) J. C. Love *et al.*, *Chem. Rev.*, **105**, 1103 (2005)

14) C. Nicosia *et al.*, *Mater. Horizons*, **1**, 32 (2014)

15) A. Miodek *et al.*, *Sensors*, **15**, 25015 (2015).

16) K. Maehashi *et al.*, *Anal. Chem.*, **79**, 782 (2007)

17) Z. Liu *et al.*, *J. Microsci.*, **218**, 233 (2005)

18) V. Ostatná *et al.*, *Anal. Bioanal. Chem.*, **391**, 1861 (2008)

19) A. Pierik *et al.*, *Biotechnology. J.*, **3**, 1581 (2008)

20) W. Fisher *et al.*, *IEEE Trans. Autom. Sci. Eng.*, **4**, 488 (2007)

21) S. Fodor *et al.*, *Science*, **251**, 767 (1991)

22) M. B. Miller *et al.*, *Clin. Microbiol. Rev.*, **22**, 611 (2009)

23) B. Lin *et al.*, *J. Clin. Microbiol.*, **45**, 443 (2007)

24) B. Lin *et al.*, *J. Clin. Microbiol.*, **47**, 988 (2009)

25) M. Vahey *et al.*, *J. Clin. Microbiol.*, **37**, 2533 (1999)

26) K. Dill *et al.*, "Microarrays：Preparation, Microfluidics, Detection Methods, and Biological Applications.", p.11, Springer Science & Business Media (2008)

27) アジレント・テクノロジー株式会社,
http://www.chem-agilent.com/contents.php?id=15864

28) O. C. Farokhzad *et al.*, *Cancer Res.*, **1**, 7668 (2004)

29) M. Kim *et al.*, *Sci. Rep.*, **7**, 9474 (2017)

30) H. Kang *et al.*, *Chem. Commun.*, **46**, 249 (2010)

31) Z. Cao *et al.*, *Angew. Chem. Int. Ed. Engl.*, **48**, 6494 (2009)

32) W. Yoshida *et al.*, *Expert. Rev. Mol. Diagn.*, **14**, 143 (2014)

33) K. Abe *et al.*, *Adv. Biochem. Eng. Biotechnol.*, **140**, 183 (2014)

34) Y. Xiang *et al.*, *Nat. Chem.*, **3**, 697 (2011)

35) Z. Zhu *et al.*, *Angew. Chem. Int. Ed. Engl.*, **49**, 1052 (2010)

36) Y. Morita *et al.*, *Biosens. Bioelectron.*, **26**, 4837 (2011)

37) Y. Xiao *et al.*, *J. Am. Chem. Soc.*, **127**, 17990 (2005)

38) C. P. Vary *et al.*, *Clin. Chem.*, **32**, 1696 (1986)

39) T. G. Walker *et al.*, *Mol. Cell. Probes*, **9**, 399 (1995)

40) J. Yang *et al.*, *Anal. Chem.*, **89**, 5138 (2017)

41) D. Ogasawara *et al.*, *Biosens. Bioelectron.*, **24**, 1372 (2009)

第22章 ペプチドアレイを用いた新規機能性ペプチドの探索

蟹江　慧[*1]，加藤竜司[*2]，本多裕之[*3]

1　はじめに〜ペプチドアレイの可能性〜

　ペプチドはアミノ酸20種類の組み合わせで構成され，数個から数十個がペプチド結合でつながった生体分子である。ペプチドはタンパク質に比べ分子量が小さいにも関わらず，生体内の多くの生理作用を司るシグナル分子として機能している。ペプチド配列の多様性は非常に多岐にわたり，2残基では400種類程度であるが，3残基では8,000種類，10残基ともなると10兆種類を超え，組み合わせの数が分子の長さとともに爆発的に増大する。19残基では20の19乗種類になる。これらの種類の分子が，すべて1分子ずつ合成できたとすると，約40 kg，37残基では6×10^{27} gとなり，地球と同じ重量となる。この様な膨大なバリエーションをもつペプチドワールドは，未だ発見されていない新機能を有するペプチドが存在する可能性をもつ機能性分子の宝庫であるとも言える一方，全網羅探索は不可能であるため，いかにして工夫するかがペプチド探索のカギとなる。

　機能的なペプチド探索法はいくつか報告されており，①ペプチドビーズライブラリ法[1]，②ファージディスプレイ法[2]，③リボソームディスプレイ法[3]，④ペプチドアレイ法[4,5]などがその代表例である。中でも Ronald Frank が1992年に開発したペプチドアレイは，探索したいペプチド配列を化学合成反応により自由にデザインできるため，ペプチドの長さの検証や配列置換を行う事で，効果に起因する配列を効率的に探索することができる（図1）。また，効果が無かった・減少させた配列としての，ネガティブデータを取得することも可能なため，幅広いスペクトルの活性データを利用した機械学習などの情報処理解析との相性が良い。つまり，ペプチドアレイと情報処理解析の併用により，ペプチド探索の網羅性向上や効率化を実現することが可能である。実際筆者らは，ペプチドアレイを用いて，タンパク質，小分子，金属イオンなどとの相互作用を，幅広く探索し効率的に機能性ペプチドを得てきた（図1）。

　筆者らは，ペプチドアレイの新しい活用法として，接着細胞に作用する機能性ペプチド探索手法を開発した（PIASPAC：Peptide array-based Interaction Assay of Solid-bound peptide and

＊1　Kei Kanie　名古屋大学　大学院創薬科学研究科　助教
＊2　Ryuji Kato　名古屋大学　大学院創薬科学研究科　准教授
＊3　Hiroyuki Honda　名古屋大学　予防早期医療創成センター；大学院工学研究科　教授

anchorage-dependent cells)[6]。従来の「分子-ペプチド相互作用を評価するペプチドアレイの応用法を第一世代とすると，第二世代とも呼べる本手法は，従来のペプチドアレイでのアッセイとは異なり，各ペプチド配列をマルチウェルプレートに配置することによって，従来のペプチドアレイでは不可能であった接着細胞との相互作用を検出可能にした。この技術により，細胞死誘導ペプチド（第2節）[7,8]，細胞接着ペプチド（第3節）[9,10]，を数種類発見してきている（図2）。我々はさらに，ただ単純なペプチドと細胞との初期相互作用を検出する系に留まらず，長期細胞培養可能な第三世代を開発し，細胞増殖ペプチド（第4節），細胞分化誘導ペプチド（第4節）を発見した[11]。そして最近では，個別ウェル内で遊離ペプチドと細胞との相互作用を可能にした第四世代を開発し，細胞内導入ペプチド（第5節）のライブラリ化にも成功した[12]。本稿では，ペプ

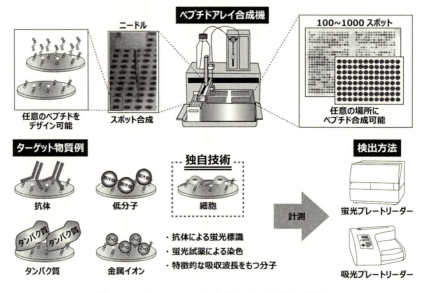

図1　ペプチドアレイ合成機とその適用例の照会

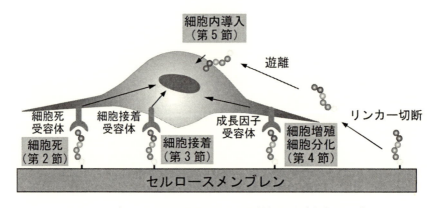

図2　ペプチドの固定化技術による細胞機能発現（本稿の概要）

チドアレイを用いた生体小分子であるペプチドの固定化と，『細胞に対する様々な機能発現』というテーマで，我々が開発を行ってきたペプチドアレイの独自技術に関して紹介する（図2）。

2　細胞死誘導ペプチド探索

　癌細胞選択的にアポトーシス（周囲の正常な組織に影響を与えない細胞死）誘導するタンパク質として TRAIL（TNF related apoptosis inducing ligand）が知られている。TRAIL と同様な機能を持ったペプチドの探索を目指し，TRAIL 配列ペプチドライブラリを作製し，探索を行った。実験手法としては，合成したペプチドアレイを直径 6 mm のディスク状にパンチアウトして 96 穴の培養プレートに沈める（図3 ①）。個別のペプチド配列が合成されたペプチドディスクの上に，カルセイン AM によって生細胞染色を行った癌細胞を播種し，一定時間後に生細胞数の変化を蛍光プレートリーダーにて検出する（図3 ②-1）。細胞死が誘導されれば，蛍光値は低い値を示す。このスクリーニングの結果，我々は RNSCWSKD 配列を発見した[13]。また，これ以外に，FAS リガンドを代替する細胞死誘導ペプチド CNNLP の探索にも成功している[7]。さらに，細胞死誘導ペプチド RNSCWSKD の配列改変をアレイ上で様々検証することで，すべてのアミノ酸残基を他の19種類に置換した残基置換ライブラリを作製し，高活性の配列 CNSCWSKD の取得にも成功している[8]。得られた配列を可溶化ペプチドとしてヒトリンパ腫細胞 Jurkat の培養液に加えたところ，有意に細胞傷害活性を示すことを確認した。効果として，2 mM では12時

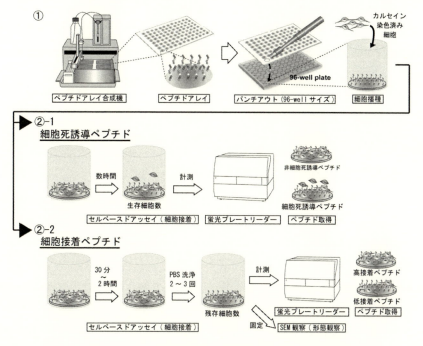

図3　ペプチドアレイの細胞死誘導・細胞接着試験への応用（第二世代）

間で 10% 以下の生細胞率となり，0.3 mM では 24 時間で 50% 以下にまで細胞死を誘導すること
ができていた。

3　細胞接着ペプチド探索

　接着細胞が機能を果たすための第一段階として，基質表面との接着現象が挙げられる。このような基質の多くは ECM（Extracellular Matrix：細胞外マトリックス）であり，コラーゲン，ラミニン，フィブロネクチンやヴィトロネクチンなどが知られる。これら ECM には，特異的な配列モチーフが存在し，細胞膜のインテグリンがこれを認識することによって，細胞は基質に対して強固な接着をする[14]。細胞接着は，細胞内の細胞骨格（アクチン）や 150 以上の関連タンパク質が複合的に作用するメカニズムであり，組織構成，遊走，分化を含む機能や，機械的な影響などを感知するシグナル経路の活性化を制御する。コラーゲン，フィブロネクチン，ラミニン中には，細胞接着の際にインテグリンが特異的に認識するモチーフがいくつか報告されており，RGD，RGDS，REDV，YIGSR などが挙げられる[15, 16]。筆者らは，その他にも細胞接着に関わるペプチドが存在しないかと考え，細胞接着ペプチドの探索をいくつか試みている。

　まず初めに，ペプチドアレイを直接用いたペプチド探索モデルケースとして，マウス線維芽細胞（NIH/3T3）を用い，細胞接着ペプチドの探索を遂行した。実験手法としては，上述の細胞死誘導ペプチド探索とほぼ同様にして行い，接着後に洗浄作業を入れることにより，残存した蛍光染色済みの接着細胞数を，蛍光プレートリーダーにて定量化した（図3②-2）。結果，接着配列として知られている RGDS 配列は，基盤のみ（ペプチドなし）の条件と比較して 2.5 倍の接着強度を示し，ペプチドアレイ上でも細胞接着探索が可能であることを示した[9]。さらに，情報解析手法を組み合わせることで，細胞接着ペプチドの配列のルール化にも一部成功している[10]。

　続いて，間葉系幹細胞（MSC, mesenchymal stem cell）についても同様な接着ペプチドの探索を行った。MSC は骨芽細胞・脂肪細胞・軟骨細胞・筋細胞などに分化することができる分化能をもつ幹細胞であり，再生医療において最も臨床での成功事例の多い細胞源の一つである。MSC は骨髄液や脂肪組織などに存在するがその数がわずかであるため，少量の細胞を効率よく接着させ，増殖させることは MSC の調整において重要である。筆者らはフィブロネクチンのアミノ酸配列をもとに 6 残基ペプチドライブラリを作製し，MSC 高接着ペプチドの探索を行った。その結果，細胞接着ペプチドとして知られている RGD と同等の活性を持った配列 ALNGR を探索することに成功している[13]。

　上記以外にも，人工血管開発のため，血管系の細胞種 3 種類（内皮細胞，平滑筋細胞，線維芽細胞）に対して，細胞種を選り分けることができるような細胞接着ペプチドの探索を行っており[4, 17]，人工血管材料としての応用にも成功している[18]。

　ペプチドアレイとして合成したペプチド上で，直接細胞との相互作用を評価できる我々のアッセイ法（PIASPAC）では，上記のように様々な細胞種において，細胞接着という機能発現を再

現性良く促進し，多種類の細胞接着ペプチドの取得へと導いている。このアッセイ法では，ペプチドは基盤素材であるセルロースメンブレンファイバー上に触れる形式を取り，これはECMタンパク質によく見られる微細繊維構造に近い。即ち，生体内においてECMタンパク質表面の様々な配列に細胞が触れるような状況を作り出すことができている可能性がある。この様な形式での実験系は，他のペプチド探索方法では報告例がほとんどない。このアッセイ系では，細胞接着における形態変化の観察も可能で，走査型電子顕微鏡（SEM）によってペプチドが細胞に及ぼす接着の影響もダイレクトに観察することができる（図3②-2，図4）。図4には，軟骨細胞と血管内皮細胞の接着状態の写真を示している。同じRGDS配列でも軟骨細胞と血管内皮細胞では接着状態が少し異なり，内皮細胞の方が上皮系の特徴であるレイヤー上に平たく伸びて接着している様子が分かる。また，内皮細胞に対して高接着するヘプタイソロイシン（IIIIIII）は，RGDS配列とは異なった接着様式であり，仮足をほとんど伸ばしていない。これは，RGDS配列がインテグリンを介した接着シグナルを細胞に伝えているのに対し，ヘプタイソロイシン上での細胞はインテグリンを介した接着とは異なる様式で，物理的な相互作用がより強く支配する接着をしている可能性がある。イガイが岩礁に強固に接着する現象や，ステントやチタンなどの金属表面に強固に細胞が接着する現象では，物理化学的な界面での相互作用が支配的に働く細胞接着があることが知られる。即ち，ペプチドアレイを直接用いた細胞アッセイから得られる細胞接着は，このような様式の接着制御も検証できるプラットホームだとも言える。

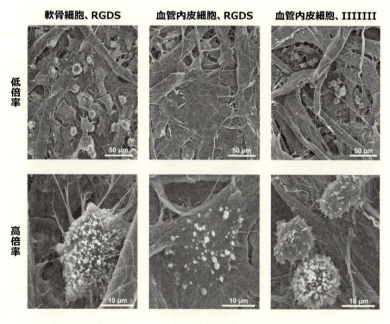

図4　ペプチドアレイ上での細胞接着様式の観察（SEM写真）

4　細胞増殖・分化誘導ペプチド探索

　第三世代のペプチドアレイの応用法では，第二世代のように単純な接着現象だけを検出するだけではなく，細胞の増殖や分化誘導を検出できる系を構築した。第二世代のペプチドアレイ上での細胞アッセイ法において，細胞内酵素活性を計測する試薬を適応することで，細胞の増殖や分化を測定することを可能にした。そこで，本節では，MSC の増殖と分化誘導を誘導するペプチド配列の探索を目標とした評価例について紹介する。

　まず，実験系において細胞接着ペプチドである RGDS 配列，骨細胞への分化誘導が知られている W9 ペプチド（YCWSQYLCY）を陽性コントロール，基盤のみ（ペプチドなし）を BLANK としてアレイ内に配した。細胞増殖の計測には，WST-8 を用いて生細胞数を計測した（図5）。骨分化の計測には，細胞内 ALP（アルカリフォスファターゼ）を利用した p-Nitrophenyl Phosphate の吸収波長（405 nm）を計測する試薬を応用した（図5）。結果，ペプチドアレイ上において W9 ペプチドが 14 日の培養において増殖が高いことを確認することができ（図6（A）），さらには ALP 活性値も 14 日で最大になることが確認され（図6（B）），構築した第三世代のペプチドアレイ応用技術の妥当性が確認された。スクリーニング結果としては，骨形成促進に関与している BMP（Bone morphogenetic protein：骨形成タンパク質）[19, 20]配列中のペプチドから，骨芽細胞（OB）と臍帯組織由来間葉系幹細胞（UCMSC）を選択的に増殖・分化誘導を誘引し，線維化の原因となる線維芽細胞（FB）を増殖させないペプチドの取得に成功し，「骨再生促進選択的ペプチド」と名付けている[11]。現在，取得した骨再生促進選択的ペプチドは，骨充填剤としての医療機器開発の基礎分子マテリアルとしての有効性を様々な動物モデルを用いて検証中である。

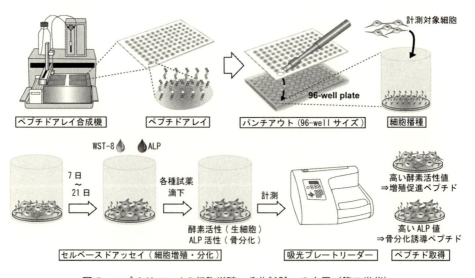

図5　ペプチドアレイの細胞増殖・分化試験への応用（第三世代）

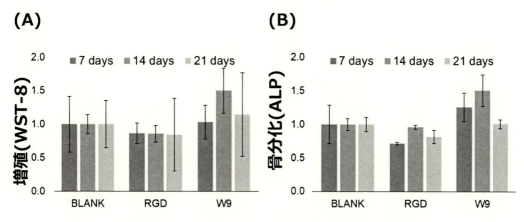

図6　ペプチドアレイ上における細胞増殖能，骨分化能の検出

5　細胞内機能性ペプチド探索

　これまで紹介してきた第二世代，第三世代のペプチドアレイの応用方法では，アレイ上のペプチドは固定化されたままであることが細胞との相互作用を評価するための特徴でもあり，強みでもあった。しかし，さらに新しい機能性ペプチドの探索を開発するため，細胞内において機能するようなスクリーニング系を構築することを目指し，アレイ上の合成配列を切り出し，可溶化させて細胞への影響を検証できる系として第四世代の応用方法の開発を行った。

　近年，ペプチド医薬は低分子化合物よりも高い機能性が期待される次世代医薬品の1ジャンルとして注目が集まっており，細胞内に侵入し細胞機能を調節できるペプチド探索のための新しい技術が求められている。我々はこれまでのペプチドアレイにおけるペプチド合成において，ペプチドのC末端に「フォトリンカー」を導入する系を構築し，アレイの合成後マルチウェルプレートの中でUV照射することによって，細胞へ可溶化状態のペプチドを作用させることができるハイスループットスクリーニング系を構築した。このペプチドアレイを用いたスクリーニング系の応用例の一つとして，細胞内導入ペプチド（Cell Penetration Peptide, CPP）の探索を行った例を紹介する。

　CPPは，ペプチドの電荷と配向性を利用して細胞膜を通過させる「デリバリー分子」としての機能を持つペプチドであり，特にアルギニン8残基からなるR8ペプチドは有名である。R8はその正電荷が細胞膜の透過性に重要であるが，機能性ドメインとしてこれに連結するペプチド配列の電荷バランスによっては，せっかくの膜透過性がキャンセルされてしまうことがある。実際，いくつかのCPPが報告されているが，CPPに連結する機能性配列を「配列最適化」しようとしたとき，導入効率の再現性や制御が難しいことが知られている。我々は，31種類のトリペプチドライブラリを「機能性配列」と仮定し，R8ペプチドとの相性とその細胞内導入効率の評価を網羅的に行った。導入量の数値化は，ペプチドをFITCで蛍光標識し，取り込み後の細胞画像を数値解析することで導入量を定量化した。このFITC標識CPP連結トリペプチドをペプチ

ドアレイ上で並列して合成し，マルチウェルプレート内に配置したペプチドスポットに UV 照射をすることで，アレイ上のペプチドの遊離・可溶化能を検証した（図7）。結果，遊離ペプチド量はどのペプチドも約 7 nnol/spot であった。また HeLa 細胞に対して遊離・可溶化した CPP 連結トリペプチドライブラリの導入実験を試みた（図7）。結果，コントロールである R8 の CPP と比較して，III を連結させたトリペプチドは細胞内への導入量が上がったが，HDT や EEE は導入量が下がった（図8）。EEE に関しては，R8 ペプチドを付与しているにも関わらず，ほとんど導入されないことが分かった。即ち，想定していた CPP と機能性ペプチドドメインとの間に「相性」があることが確認された。この網羅的な検証結果を，3 残基ペプチドを疎水度（Hydrophobicity, H）と等電点（Isoelectric point, pI）で整理すると，負電荷をもつ親水性のペプチドでは導入効率が低下するという現象を整理できることがわかった[12]。また，$(1.5pI + H) > -0.6$ の領域として表現できる物理化学的性質をもつ機能性ペプチド配列は，R8 ペプチドの膜透過性を阻害することなく細胞内導入可能であるというルールがあることもわかった。このような CPP 配列と機能性ドメインとの相性ルールは，5-mer の機能性配列ペプチドでも再現しており，汎用性が確認できている[12]。即ち，このようなペプチドの物性のグラフを活用すると，目的とする機能性ペプチドを特定の CPP で効率的に細胞導入するにはどのように配列にすればよいか，またはどのような CPP との組合せで細胞内導入可能か，などを事前に知ることができるようになる。さらには，CPP と相性のよい領域のペプチドだけで細胞内導入ペプチドライブラリを構築すれば，より効率的な細胞内機能性ペプチドの探索が可能になる。現在はさらに，細胞内に導入した後で解裂可能なリンカー分子を設計しており，このようなリンカーで CPP と機能性ペプチドを連結した細胞内導入ペプチドライブラリの構築と細胞内で効率的に機能するペプチドの網羅的探索を目指している。

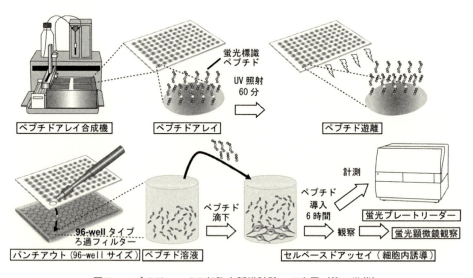

図7　ペプチドアレイの細胞内誘導試験への応用（第四世代）

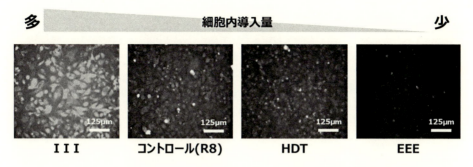

図 8　ペプチドアレイから遊離したペプチドの細胞内導入試験の結果

6　まとめ

　本稿では，Ronald Frank が 1992 年に開発した第一世代ともいえるペプチドアレイを，筆者らの工夫により改良し細胞アッセイ系へと応用した技術に関して紹介した。

　2, 3 節では，細胞死誘導ペプチドや細胞接着ペプチドの探索に最適になるように，アレイ上のペプチドをマルチウェルプレートに個別に配置するプラットホームを確立することで，別々のペプチド上で個別のペプチド-細胞相互作用を評価できる第二世代のペプチドアレイ応用事例の有効性を示した。4 節では，さらに複雑な細胞の現象をとらえるため，細胞増殖や分化に関わるペプチド探索を可能とする長期間の細胞増殖・分化評価を計測可能な第三世代のペプチドアレイ応用技術について示した。5 節では，ペプチドアレイを用いて評価するペプチド-細胞相互作用を，細胞内機能ペプチドのスクリーニング系へと発展させた第四世代ペプチド遊離・可溶化アレイの技術と解析事例について示した。このようなペプチドアレイ技術と応用事例の進歩は，エピトープマッピング（ペプチド-タンパク質相互作用）に主に用いられていた第一世代型の研究分野を大きく拡張させるものであり，その有用性について細胞の機能発現との関係性を筆者なりに表にまとめた（表 1）。

　ペプチドアレイが「ペプチド-細胞相互作用」を検証できるツールになったことで，創薬や機能性材料開発に繋がるペプチドアレイを用いた機能性配列解析には，今後さらに新しい展開が期待されるものである。例えば，ペプチドが細胞に相互作用することで生じる網羅的な発現プロファイルを次世代シーケンサーなどとの連携で得ることができれば，更なるペプチドリガンドが調節しうる細胞機能の理解が深まることが考えられる。また，近年発展する遺伝子編集技術やライブイメージング技術などと組み合わせることで，ペプチドリガンドが及ぼす細胞内・外のシグナルネットワークについても理解を深めることができることも考えられる。

　今後も，本稿で紹介したようなペプチドアレイという基盤技術を発展・進化させることで，その計測・評価分野が広がり，創薬分野，食品分野，再生医療分野に役立つ機能性ペプチドの探索が発展することを祈念している。そのような機能性ペプチド探索研究の一助に本稿が貢献できれば幸いである。

表1 独自開発したペプチドアレイ技術と細胞の機能発現の検出バリエーションとの関係性

	従来技術	独自技術		
	第一世代	第二世代	第三世代	第四世代
単純なペプチド間相互作用	◎	○	○	△
細胞の機能発現 細胞死誘導	△	◎	○	○
細胞接着促進	△	◎	○	△
細胞増殖促進	×	○	◎	○
細胞分化誘導	×	○	◎	○
細胞内誘導	×	×	×	◎
実現可能にした技術	−	マルチウェルに個別に配置	酵素活性試薬	フォトリンカー

謝辞

　本稿における研究成果は，名古屋大学大学院工学研究科生物機能工学専攻バイオテクノロジー講座・本多研究室，名古屋大学大学院創薬科学研究科基盤創薬学専攻細胞分子情報学分野における多くの学生さんや技術職員の方々の研究によって得られたものであり，この場をお借りして御礼申し上げます。特に本稿で取り上げたデータの取得・解析を遂行された名古屋大学工学研究科・加賀千晶さん，大脇潤己さん，松本凌さん，田婧さんに感謝申し上げます。また，本ペプチド研究の応用性・発展性を医療的観点から導いてくださり共同研究を通じて機能性ペプチドの検証を遂行することにご尽力を賜りました名古屋大学医学系研究科・成田裕司先生，緒方藍歌先生にも御礼申し上げます。また，本研究の一部は平成22年度特別研究員奨励費10J08372，平成27〜28年度若手研究（B）15K21070の支援を受けて遂行されました。この場をお借りして感謝申し上げます。

実験項　セルロースメンブレン上へのペプチド固定化方法（ペプチドアレイ作製方法）

［実験操作］

　本稿にて使用している，セルロースメンブレン上へのペプチド固定化方法，つまり，ペプチドアレイの作製方法に関して記す。

　まず，セルロースメンブレン上にペプチドを合成するための土台ともなる，活性化メンブレンと呼ばれる材料を作製する。市販のろ紙をジメチルホルムアミド（DMF）にオーバーナイトで浸す。その後，メタノールにて10 min 振盪を3回ほど繰り返す。このメンブレンを0.5 M のFmoc-β-Ala-OH(1-Methylimidazole, redistilled, 99＋%と DIPCI を DMF で溶かした溶液中）に浸し，24 h 振盪させ，セルロースメンブレン上の OH 基と β-alanine の COOH 基がエステル結合によって結合された活性化メンブレンを作製した。

　その後，作製した活性化メンブレン上に，ペプチド合成において最も頻繁に用いられる手法である，Fmoc 固相合成反応を用いてペプチドを固相合成する（セルロースメンブレン上へのペプチド固定化方法（ペプチドアレイ作製方法））。材料となるアミノ酸は0.5 M Fmoc-アミノ酸溶液（in DMF）に活性化剤である DIPCI と HOBt を混合した活性化アミノ酸溶液として作製しておく。活性化アミノ酸溶液を，N 末端がフリーな状態のアミノ酸とカップリングさせることによ

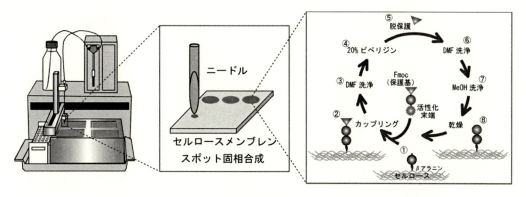

セルロースメンブレン上へのペプチド固定化方法（ペプチドアレイ作製方法）

り，Fmoc 保護基付のペプチドが合成される（①～②）。任意の Fmoc 付きアミノ酸を合成後は，メンブレンを DMF で洗浄する（③）ことで未反応の活性化アミノ酸を取り除く。続いて 20% piperidine / DMF に 20 min 浸す（④）ことでメンブレン表面上の Fmoc 基を脱保護する。脱保護の後，さらに DMF，メタノールでの洗浄をし（⑥～⑦），ピペリジンなど次残基における合成反応に支障をきたす試薬を取り除く。こうして乾燥をさせると，Fmoc の外れたペプチドが合成されたことになり，この操作を繰り返すことにより，アミノ酸の伸長反応を行えば，セルロースメンブレン上に任意のペプチドを合成，つまり固定化が可能である。

　ペプチド伸長反応終了後，20%piperidine / DMF で 0.5 h 反応させ Fmoc 基を完全に脱保護した後に，各アミノ酸側鎖に結合している保護基を除去するため，脱保護試薬である trifluoroacetic acid（TFA），m-クレゾール，1,2-Ethanedithiol（EDT），チオアニソール混合溶液を作製し，3 h 浸す。側鎖の脱保護後，残存試薬を取り除くためにジエチルエーテルで 15 min 洗浄し，乾燥をさせた後，PBS で数回洗浄の後，オーバーナイトでさらに洗浄し，実験に用いる。

文　　献

1)　M. Lebl *et al.*, *Biopolymers*, **37**, 177-198（1995）
2)　G. P. Smith, *Science*, **228**, 1315-1317（1985）
3)　Y. Shimizu *et al.*, *Nature Biotechnology*, **19**, 751-755（2001）
4)　R. Frank, *Tetrahedron*, **48**, 9217-9232（1992）
5)　R. Volkmer, *Chembiochem*, **10**, 1431-1442（2009）
6)　R. Kato *et al.*, *Mini-Reviews in Organic Chemistry*, **8**, 171-177（2011）
7)　R. Kato *et al.*, *Journal of Peptide Research*, **66**, 146-153（2005）

8) C. Kaga *et al., Biochemical and Biophysical Research Communications*, **362**, 1063-1068 (2007)

9) R. Kato *et al., Journal of Bioscience and Bioengineering*, **101**, 485-495 (2006)

10) C. Kaga *et al., Biotechniques*, **44**, 393-+ (2008)

11) K. Kanie *et al., Materials*, **9**, 730 (2016)

12) R. Matsumoto *et al., Scientific Reports*, **5**, 12884 (2015)

13) M. Okochi *et al., Biochemical and Biophysical Research Communications*, **371**, 85-89 (2008)

14) R. O. Hynes, *Cell*, **110**, 673-687 (2002)

15) W. Y. J. Kao, *Biomaterials*, **20**, 2213-2221 (1999)

16) A. El-Ghannam *et al., Journal of Biomedical Materials Research*, **41**, 30-40 (1998)

17) K. Kanie *et al., Journal of Peptide Science*, **17**, 479-486 (2011)

18) F. Kuwabara *et al., Annals of Thoracic Surgery*, **93**, 156-163 (2012)

19) M. R. Urist, *Science*, **150**, 893-899 (1965)

20) L. Zhao *et al., Tissue Engineering Part A*, **17**, 969-979 (2011)

第23章　エンドトキシン吸着体の固定化と血液吸着療法

小路久敬*

1　はじめに

　敗血症（sepsis）は，集中治療室（ICU：Intensive Care Unit）における主要な死亡原因の一つであり，依然として治療困難な病態とされている。GSA（Global Sepsis Alliance：https://www-global-sepsis-alliance.org/sepsis/）は，世界中での敗血症罹患者数を年間3千万人，死亡者数を6〜9百万人と報告している。また Sepsis Alliance（USA, https://www.sepsis.org/）は，米国の敗血症死亡者数を年間26万人と報告している。

　昨年発表された sepsis に対する新しい定義（sepsis-3）では，敗血症とは，"感染に対する宿主の生体応答反応が制御不能に陥ったことにより惹起された，生命を脅かすような臓器不全"の状態とされている[1]。感染に対する生体応答反応には，炎症性反応（proinflammatory response）と抗炎症性反応（anti-inflammatory response）があり，それらのトリガーとして，数多くのPAMPs（pathogen-associated molecular pattern）やDAMPs（danger-associated molecular pattern）が知られている[2]。PAMPs の一つであるエンドトキシン（Endotoxin, 以下 ET と略す）は，グラム陰性菌の細胞外膜成分であり，化学的本体は，LPS（lipopolysaccharide）である。その強力な生物活性のために，敗血症の病因関連物質の中でも，とりわけ重要な物質と考えられてきた。血液中へは，感染巣から，あるいは重症疾患における腸管粘膜のバリア機能の破綻に伴う，バクテリアや ET のトランスロケーションによって流入し，生体応答反応を引き起こすと推定されている。

　敗血症治療における抗 ET 治療薬としては，HA-1A（Centcore, USA），E5（Xoma, USA）などの抗 ET モノクローナル抗体薬や，ET の受容体 TLR4（Toll-like receptor 4）を介したシグナル伝達インヒビターTAK-242（Takeda, Japan）や，受容体 MD2：（TLR4）のアンタゴニスト E5564（Eisai, USA）などの開発が挙げられる。しかし，これらの薬剤は，大規模臨床試験において有効性を証明することができず，臨床適用には至らなかった。

　一方，血液中に存在する ET を，体外循環によって吸着除去する，血液吸着法を用いた敗血症治療へのアプローチ方法も検討されて来た。不溶性担体に ET と結合可能なリガンド，例えばポリエチレンイミン（PEI），L-セリン，オフロキサシン，ヒト血清アルブミン，アルギニン，DEAE セルロースなどを固定化した吸着材料の開発が試みられ，臨床試験に進んだものもあっ

＊　Hisataka Shoji　東レ・メディカル㈱　医療材事業部門　海外学術担当

たが，いずれも本格的な臨床適用には至らなかった。

　現在，血液吸着法によるET吸着カラムとして，国内および海外で臨床適用されているものは，トレミキシン®（東レ㈱，東京）[3]，Alteco® LPS Adsorber（Alteco Medical, Sweden）[4]，Toxipak®（Pocard Ltd., Russia），Decepta®-LPS（Biotech-M, Russia）の4製品である。

　本章では，臨床適用されているこれらの血液吸着カラムに絞って，製品仕様，特性について述べる。とりわけ，本邦で開発されたポリミキシンB固定化繊維を吸着体として用いたトレミキシン®カラムのコンセプト，吸着体の基本設計，性能評価，臨床効果などについて詳述する。

2　海外で開発されたエンドトキシン吸着カラム

2.1　Alteco® LPS Adsorber

　多孔質ポリエチレンのディスク状円盤がカラム内部に積層して配置された構造の吸着カラムである。説明書には，リガンドとしてETと高い親和性を有する合成ペプチドが採用され，多孔質ディスクの表面に固定化されていると記されている。しかし，合成ペプチドのアミノ酸の種類，アミノ酸残基数等については，明らかにされていない。カラムは直接血液灌流法で使用され，1回の治療時間は，2時間以上〜6時間以下とされている。

　Adamikらは，敗血症性ショックの患者64症例の内，血中ETレベル（EAA法，Spectral Medical, Canada）の高い18症例に対して，標準治療に加えてAltecoカラムによる血液吸着療法を行った[5]。14症例では，ETレベルは着実に低下したが，4症例では2回の施行を行ったにもかかわらず，ETレベルの低下を認めなかった。この4症例は，多臓器不全の重症例であったため，体内のET負荷量が大きく，吸着治療での十分な除去ができなかった可能性が推察された。臨床パラメータの推移を見ると，平均動脈圧は，18例の平均で有意に上昇，昇圧剤の投与量を減少させることができ，循環動態の改善を認めた。しかし，ETレベルの低下しなかった4症例では，平均動脈圧の上昇を認めず，昇圧剤の投与量は，むしろ増加していた。

2.2　Toxipak®

　最近，ロシアで開発された血液吸着カラムであり，臨床使用も始まっている。直径$100\,\mu m$程度のアガロースビーズが充填されたカラムである。リガンドは，LPSに親和性のある合成化学物質とされているが，詳細は不明である。12症例の臨床試験結果が学会報告されている。血液流量$150\,ml/min$で2時間の体外循環を行い，カラム1回の治療（6例）と2回治療（6例）の2群で検討した。血中ETレベル（EU/ml）が77％低下し，臓器不全の重症度スコアであるSOFA（Sequential Organ Failure Assessment）スコアも，12例の平均で7.2から3.3まで低下した。まだ臨床適用が始まって間もないため臨床データが少なく，さらなる臨床使用データの集積と結果の解析が待たれる。

2.3　Decepta®-LPS

　Toxipak よりも遅れて，臨床使用が始まった血液吸着カラムである。多孔質のスチレンジビニルベンゼン粒子の表面に LPS に親和性のあるリガンドが固定化されているとされているが，リガンド物質の詳細は不明である。最近の学会（Ⅲ Conference of the National Society for Haemapheresis and Blood Purification, St. Petersburg, April 27-28, 2017）において，有効性を示唆する症例の報告があった。即ち，カラムの適用により，敗血症性脳症の症状が改善し，血液ガスや循環動態の指標が改善した。さらに昇圧剤投与量の減量や尿量増加による利尿薬の減量が可能になった。ET レベルは，EAA 法で前値 1.1〜0.8 から治療翌日 0.62 まで低下していた。

3　ポリミキシン B 固定化繊維カラム（トレミキシン®）の設計

　トレミキシンは，本邦で開発された吸着式血液浄化用浄化器（エンドトキシン除去向け）であり，国内では，1994 年 8 月より健康保険適用下で臨床使用されている。現在では，イタリア，ロシア，スペイン，インド，韓国，台湾などの海外諸国でも臨床使用が始まっている。

3.1　吸着材担体の設計

　トレミキシンの吸着材担体としては，ポリプロピレンを島成分，ポリスチレンを海成分とする海島型複合繊維を利用し，編み物に加工した布帛状基材を用いている。さらに，リガンドを固定化するための活性塩素基を有する官能基，α-クロロアセトアミドメチル基を化学反応によりポリスチレン鎖に導入した（図 1）。ポリプロピレンからなる島成分は，繊維の骨格を保持する補強のために導入した。

3.2　リガンドとしてのポリミキシン B

　ET と相互作用可能であり，吸着作用を有するリガンドとして，ポリミキシン B を用いた。ポリミキシン B は，10 個のアミノ酸残基からなる環状ポリペプチド系抗生物質であり，グラム陰

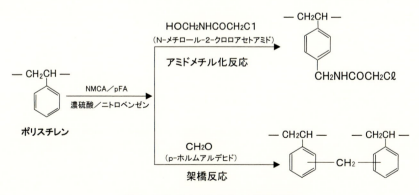

図 1　アミドメチル化および架橋反応

性菌に対して強い抗菌活性を有する。ET と高い親和性で結合し，毒性を中和する作用のあることが古くから報告されている。結合親和性は，ポリミキシン B と ET とのイオン的相互作用，および疎水的相互作用に基づくものである。

ポリミキシン B は，分子構造中にジアミノ酪酸残基によるプラス荷電を有するドメインと，フェニルアラニン，ロイシンなどの疎水性アミノ酸やメチルオクトン酸などの脂肪酸による疎水性ドメインを有する。一方，ET の LPS 分子中には，活性中心のリピド A 部分にリン酸イオンに基づくマイナス荷電が存在し，ポリミキシン B 分子との間にイオン的相互作用を，また，リピド A には長鎖脂肪酸による疎水性の強い部分があり，ポリミキシン B 分子との間で疎水的相互作用を生じる。これら 2 つの相互作用によって分子間に結合親和性を生じるとされている。

このようにポリミキシン B は，ET と結合し毒性を中和する作用を有するが，腎毒性や中枢神経毒性などの副作用発生の問題があるため，血液中への直接投与はできない。そこで，ポリミキシン B を不溶性担体に固定化し，ET との高い結合親和性を利用することによって，血液吸着法に利用可能な吸着材リガンドとして応用した。

3.3 吸着材担体へのポリミキシン B の固定化制御

ポリミキシン B 分子内には 1 級アミノ基を有する 5 個のジアミノ酪酸残基が存在する。

この 1 級アミノ基を用い，担体の α-クロロアセトアミドメチル基の活性塩素を介して，共有結合法によって繊維状担体表面に固定化した（図 2）。

ポリミキシン B 分子と LPS とのイオン的結合には，ジアミノ酪酸分子内の 1 級アミノ基に由来するプラス荷電が関与している。この 1 級アミノ基は，固定化に用いられると共に，ET との結合にも関与するため，固定化の制御が必要になる。

In vitro での LPS の吸着性能評価により，固定化後のポリミキシン B 分子中には 3 個程度の 1 級アミノ基の存在することが重要であり，1 級アミノ基を出来るだけ多く残すように固定化制御することが吸着体の機能発現に必要であることが判明した[6]。

さらに 1 級アミノ基の残基数の重要性は，動物実験でも確認された。大腸菌由来の LPS（*E.*

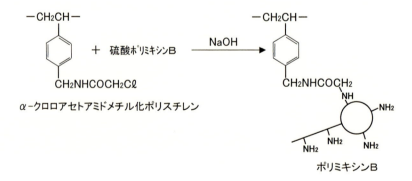

図 2　ポリミキシン B の固定化反応

coli 0111：B4W）を静脈投与した犬のエンドトキシンショックモデルを作成し，吸着体充填カラムを用いた体外循環による治療実験を行った。吸着体のポリミキシンB固定化量および固定化ポリミキシンB分子中の1級アミノ基数と動物の生存率との関係を見ると，1級アミノ基数が2個以下では，動物の生存率が低く，3個以上で生存率が改善した。ポリミキシンB固定化量については，5 mg/g-繊維程度で十分であり，それ以上に固定化量を多くしても，生存率の改善には影響しなかった[6]。

4　ポリミキシンB固定化繊維および血液吸着カラムの性能評価

4.1　種類の異なるLPSに対する吸着性能

　種（bacterial species）や株（bacterial strains）の異なるグラム陰性菌由来のLPSを，それぞれ添加した濃度10 ng/mlの牛血清溶液を調整し，ポリミキシンB固定化繊維を加えて120分間撹拌振とうし，濃度変化をリムルス比濁時間分析法（和光純薬工業㈱）によって調べた。

　大腸菌，サルモネラミネソタ菌，肺炎桿菌，霊菌由来LPS添加溶液の濃度は，経時的に着実に低下し，吸着材の良好な性能が観察された。エンドトキシンの活性中心は，リピドAであり，この部分はグラム陰性菌の種，株の違いによらず構造の共通性が高いとされている。ポリミキシンBの結合部位がリピドA部分であることから，菌の種，株の違いによらず，LPSに対する良好な吸着性能を発揮できたものと推察された[6]。

4.2　ポリミキシンB固定化繊維カラムの灌流吸着性能

　牛血清に大腸菌由来のLPS（*E.coli* 0111：B4W）を添加し，濃度10 ng/mlの血清溶液1.5 Lを調製した。トレミキシンカラムを通じて，血清溶液を120分間循環させ，貯槽内の血清溶液を経時的に採取し，LPS濃度をリムルス比濁時間分析法にて測定した。比較のためにポリミキシンBの固定化されていない担体繊維カラムを作製し，同様の評価法によって貯槽内のLPS濃度変化を調べた。トレミキシンカラムを用いた場合には，LPS濃度の着実な低下を認めたが，担体繊維カラムを用いた場合には，LPS濃度の低下を認めなかった[6]。

5　トレミキシン® カラムの臨床効果

5.1　臨床使用での血中エンドトキシンレベルの低下

　1989/2月から2年間にわたり，全国の8施設において，重症敗血症または敗血症性多臓器不全患者を対象に治験が実施された[7]。42症例が登録され，計61回のET吸着治療が施行された。血中ETレベルが10 pg/mlを超えた37症例（施行回数計50回）の結果では，治療直前85.0±27.2 pg/mlから治療直後57.5±28.4 pg/mlまで有意に低下した。血中ETレベルの測定には，ET特異的なリムルス合成基質法（生化学工業㈱）を採用した。

　現在本邦では，臨床における血中 ET レベルの検査診断法として，リムルス法による比濁時間分析法が採用されているが，測定結果と臨床症状との乖離，検出感度の問題などが度々指摘されて来た。最近，リムルス法とは測定原理の異なる血中 ET 測定法（EAA 法：Endotoxin Activity Assay）がカナダで開発された[8]。敗血症の重症度診断法として米国 FDA の承認も得ており，研究論文も数多く発表されるようになって来た。海外では，ET 吸着療法適用時の ET 血症診断の目的で使用されるケースが増加している。

　Yaroustovsky らは，2008 年から 2017 年の間に心臓手術後に敗血症を合併した成人 143 例について検討した[9]。2010 年から 2017 年の期間には，103 例に対してトレミキシンによる ET 吸着療法が適用されていた。トレミキシン治療は，24 時間間隔で 2 回施行された。103 症例での EAA レベルの平均値は，施行前 0.73（0.66〜0.84）が，2 回目治療の翌日（施行前から 48 時間後）には，0.56（0.48〜0.68）まで有意に低下した。このように，新たな原理に基づく ET 測定方法によっても，トレミキシンによる臨床での血中濃度の低下が確認されたことになる。

5.2 臓器不全の改善

　治験で観察されたトレミキシンの臨床効果は，低下していた平均動脈圧の上昇，酸素化能指数（PaO_2/FiO_2 比）の改善，心機能の改善，解熱などであった[7]。とりわけ循環動態の改善は，市販後に実施された多施設臨床研究においても顕著に観察された[10]。

　Chen-Tse Lee らは，2013 年 10 月から 2016 年 5 月までの期間，腹腔内感染またはグラム陰性菌感染に伴う敗血症性ショックと診断された症例において，トレミキシン治療の効果を後ろ向きに検討した。適合した 167 症例の内，トレミキシン治療 27 例，通常治療 42 例で最終解析を行った[11]。年齢，性別，SOFA スコアの基準値でマッチングした治療群 24 例，対照群 24 例の比較検討では，トレミキシン治療群の 24 時間後の昇圧剤投与量は，対照群に比して有意に減少していた。このように循環動態の改善はトレミキシンの主要な臨床効果であると考えられる。

5.3 生存率の改善

　敗血症性ショックの死亡率は 40〜50％と依然として高い[12]。従来，新規に開発された敗血症治療薬の有効性は，生命予後の改善を主要エンドポイントとして評価されて来た。

　トレミキシンについても海外あるいは国内において，比較対照試験や DPC（Diagnosis Procedure Classification）データベースに基づく解析が実施され，28 日後での生存率が評価されて来た（表 1）。表中の 3 件の試験では，統計的に有意な生存率の改善が示されたが，他の 3 件では，効果を示せなかった。後者の 3 件では，いずれも対照群の死亡率が低く，統計的有意差を検出するには，試験デザインに無理のあった問題点も推察された。

　最近，中村らは，全国 42 の ICU で実施された DIC（Disseminated Intravascular Coagulation）治療薬の研究で得られたデータセットを用いて，後ろ向き観察研究を実施した[13]。トレミキシン治療を受けた群（施行群）と受けなかった群（非施行群）とでプロペンシティースコアマッチン

表 1　トレミキシンの臨床研究

	JL Vincent, et al (SHOCK, 2005) RCT study	D Cruz, et al (JAMA, 2009) RCT study	Iwagami, et al (CCM, 2013) Cohort study (DPC data)	日本集中治療医学会 Sepsis registry 委員会（2013）Cohort study	Iwagami et al (Blood Purif 2016) Cohort study (DPC data)	Payen et al (ICM, 2015) RCT study
対象症例	腹部感染症による重症敗血症または敗血症性ショック	緊急手術を必要とする腹部感染症による重症敗血症または敗血症性ショック	下部消化管穿孔による敗血症性ショック	重症敗血症または敗血症性ショック症例	CRRT を必要とする急性腎障害を合併する敗血症性ショック	緊急手術を必要とする腹膜炎による敗血症性ショック
トレミキシン治療の開始時期	術後 24〜48 時間以内	術後 24 時間以内	術直後，または 1 日後	（記載なし）	CRRT 開始時	術後 12 時間以内
治療回数	1	2	1〜2	1〜2	1〜2	1〜2
28 日後の死亡率（%）治療群 対照群	29（n=17）28（n=19）	p=0.01 32（n=34）53（n=30）	17（n=590）16（n=590）	p=0.019 37.8（n=37）67.6（n=37）	p=0.003 40.2（n=978）46.8（n=978）	P=0.14（ITT）27.7（n=119）19.5（n=113）P=0.93（PP）18.5（n=81）18.0（n=111）

RCT study：Randomized control trial, CRRT：Continuous Renal Replacement Therapy, ITT：Intention To Treat, PP：Per Protocol

グを行い，各群 262 症例のペアで統計解析を行った。院内死亡率は，非施行群 41.2％，施行群 32.8％と，トレミキシン治療群で有意な改善を認めた。

　2010 年から北米で実施されていたトレミキシンの二重盲検法による無作為比較対象試験（EUPHRATES 試験[14]）は，2016 年に入症が完了した。最近，サブグループ解析によって血中 ET レベルが高く，かつ臓器不全重症度スコアの高い群では，トレミキシン治療を受けた群の生存率が，対照群に比して有意に高く，ET 除去治療によってベネフィットを得られる患者群のあることが明らかにされた[15]。最終報告が待たれるところである。

6　おわりに

　血液透析，血液ろ過，血液吸着，血漿交換などの人工臓器的手法を用いた血液浄化療法は，近年，ICU における重症疾患患者の管理，治療に多用されるようになって来ている。中でも，血液吸着法は，選択的吸着材の開発によって，多成分系の血液中から，より選択的に病因関連物質を除去することが可能な血液浄化療法である。

　トレミキシンの臨床適用を通じて，血中エンドトキシンが敗血症治療のターゲットになりうることを支持するデータが集積されて来た。また，エンドトキシンの選択的吸着材の設計は可能であり，血液吸着法に利用可能なことも同時に示されて来た。

しかしながら，血中エンドトキシン吸着法の臨床における有効性の証明は，容易でない。適切な診断法による最も効果を期待できる症例の選択，適用開始基準の決定，評価基準の選定などによって初めて，臨床的意義を確立する端緒につけるものと考えられる。

実験項　ポリミキシン B 固定化繊維状吸着体の調製

[実験操作]

　ポリプロピレン 50 重量部を島成分，ポリスチレン 46 重量部とポリプロピレン 4 重量部を海成分とするポリマーチップを溶融紡糸法によって紡糸し，延伸工程を経て海島型複合繊維を作製した。本繊維束を N-メチロール-α-クロルアセトアミド，ニトロベンゼン，硫酸，ホルムアルデヒドからなる混合溶液中に浸漬し，20℃で 1 時間反応させた。繊維束を反応溶液中から取り出し，0℃の氷水中に投じて反応を停止させた。直ちに水で洗浄し，続いて，繊維に付着しているニトロベンゼンをメタノールで抽出除去し，担体繊維としての α-クロルアセトアミドメチル化繊維を得た。

　硫酸ポリミキシン B 水溶液を作製し，その中に，α-クロルアセトアミドメチル化繊維を浸し，0.1N NaOH 水溶液を滴下しながら，担体繊維へのポリミキシン B の固定化反応を行った。ポリミキシン B の固定化量および固定化されたポリミキシン B 分子内に残存しているジアミノ酪酸由来の 1 級アミノ基数をアミノ酸分析法によって算出した。

　即ち，固定化繊維を，6N HCl 中，110℃で 22 時間加水分解し，アミノ酸分析試料とした。ポリミキシン B の構成アミノ酸であるロイシンとフェニルアラニン量の和を，ポリミキシン B 粉末試料を加水分解した場合と比較することにより，固定化量を算出した。1 級アミノ基の残基数は，ジアミノ酪酸 /（ロイシン＋フェニルアラニン）値を，ポリミキシン B 粉末の加水分解試料（この場合，1 級アミノ基数を 6 個として計算）と比較して算出した。

　ポリミキシン B 固定化繊維のエンドトキシン吸着性能は，次のように評価した。大腸菌由来のエンドトキシン（リポポリサッカライド，Escherichia Coli 0111：B4）を注射用蒸留水で溶解した。このエンドトキシン水溶液を牛血清に添加し，濃度 10 ng/ml のエンドトキシンの牛血清溶液を調製した。

　滅菌したポリミキシン B 固定化繊維を，エンドトキシンの牛血清溶液に添加し，37℃水浴下で振とうした。経時的に牛血清溶液を採取し，エンドトキシン濃度をリムルス比濁時間分析法（和光純薬工業，大阪）で測定し，吸着材のエンドトキシン吸着能を評価した。

文　献

1)　M. S. Singer *et al*, *JAMA*, **315**, 801（2016）

2)　D. C. Angus *et al*, *New Engl J Med*, **369**, 840（2013）

3)　H. Shoji, *Ther Apher & Dial*, **7**, 108（2003）

4)　V. V. Kulabukhov, *Acta Anaesthesiol Scand*, **52**, 1024（2008）

5)　B. Adamik *et al*, Arch *Immunol Ther Exp*, DOI 10.1007/s00005-015-0348-8

6)　小路 久敬ほか，人工臓器，**22**, 204（1993）

7)　小玉 正智ほか，日外会誌，**96**, 277（1995）

8)　A. D. Romaschin *et al*, *J Immunol Methods*, **212**, 169（1998）

9)　M. Yaroustovsky *et al*, *Shock*, DOI 10.1097/SHK.0000000000001016

10)　T. Tani *et al*, *World J Surg*, **25**, 660（2001）

11)　C. T. Lee *et al*, *J Crit Care*, **43**, 202（2018）

12)　SepNet Critical Care Trials Group, *Intensive Care Med*, **42**, 1980（2016）

13)　Y. Nakamura *et al*, *Critical Care* **21**, 134（2017）

14)　D. J. Klein *et al*, *Trials* **15**, 218（2014）

15)　P. Walker, Critical Care Canada Forum,
　　　https://criticalcarecanada.com/presentations-2017

第24章　固定化リボソームを用いたタンパク質合成の一分子イメージング

飯塚　怜[*1]，船津高志[*2]

1　はじめに

　細胞内におけるタンパク質の合成は，mRNA の塩基配列をアミノ酸配列に変換することで行われる。この過程で中心的な役割を担っているのが，リボソームである。バクテリアのリボソーム（70S リボソーム）は，30S と 50S の二つのサブユニットが会合した構造をもつ。30S サブユニットは 1 種類の rRNA（16S rRNA）と 22 種類のタンパク質からなり，mRNA のコドンが読み取られる。一方 50S サブユニットは，2 種類の rRNA（23S rRNA, 5S rRNA）と 34 種類のタンパク質からなり，コドンに対応するアミノ酸の連結が行われる。これらの機能は，リボソームが様々な翻訳因子と結合・解離を繰り返すことで初めて発揮される。

　タンパク質の合成は，フォールディング（cotranslational folding）と共役しながら進行する[1]。この一連の過程を生化学的に解析することは難しく，十分な理解が進んでいない。そこで，一分子イメージングの利用が模索されてきた。一分子イメージングは，反応の同期を取ることなく，その素過程の詳細な解析を可能にする。これまでに，多分子の平均を測定する実験手法では得られない分子の振る舞いや反応中間体の存在が明らかにされてきた。2000 年に 30S および 50S サブユニットの精密な結晶構造が報告されたことが契機となり[2~4]，リボソームの遺伝子工学的改変が可能となった。その結果，活性を維持したままリボソームを基板やビーズ上に固定し，タンパク質合成の様子を一分子イメージングすることができるようになった。本章では，固定化リボソームを利用した一分子イメージング法と，これにより示唆されたリボソームの新たな機能について紹介する。

2　リボソームの構造・固定化

　リボソームによるタンパク質合成は秒から分単位の反応であり，その反応を追跡しようとすると，リボソームを固定して継続的に観察する必要がある。2000 年初頭までは，リボソームの遺伝子工学的改変が難しかったこともあり，直接マイカ基板上に物理吸着させる[5,6]，あるいはリボソーム表面に露出するシステインをガラス基板と架橋させることで固定化し[7]，一分子実験が

＊1　Ryo Iizuka　東京大学　大学院薬学系研究科　助教
＊2　Takashi Funatsu　東京大学　大学院薬学系研究科　教授

行われていた。いずれの方法もリボソームを強固に固定化することができるが，機能が損なわれ
やすく，タンパク質合成反応を捉えることは困難を伴った。リボソームの遺伝子工学的改変が可
能となった現在では，構造や機能部位に与える影響を小さく抑えながらリボソームにビオチンを
付与し，ストレプトアビジン／ニュートラアビジンを介して固定化する方法が利用されている。
以下に，固定化の肝となるリボソームのビオチン化方法を示す。

2.1　rRNA のビオチン化

　筆者らは，Stanford 大学の Puglisi らが作出した，大腸菌の変異体リボソーム（C68 リボソー
ム）を利用した。C68 リボソームは，30S サブユニットを構成する 16S rRNA の Helix 44 に 23
塩基の配列がループ状に挿入されている。この挿入配列に相補的な配列の DNA オリゴヌクレオ
チドにビオチンを付与すれば，ハイブリダイゼーションによりリボソームをビオチン化できる[8]
（図 1）。このリボソームをストレプトアビジン，ビオチン化ウシ血清アルブミン（BSA）を介し
て固定化すれば，ガラス基板上でタンパク質を合成することができる[9]。同様のアプローチで，
真核細胞（出芽酵母）のリボソームの基板固定も可能である[10]。

　Stapulionis らは，50S サブユニット中の 23S rRNA の 3' 末端が優先的に過ヨウ素酸酸化され
ることに着目し，リボソームをビオチン化する方法を提案した[11]（図 2）。この反応は温和な条件
で進行するため，リボソームの活性に影響を与えないという。しかし，副反応（他の rRNA の
ビオチン化）が起こる可能性は否定できない。同研究グループは，このビオチン化リボソームを
基板上に固定し，翻訳伸長因子 EF-G（elongation factor G）との結合に伴う構造変化の一分子
イメージングに成功している[12]。

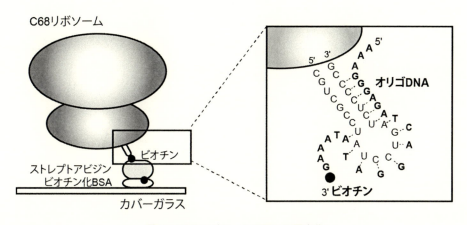

図 1　C68 リボソームを用いた固定化

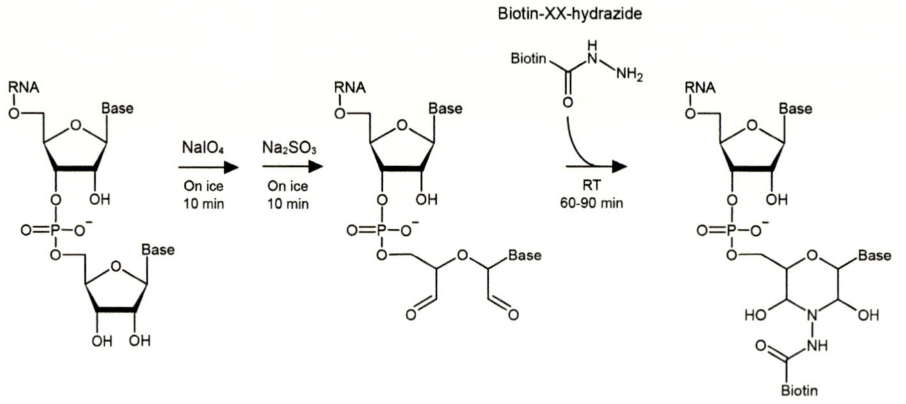

図2　過ヨウ素酸酸化による rRNA のビオチン化

2.2　リボソームタンパク質のビオチン化

　AviTag は 15 アミノ酸残基（GLNDIFEAQKIEWHE）のタグ配列で，この中のリジンが大腸菌のビオチンリガーゼによりビオチン化される[13]。Katranidis らは，50S サブユニットを構成する uL4 タンパク質に AviTag を融合し，ビオチンリガーゼと共発現させることで，大腸菌内でリボソームをビオチン化させた。このリボソームを基板上に固定すると，タンパク質の出口トンネルが基板の方を向くと考えられるが，タンパク質合成活性は損なわれないようである[14]。また同様に，ビオチンカルボキシルキャリアータンパク質（BCCP）をリボソームタンパク質と融合させることでも，リボソームのビオチン化が可能である[15]。

　ybbR tag と呼ばれる 11 残基（DSLEFIASKLA）のタグは，Sfp phosphopantetheinyl transferase による酵素反応を利用して，ビオチンさせることができる[16]。Kaiser らはこの方法で bL17 タンパク質をビオチン化し，リボソームにマイクロビーズを結合させることに成功している[17,18]。

　HaloTag は，Promega 社が開発した *Rhodococcus rhodochrous* 由来 Haloalkane dehalogenase の変異体である。蛍光色素やビオチンが付与された HaloTag ligand と迅速に結合し，共有結合を形成する[19]。Zhou らは，30S サブユニットを構成する uS2 タンパク質に HaloTag を連結させたリボソームを，ビオチン化リガンドを介して固定化し，trans-translation 反応（途中で停止したタンパク質合成反応を終結させる反応）の一分子イメージングに成功している[20]。このリボソームは，C68 リボソームに比べ，より長時間の固定が可能だという。

3　固定化リボソームを用いたタンパク質合成の一分子イメージング

　以下に，固定化リボソームを用いたタンパク質合成の一分子イメージングの実例を紹介する。紙面の都合上，手法の原理などについては，原論文および成書（文献 21 など）を参考にされたい。

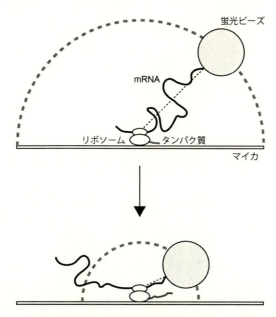

図3　TPM法によるタンパク質合成の一分子イメージング

3.1　Tethered particle motion 法によるタンパク質合成の一分子イメージング

　Vanzi らは，Tethered particle motion（TPM）と呼ばれる方法[22]を応用し，固定化したリボソームがmRNAを手繰り寄せながらタンパク質を合成する様子の一分子観察を行なった[6]。その実験系の概要を，図3に示す。mRNAは，3′末端をビオチン化した poly（U）を用いた。このmRNAにニュートラアビジンが付与された蛍光ビーズを結合させ，基板上に物理吸着させたリボソームにタンパク質（poly（Phe））合成を行わせた。タンパク質合成が進むと，poly（U）の3′末端に結合したビーズがリボソームに手繰り寄せられ，ビーズのブラウン運動半径（破線）が次第に小さくなる。この様子を，蛍光顕微鏡下で観察した。その結果，6例だけではあるが，経時的にビーズのブラウン運度が小さくなる様子が観察された。mRNA一塩基あたりの長さの仮定にもよるが，タンパク質合成の平均速度は 0.66〜2.2 peptide bonds/s と見積もられた。この速度は，*in vitro* におけるタンパク質合成速度とおよそ一致する。リボソームの固定化方法など，実験系に問題点はあるが，複雑な装置を使うことなく，タンパク質合成過程のリアルタイム追跡を可能にした点は画期的であった。

3.2　リボソームディスプレイによるタンパク質合成の一分子イメージング

　筆者らは，合成されたタンパク質をリボソーム上にディスプレイさせる方法（リボソームディスプレイ法）[23]を応用し，GFP の合成を一分子イメージングした[9]。GFP はフォールディングするや否や蛍光を発するのではなく，蛍光性を獲得するまでにある程度の時間を要する。この時間は，分子内に発色団が形成される過程に相当する。実験には，この過程が比較的速い GFP 変異

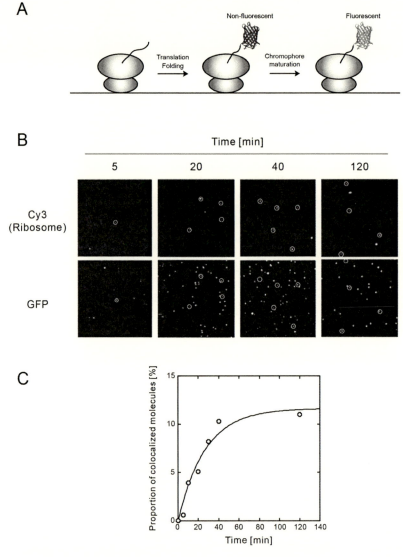

図4 新生タンパク質ディスプレイによるタンパク質合成の一分子イメージング
(A) 実験系の概要。(B) リボソームおよび GFP の輝点の経時変化。それぞれの視野で位置が一致した輝点を丸で囲って示した。(C) リボソームと GFP の輝点の一致した割合の経時変化。時間の経過とともに，一致率が上昇していることがわかる。

体（GFPuv3；F64L/S65T/F99S/M153T/V163A）を用いた[24]。また GFPuv3 の C 末端に，リンカーを介して翻訳を停止させる配列（SecM のアレスト配列＋プロリン）を付与し，合成された GFPuv3 がリボソーム上にディスプレイされるようにした[25,26]（図4A）。基板上に C68 リボソームを固定化し，GFPuv3 発現プラスミド，リボソームを含まない再構成型無細胞タンパク質合成系（PURE system）[27] を添加したところ，時間経過とともに GFPuv3 の輝点が増加する様子が観

察された（図 4B, C および実験項）。リボソームの固定化方法は異なるが，Katranidis らも GFP をリボソーム上にディスプレイさせ，その合成の一分子イメージングに成功している[14]。

3.3　光ピンセットを利用したタンパク質合成の一分子イメージング

　Kaiser らは，リボソーム上にディスプレイされたタンパク質（T4 リゾチーム）の張力による アンフォールディングおよび弛緩させた際のリフォールディングの様子を一分子イメージングし た[28]。図 5A に，その実験系の概要を示す。ビオチン化したリボソーム上に，T4 リゾチームを ディスプレイさせた。そして，T4 リゾチームをビーズに結合させ，光ピンセットで捕捉した。 一方，リボソームに結合させたビーズを微小ピペットによる吸引で捕捉した。まず，光ピンセッ トの捕捉中心を一定の速度で移動させることにより，T4 リゾチームに徐々に張力を加えた（図 5B，実線）。張力がある一定の大きさに達すると，T4 リゾチームがアンフォールドして張力が 低下し，フォースカーブにピークが観測された。さらに力を加えていくと，ペプチド鎖が伸張し た。次に，力を緩めるとリフォールディングが起こり，鎖長が短くなった（図 5B，破線）。実験 の結果，リボソーム上にディスプレイされた T4 リゾチームのリフォールディング速度は，溶液 中の T4 リゾチームのそれより遅くなった。この結果から，リボソーム上の T4 リゾチームはリ フォールディングの際，リボソームと相互作用することが示唆された。リボソームはフォール ディングの経路を限定することで，タンパク質が天然構造へとフォールディングしやすくなるよ う介助している可能性がある。

　Wruck らは，以下のような実験系により，cotranslational folding を一分子レベルで解析し た[29]。まず，タンパク質の合成をヒスチジンがない条件で行うことにより途中で停止させ，新生 タンパク質をリボソーム上にディスプレイさせた。次に，リボソームと新生タンパク質にビーズ

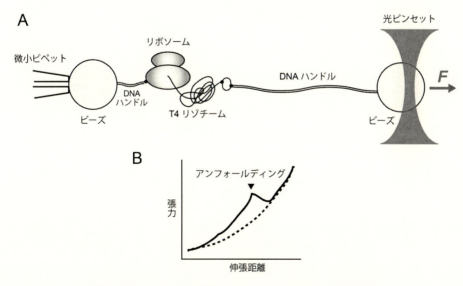

図 5　光ピンセットを利用したタンパク質合成の一分子計測

を結合させ，光ピンセットにより2つのビーズを捕捉しながらヒスチジンを加え，タンパク質合成を再開させた。ポリペプチドの伸長，フォールディングに伴い，2つのビーズ間の距離が変化する。これを経時的に計測した。その結果，プロリン残基が連続する，あるいは正電荷のアミノ酸が連続すると，タンパク質合成の速度が低下することが観察された。また，疎水性アミノ酸残基が集まって疎水性のコア構造を形成することが引き金となり，フォールディングが開始することが示された。

4 おわりに

　本章では，リボソームを基板上に固定する方法とそれを利用したタンパク質合成の一分子イメージングの研究成果を紹介した。一分子イメージング法の利用により，合成されたタンパク質が機能発現する過程について新たな情報や知見が得られはじめている。今後も，その重要性はさらに増していくと考えられる。本章がその参考の一助となれば幸いである。

実験項　リボソームディスプレイによる GFP 合成の一分子蛍光イメージング

[材料・機器]

* 鋳型 DNA（GFPuv3-pD-SecM 発現プラスミド；詳細は文献 30 を参照）
* リボソームを除いた PURE system（現在手に入るものであれば，PURE*frex*（ジーンフロンティア）または PURExpress ΔRibosome Kit（NEB））
* C68 リボソーム
* Cy3 およびビオチンが付与された DNA オリゴヌクレオチド（5'-Cy3-AAAGGGAGATCAGGATATAAAG-biotin-3'（Integrated DNA Technologies））
* カバーガラス，スライドガラス（松浪ガラス），スペーサー（Lumirror #50-S10（東レ））
* プラスチックケース（100 円ショップで売られているピルケース）
* プラズマリアクター（FEMTO plasma system（Diener electronic））
* 3 mg/mL ビオチン化 BSA（アセチル化 BSA（Sigma）に Maleimide-PEG$_2$-Biotin（Thermo Fisher Scientific）を結合させたもの）
* 0.33 mg/mL ストレプトアビジン（Thermo Fisher Scientific）
* Imaging buffer（50 mM Tris-acetate pH 7.5, 5 mM ammonium acetate, 0.5 mM calcium acetate, 5 mM magnesium acetate, 0.5 mM EDTA, 100 mM KCl, 5 mM β-mercaptoethanol）
* マニキュア
* 全反射蛍光顕微鏡

第 24 章　固定化リボソームを用いたタンパク質合成の一分子イメージング

［実験操作］

　酸素プラズマで処理した後，プラスチックケース内で 5〜7 日放置したカバーガラス，スペーサー，スライドガラスを用いて，フローセルを作製した。3 mg/mL ビオチン化 BSA を 15 μL 流し入れ，2 分静置しガラス表面に吸着させた。Imaging buffer で未吸着のビオチン化 BSA を洗い流した後，0.33 mg/mL ストレプトアビジンを 15 μL 流し，2 分静置しビオチン化 BSA と結合させた。Imaging buffer で未結合のストレプトアビジンを洗い流した後，Cy3 およびビオチンを付与したオリゴ DNA を結合させた C68 リボソーム（〜20 pM）を 15 μL 流し，2 分静置し，ストレプトアビジンに結合させた。Imaging buffer で未結合のリボソームを洗い流した後，鋳型 DNA を添加した PURE system（リボソームを除いたもの）を 15 μL 流し入れた。スペーサーをはずし，観察溶液の蒸発を防ぐためにカバーガラスの周囲をマニキュアで封をした。全反射蛍光顕微鏡を用い，Cy3 および GFP の輝点を経時的に観察し，輝点の一致率を調べた。

文　　　献

1)　L. D. Cabrita *et al.*, *Curr. Opin. Struct. Biol.*, **20**, 33（2010）

2)　N. Ban *et al.*, *Science*, **289**, 905（2000）

3)　F. Schluenzen *et al.*, *Cell*, **102**, 615（2000）

4)　B. T. Wimberly *et al.*, *Nature*, **407**, 327（2000）

5)　A. Sytnik *et al.*, *J. Mol. Biol.*, **285**, 49（1999）

6)　F. Vanzi *et al.*, *RNA*, **9**, 1174（2003）

7)　F. Vanzi *et al.*, *Biophys. J.*, **89**, 1909（2005）

8)　M. Dorywalska *et al.*, *Nucleic Acids Res.*, **33**, 182（2005）

9)　S. Uemura *et al.*, *Nucleic Acid Res.*, **36**, e70（2007）

10)　A. Petrov & J. D. Puglisi, *Nucleic Acids Res.*, **38**, e143（2010）

11)　R. Stapulionis *et al.*, *Biol. Chem.*, **389**, 1239（2008）

12)　Y. Wang *et al.*, *Biochemistry*, **46**, 1076（2007）

13)　D. Beckett *et al.*, *Protein Sci.*, **8**, 921（1999）

14)　A. Katranidis *et al.*, *Angew. Chem. Int. Ed. Engl.*, **48**, 1758（2009）

15)　T. Liu *et al.*, *eLife*, **3**, e03406（2014）

16)　J. Yin *et al.*, *Proc. Natl. Acad. Sci. U. S. A.*, **102**, 15815（2005）

17)　C. M. Kaiser *et al.*, *Science*, **334**, 1723（2011）

18)　D. H. Goldman *et al.*, *Science*, **348**, 6233（2015）

19)　G. V. Los *et al.*, *ACS Chem. Biol.*, **3**, 373（2008）

20)　Z. P. Zhou *et al.*, *J. Biochem.*, **149**, 609（2011）

21)　原田慶恵・石渡信一編，1 分子生物学，化学同人（2014）

22)　D. A. Schafer *et al.*, *Nature*, **352**, 444（1991）

23) T. Matsuura & A. Plückthun *FEBS Lett.*, **539**, 24 (2003)

24) R. Iizuka *et al.*, *Anal. Biochem.*, **414**, 173 (2011)

25) H. Nakatogawa & K. Ito, *Cell*, **108**, 629 (2002)

26) C. S. Hayes *et al.*, *J. Biol. Chem.*, **277**, 33825 (2002)

27) Y. Shimizu *et al.*, *Nat. Biotechnol.*, **19**, 751 (2001)

28) C. M. Kaiser *et al.*, *Science*, **334**, 1723 (2011)

29) F. Wruck *et al.*, *Proc. Natl. Acad. Sci. U. S. A.*, **114**, E4399 (2017)

30) R. Iizuka *et al.*, *Methods Mol. Biol.*, **778**, 215 (2011)

第25章　糖鎖固定化蛍光性ナノ粒子の開発とその利用

新地浩之[*1]，若尾雅広[*2]，隅田泰生[*3]

1　はじめに

　糖鎖は，糖が鎖状に連結した生体分子で，糖タンパク質や糖脂質，グリコサミノグリカンなどの形で，ほぼ全ての細胞に存在する[1]。特定のタンパク質や糖鎖同士の相互作用を介して，細胞の分化や増殖，免疫反応，シグナル伝達などの多彩な生命現象に関与しており，核酸，タンパク質に次ぐ第3の生命鎖として注目されている。また，細胞表層に発現する糖鎖は，構造・発現量が細胞の種類や分化度，がん化などに応じて大きく変化することが明らかにされている。そのため，糖鎖と疾患の関連に関する研究が活発に行われており，糖鎖をマーカーにした疾患診断法[2]や，ES細胞やiPS細胞の品質管理に関する研究[3]が注目されている。糖鎖は，細菌やウイルスなどの病原体の感染においても重要な役割を果たしている。これらの病原体は，感染の最初の段階で，被感染（宿主）細胞表層の特定の糖鎖に結合する。また逆に，病原体の特定の糖鎖が宿主細胞の糖鎖受容体に結合して感染を開始する場合もある。一方で，病原体の中には，宿主内に存在する糖鎖と同じ構造を表面に提示して，宿主の免疫機構から巧みに逃避するものもある。したがって，病原体の感染経路の詳細な解析は，画期的な創薬・治療・防疫体制の開発に繋がると期待されている。しかし，糖鎖は構造が非常に複雑なため，核酸やタンパク質に比べて研究が遅れており，未だに解明されていない現象も多く残されている。

　これらの糖鎖の構造や機能を解析するために，これまでに様々な手法が開発されている。細胞表層に存在する糖鎖の発現パターンに関しては，核磁気共鳴法や質量分析法に加え，蛍光標識化レクチンやレクチンアレイなどによる解析がある。糖鎖との相互作用解析には，糖鎖マイクロアレイ法や水晶振動子マイクロバランス法，表面プラズモン共鳴（Surface plasmon resonance：SPR）法などが開発されている。我々も，SPR法による解析を容易にするために，糖鎖の金チップへの固定化法を開発し，アレイ型のチップ（シュガーチップ）とSPRイメージング法を用いた糖鎖とタンパク質やウイルスとの網羅的分析法を確立・実用化している[4,5]。しかし，これらの相互作用解析手法は，高価な機器や熟練した技術を要するため，利用範囲が限定されている。また，臨床応用を目指した検査診断ツールへの実用化も未だ発展途上であり，汎用性の高い糖鎖

＊1　Hiroyuki Shinchi　鹿児島大学　大学院理工学研究科　助教

＊2　Masahiro Wakao　鹿児島大学　大学院理工学研究科　助教

＊3　Yasuo Suda　鹿児島大学　大学院理工学研究科　教授

機能解析ツールや診断ツールの開発が望まれている。

このような背景に立脚し，我々は糖鎖とタンパク質の相互作用を簡便に解析するツールとして，蛍光性ナノ粒子である量子ドット（QD：Quantum dot）に糖鎖を固定化した糖鎖固定化蛍光性ナノ粒子（SFNP：Sugar-chain immobilized fluorescence nanoparticle）を開発した[6]。糖鎖一分子とタンパク質の相互作用は，タンパク質同士の相互作用に比べて弱く，生体内では糖鎖を集合化（クラスター化）することで，その相互作用を増強させる「糖鎖クラスター効果」が糖鎖の機能発現に欠かせない。我々が開発したSFNPは，高密度に糖鎖を固定化できるため，糖鎖クラスター効果により，相互作用の弱い糖鎖結合性タンパク質とも強く相互作用する。また，レクチンや抗体のような多価の糖鎖結合部位を有するタンパク質と架橋し，凝集する性質を有しており，蛍光を利用することで，目視で簡便且つ高感度に相互作用を解析できる。さらに，これまでに困難であった細胞表層の糖鎖結合性解析などを行えるので，イメージングツールとしての利用も可能である。本章では，①糖鎖を蛍光性ナノ粒子に固定化する方法，②糖鎖結合性タンパク質との相互作用解析，③ギラン・バレー症候群の迅速／簡便な検査診断法の開発について紹介する。

2　糖鎖を蛍光性ナノ粒子に固定化する方法

SFNPのコア成分であるQDは，血清タンパク質などと同程度のサイズ（直径2～10 nm）の半導体ナノ粒子で，紫外線照射により強い蛍光を発する[7]。蛍光標識剤として一般的に用いられる有機蛍光色素や蛍光タンパク質に比べて，蛍光スペクトル幅が狭く，消光しにくいことが特徴である。QDは比表面積が大きく，DNAやペプチド，タンパク質などの様々な生体分子を高密度に固定化できるため，*in vitro* および *in vivo* での蛍光イメージングツールとして幅広い分野で利用されている[8,9]。

糖鎖を固定化したQD（SFNP）の調製についてもこれまでにいくつかのグループが報告している。糖鎖を固定化する方法には，主に，①糖鎖修飾両親媒性ポリマーでQDをミセル化する方法[10]，②反応性官能基を有するポリマーでコーティングしたQDに糖鎖を導入する方法[11,12]，③チオール基を有する糖鎖分子をQD表面に直接固定化する方法[13~15]，の3種類が報告されている。一方，①の方法では，リン酸緩衝生理食塩水（PBS）などの緩衝液中での分散性が乏しく，生体環境下での利用が大きく制限される。また，②の方法では，ポリマーコーティングの際の粒径の制御や，糖鎖の導入量の制御が難しい。③の方法は，チオール基と金属原子の結合を利用して容易に糖鎖を固定化できるが，糖鎖にチオール基を導入するために複雑な化学反応を行わなければならないことや，タンパク質のシステイン残基やグルタチオンなどの生体内に存在するチオール基との交換反応により，安定性が低下することが問題である。このように，従来の糖鎖固定化法には様々な課題があり，簡便に調製でき，より安定に糖鎖が固定化されたSFNPの開発が必要であった。

　我々は，独自開発した monovalent-linker[4)] または f-mono linker[16)] の 2 種類のリンカー化合物より合成した糖鎖リガンド複合体を用いて，生体環境下でも安定な SFNP の調製方法を開発した（図 1)[6)]。これらのリンカー化合物は，簡便に糖鎖と複合化できることが特徴である。通常，糖鎖にチオール基やアミノ基などの反応性官能基を導入するためには，複雑な化学反応を行わねばならず，硫酸化糖鎖などはその過程で硫酸基などが欠落する恐れがある。一方，我々のリンカー化合物は，還元アミノ化反応による穏やかな条件で糖鎖と縮合させるため，糖に結合している官能基に全く影響を与えることなく複合化することができる（図 1a)。糖鎖リガンド複合体の精製においても，monovalent-linker は紫外吸収を，f-mono linker は蛍光を利用して検出できるため，逆相カラムクロマトグラフィーにより反応生成物を容易に精製することができる。

　我々の糖鎖固定化法は，水素化ホウ素ナトリウム（NaBH$_4$）を用いた還元条件下で，糖鎖リガンド複合体と QD 溶液を混合するだけで容易に糖鎖を固定化できる（図 1b)。さらに我々の糖鎖リガンド複合体は，環状ジスルフィドを有するため，二座配位で QD 表面に結合でき，単座配位のチオール基に比べて強固・安定に糖鎖を固定化できる。

　SFNP の一例として，マルトース（Glc α 1-4Glc）と monovalent-linker を複合化した Glc α 1-4Glc-mono を固定化した SFNP（α Glc-SFNP）について紹介する。QD1 個（直径約 4 nm）あたりの Glc α 1-4Glc-mono の固定化量をアントロン-硫酸法により算出したところ，その固定化

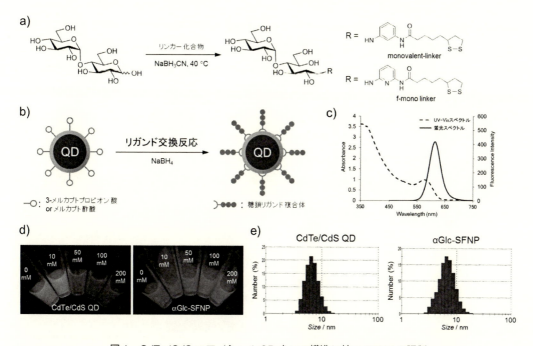

図 1　CdTe/CdS コア／シェル QD をコア構造に持つ SFNP の調製
　糖鎖リガンド複合体の合成スキーム(a)，リガンド交換反応による QD 表面への糖鎖の固定化(b)，
　α Glc-SFNP の UV-Vis および蛍光スペクトル(c)，グルタチオン溶液中での α Glc-SFNP の安定性
　(d)，DLS により測定した α Glc-SFNP の粒径(e)

量は，最大固定化量の計算値[17]に近い約 150 分子であった。高密度且つ強固・安定に糖鎖が固定化されているため，緩衝液中でも分散することができ，4℃で遮光保存すれば，少なくとも 6ヶ月間は安定に分散した。糖鎖を固定化していない QD は 50 mM のグルタチオン溶液中で凝集したが，α Glc-SFNP はその 4 倍濃度（200 mM）のグルタチオン溶液中でも安定に分散し，強い蛍光を発した（図 1d）。PBS 中での平均粒径は，動的光散乱（DLS）法で測定すると約 7 nm であって，糖鎖固定化前とほぼ同じであった（図 1e）。また，透過型電子顕微鏡で観測した粒径（平均約 4 nm）は，糖鎖固定化の前後で変化がなかったことから，PBS 中で単分散していることが示された。このように，我々の糖鎖固定化法は，生体環境下でも安定な SFNP を簡便に調製でき，糖鎖部分の構造を変更することで様々な SFNP を調製できる。

3　糖鎖結合性タンパク質との相互作用解析

　SFNP は，糖鎖がクラスター状に固定されているため，多価の糖鎖結合部位を有するタンパク質と架橋し，凝集体を形成する性質を有する。従って，糖鎖と糖鎖結合性タンパク質（レクチン）の相互作用を，目視で簡便に解析できる（図 2a）。

　1 μM の α Glc-SFNP を用いた相互作用解析例を紹介する。レクチンには，5 μM の α マンノース／α グルコース結合性のコンカナバリン A（Con A），β ガラクトース結合性のヒママメレクチン 120（RCA120），N-アセチルグルコサミン結合性の小麦胚芽レクチン（WGA）の 4 種類を用いた。また，陰性コントロールには，糖鎖非結合性タンパク質のウシ血清アルブミン（BSA）を用いた。タンパク質溶液と α Glc-SFNP 溶液を混合し，一時間静置後，遠心分離し，凝集体の生成を観察した。その結果，Con A と混合した溶液においてのみ，目視で観察可能な蛍光性の凝集体が生じ，また上澄みの蛍光強度の低下が観測された。一方，他のレクチンや BSA との凝集体は生じなかったことから，α Glc-SFNP が Con A と特異的に相互作用し，凝集したことが示された。そこで，2 倍ずつ段階希釈した Con A 溶液を用いて凝集体が生成する限界濃度を求めたところ，Con A の検出限界は 80 nM，K_D 値は 120 nM であった（図 2b）。このように

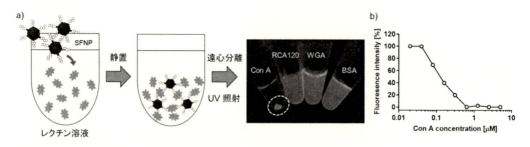

図 2　SFNP とレクチンの凝集反応
α Glc-SFNP とレクチンの特異的な凝集反応(a)，上澄みの蛍光強度の減少率から得られた
1 μM α Glc-SFNP と Con A の結合曲線(b)

SFNP は，目視で凝集反応を蛍光観察するだけで，高感度に糖鎖結合性タンパク質との相互作用を解析できるため，非常に簡便な相互作用解析手法になると考えられる。

4　ギラン・バレー症候群簡易検査診断法への応用

　ギラン・バレー症候群（GBS）は，急速な手足の運動麻痺を示す免疫性末梢神経疾患の一種で，約 10 万人に 1 人の割合で発症する指定難病である[18]。急速な手足の運動麻痺を示す神経・筋疾患のなかでも最も頻度が高く，臨床現場ではしばしば脳卒中と誤診される。GBS 患者の約 70% で，発症前 4 週間以内に *Campylobacter jejuni* や *Mycoplasma pneumoniae*，Cytomegalovirus，Epstein-Barr virus などの先行感染が報告されている。これらのなかでも，*C. jejuni* は，全体の 20〜30% を占める主要な先行感染病原体であり，*C. jejuni* の感染後に GBS を発症する確率は 0.1% と報告されている。この先行感染による GBS の発症については，詳細に研究されており，*C. jejuni* の菌体外膜に発現するリポオリゴ糖（LOS）と神経細胞に多く存在する糖脂質のガングリオシドに分子相同性があるため，病原体に対する抗体が誤って自己の末梢神経を攻撃してしまうという作用機序が報告されている[19]。GBS は，基本的に病歴や臨床症状に基づいて診断されるが，発症初期は脳卒中などの他の疾患と類似した症状を呈するため判別が困難な場合が多く，診断を確定するための補助診断が必要である。GBS では，急性期の患者血清からガングリオシドに対する抗体が検出されることが多く，enzyme-linked immuno-sorbent assay（ELISA）法による補助診断が行われている[20]。治療が遅れると死に至ることがあり，早期診断による早期治療が重要であるが，検査機関に依頼すると，結果の受領までに数日から一週間程かかる場合もあるため，結果として治療が遅れてしまう。そのため，臨床現場でも検査可能な迅速簡便な診断法の開発が必要であった。我々は，SFNP を用いて，GBS 患者血清中の抗ガングリオシド抗体を迅速・簡便に検出できる新たな GBS の検査診断方法を開発した[21]。

　まず，GBS 患者血清に多く存在する抗 GM1 IgG 抗体および抗 GD1a IgG 抗体を検出するために，GM1 または GD1a の糖鎖部分を固定化した SFNP（GM1-SFNP および GD1a-SFNP）をそれぞれ調製した（図 3a）。次いで，GBS 患者血清を用いて，抗ガングリオシド抗体と SFNP との凝集反応を観察した。血清には，ELISA 法により判定した抗 GM1 IgG 抗体陽性血清 3 例，抗 GD1a IgG 抗体陽性血清 2 例，抗ガングリオシド抗体陰性血清 2 例を用いた。SFNP 溶液と血清をそれぞれ 5 µL ずつ混合し，4℃で一晩静置後，遠心分離し，紫外線照射下で凝集体の生成を観察した。その結果，GM1-SFNP を用いた場合，抗 GM1 IgG 抗体陽性血清のみで凝集体が生じ，GD1a-SFNP を用いた場合には，抗 GD1a IgG 抗体陽性血清に加え，一部の抗 GM1 IgG 抗体陽性血清で凝集体が生じた（図 3b）。GBS 患者血清には複数の抗ガングリオシド抗体が検出されることがあり，この血清に抗 GD1a IgG 抗体もしくは GD1a に交差性がある抗体が含まれていたことが示唆された。一方，抗ガングリオシド抗体陰性の血清では GM1-SFNP，GD1a-SFNP いずれでも凝集体が生じなかった。これらから，SFNP が血清タンパク質などの夾雑物とは結合せず，

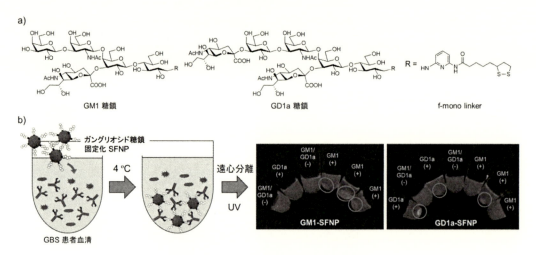

図 3　SFNP を用いた GBS の簡易診断法
SFNP の調製に用いた糖鎖リガンド複合体(a)と GBS 患者血清に含まれる
抗ガングリオシド抗体と SFNP の凝集反応(b)

抗ガングリオシド抗体と特異的な凝集体を形成することが示唆された。続いて，SFNP を用いた凝集法と ELISA 法の検出感度を比較するために，ELISA 法にて判定された抗 GM1 IgG 抗体陽性血清および抗ガングリオシド抗体陰性血清を 50 例ずつ用いて検出感度と特異度を比較した。GM1-SFNP と血清を 15 μL ずつ混合し，4℃で 3 時間静置後に，遠心分離し，凝集反応を観察した。その結果，ELISA 法で抗 GM1 IgG 抗体陽性と判定された血清 50 例のうち 43 例で SFNP との凝集体が観察された。一方，抗 GM1 IgG 抗体陰性と判定された血清では，SFNP の凝集体が全く生じなかった。即ち，ELISA 法と比較した本法の検出感度は 86% であり，特異度は 100% であった。また，2 種類の検出法の一致度を表すカッパ係数は 0.86 であり，ELISA 法とほぼ一致していた。

　本法は，SFNP と少量の血清を混合するだけで，数時間以内に血清中の抗ガングリオシド抗体を目視で検出することができる。また，現在検査に利用されている ELISA 法に比べ，短時間かつ極めて簡便に検査できるため，臨床現場で有用な新たな診断方法になると考えられる。

　本法は固定化する糖鎖の構造を変えるだけで，抗糖鎖抗体が関与する他の疾患への応用も可能なことから，GBS だけでなく様々な疾患に対する新たな簡易診断法になることが期待される。

5　おわりに

　本章では，我々が開発した糖鎖リガンド複合体を用いた生体環境下でも安定な SFNP の調製法とその利用例を紹介した。SFNP は，高密度に糖鎖が固定化されているため，糖鎖クラスター効果により親和性の低い糖鎖結合性タンパク質とも強く結合する。そのため，凝集反応を利用す

ることで，その相互作用を目視で簡便に解析することができる。また，SFNP は強い蛍光を発するため，イメージングツールとしての利用も可能であり，我々は別途各種細胞の糖鎖結合性について詳細な解析を進めている。SFNP を用いて，細胞や生体内の糖鎖結合性分子の静的・動的な解析を行うことで，糖鎖が関与する生体機能の解明や糖鎖選択性を利用した薬剤の選択的輸送法の開発などにも利用できると考えられ，医薬品開発をはじめとする多方面での応用展開が期待される。

実験項 1　糖鎖リガンド複合体の合成

［実験操作］

　糖鎖とリンカー化合物[4, 16]（1.1 当量）をジメチルアセトアミド／H_2O／酢酸（5：5：1）溶液に溶解し，40℃で 5 時間加温した。その後，シアノ水素化ホウ素ナトリウム（10 当量）を加え，40℃で 3 日間加温した。得られた糖鎖リガンド複合体は，ODS を用いた逆相カラムクロマトグラフィー（水→水／メタノール）により精製した。

実験項 2　糖鎖固定化蛍光性ナノ粒子の調製

［実験操作］

　SFNP のコア成分となる CdTe/CdS コア／シェル QD の合成は，H. Peng[22]らと Y.-F. Liu[23]らの方法を参考に合成した[6]。QD への糖鎖の固定化は，リガンド交換反応により行った。まず，CdTe/CdS QD 水溶液（1 μM，500 μL）を限外濾過（アミコンウルトラ-0.5，メルクミリポア社製，分画分子量：10k，14,000×g，5 分）した。その後，全量が 250 μL になるように濃縮残渣に超純水を加え，QD 溶液を調製した。次に，別途，$NaBH_4$（3.78 mg，100 μmol）を超純水（10 mL）に溶解後，10 分間静置し，$NaBH_4$ 水溶液を調製した。エッペンドルフチューブに糖鎖リガンド複合体水溶液（1 mM，125 μL）を加え，先に調製した $NaBH_4$ 水溶液（10 mM，125 μL）と混合し，ボルテックスミキサーで撹拌後，10 分間静置した。この溶液に，先に調製した QD 水溶液（250 μL）を加え，遮光下で 24 時間撹拌した。その後，限外濾過（アミコンウルトラ-0.5，分画分子量：10k，14,000×g，5 分）し，濃縮残渣に超純水（400 μL）を加えた。この操作を 3 回繰り返した後，濃縮残渣を回収し，全量が 500 μL になるように PBS を加えて SFNP 溶液を調製した。

実験項 3　SFNP とレクチンの凝集反応

［実験操作］

　0.2 mL PCR チューブにレクチン溶液（10 μL，0.04～5 μM）を加え，SFNP 溶液（10 μL，

1 µM）と混合し，ピペッティングにより撹拌後，遮光下，室温で一時間静置した。その後，混合溶液を遠心分離（14,000×g，5分）し，UV照射下で凝集体を観察し，上澄み（5 µL）の蛍光スペクトル（励起波長：360 nm）を測定した。

実験項 4 ガングリオシド糖鎖固定化 SFNP を用いた血清中の抗ガングリオシド抗体との凝集実験

［実験操作］
　0.2 mL PCR チューブに血清（15 µL）を加え，ガングリオシド糖鎖固定化 SFNP 溶液（15 µL，0.1 µM）と混合し，ピペッティングにより撹拌後，遮光下，4℃で3時間静置した。続いて，混合溶液を遠心分離（14,000×g，5分）し，紫外線照射下で凝集体を観察した。

文　　　献

1) A. Varki, *Glycobiology*, **3** (2), 97 (1993)
2) B. Adamczyk, T. Tharmalingam, P. M. Rudd, *Biochim. Biophys. Acta*, **1820** (9), 1347 (2012)
3) H. Tateno, Y. Onuma, Y. Ito, F. Minoshima, S. Saito, M. Shimizu, Y. Aiki, M. Asashima, J. Hirabayashi, *Stem cell reports*, **4** (5), 811 (2015)
4) Y. Suda, A. Arano, Y. Fukui, S. Koshida, M. Wakao, T. Nishimura, S. Kusumoto, M. Sobel, *Bioconj. Chem.*, **17** (5), 1125 (2006)
5) M. Wakao, A. Saito, K. Ohishi, Y. Kishimoto, T. Nishimura, M. Sobel, Y. Suda, *Bioorg. Med. Chem. Lett.*, **18** (7), 2499 (2008)
6) H. Shinchi, M. Wakao, S. Nakagawa, E. Mochizuki, S. Kuwabata, Y. Suda, *Chem. Asian J.*, **7** (11), 2678 (2012)
7) A. P. Alivisatos, *Science*, **271** (5251), 933 (1996)
8) K. D. Wegner, N. Hildebrandt, *Chem. Soc. Rev.*, **44** (14), 4792 (2015)
9) O. S. Wolfbeis, *Chem. Soc. Rev.*, **44** (14), 4743 (2015)
10) F. Osaki, T. Kanamori, S. Sando, T. Sera, Y. Aoyama, *J. Am. Chem. Soc.*, **126** (21), 6520 (2004)
11) X. L. Sun, W. Cui, C. Haller, E. L. Chaikof, *ChemBioChem*, **5** (11), 1593 (2004)
12) R. Kikkeri, B. Lepenies, A. Adibekian, P. Laurino, P. H. Seeberger, *J. Am. Chem. Soc.*, **131** (6), 2110 (2009)
13) J. D. M. de la Fuente, S. Penades, *Tetrahedron : Asymmetry*, **16** (2), 387 (2005)
14) K. Niikura, S. Sekiguchi, T. Nishio, T. Masuda, H. Akita, Y. Matsuo, K. Kogure, H. Harashima, K. Ijiro, *ChemBioChem*, **9** (16), 2623 (2008)

15)　Y. Yang, X. C. Xue, X. F. Jin, L. J. Wang, Y. L. Sha, Z. J. Li, *Tetrahedron*, **68** (35), 7148 (2012)

16)　M. Sato, Y. Ito, N. Arima, M. Baba, M. Sobel, M. Wakao, Y. Suda, *J. Biochem.*, **146** (1), 33 (2009)

17)　D. E. Prasuhn, J. R. Deschamps, K. Susumu, M. H. Stewart, K. Boeneman, J. B. Blanco-Canosa, P. E. Dawson, I. L. Medintz, *Small*, **6** (4), 555 (2010)

18)　N. Yuki, H. P. Hartung, *N. Engl. J. Med.*, **366** (24), 2294 (2012)

19)　N. Yuki, T. Taki, F. Inagaki, T. Kasama, M. Takahashi, K. Saito, S. Handa, T. Miyatake, *J. Exp. Med.*, **178** (5), 1771 (1993)

20)　H. J. Willison, J. Veitch, A. V. Swan, N. Baumann, G. Comi, N. A. Gregson, I. Illa, J. Zielasek, R. A. Hughes, Eur. *J. Neurol.*, **6** (1), 71 (1999)

21)　H. Shinchi, N. Yuki, H. Ishida, K. Hirata, M. Wakao, Y. Suda, *PLoS One*, **10** (9), e0137966 (2015)

22)　H. Peng, L. Zhang, C. Soeller, J. Travas-Sejdic, *J. Lumin.*, **127** (2), 721 (2007)

23)　Y. F. Liu, J. S. Yu, *J. Colloid Interface Sci.*, **333** (2), 690 (2009)

第26章 血管内皮細胞増殖因子固定化ニッケルフリー高窒素ステンレス鋼

田口哲志*

1 はじめに

　現在，心筋梗塞や狭心症等の虚血性心疾患の治療には，薬剤溶出性ステント（Drug-eluting Stent；DES）を用いた冠動脈インターベンション術が用いられている。DES は，①薬剤，②薬剤を担持・溶出させるための高分子マトリックスおよび③狭窄した血管を拡張するためのステント素材から構成される。表1には，市販の DES の組成について特徴をまとめたものを示す。DES に搭載されている薬剤には，再狭窄の原因となる血管平滑筋細胞の増殖を抑制するため，抗がん剤や免疫抑制剤が使用されている。また，薬剤を担持・溶出させるためのマトリックス材料には，poly（lactide-co-ε-caprolactone），phosphorylcholine，poly（n-butyl methacrylate），poly（dimethyl）-siloxane など吸収性あるいは非吸収性高分子材料が用いられている。一方，ステント素材には，耐食性や加工性を向上するためにニッケルを 10 wt％程度含有する SUS316L や CoCr 合金が用いられている。これらの DES により従来のベアメタルステントを埋入してい

表1　市販の主な薬剤溶出性ステントと成分

Trade Name	Company	Drug	Polymer	Stent Platform
Cypher®	Johnson & Johnson	Sirolimus	Poly（buthyl methacrylate）Poly（ethylene vinyl acetate）	SUS316L
Taxus®Express²	Boston Scientific	Paclitaxel	Stylene-isobuthylene-stylene triblock copolymer	SUS316L
Endeavor®	Medtronic	Zotarolimus	Phospholyl choline polymer	CoCr alloy
XIENCE V, PROMUS®	Abbott	Everolimus	Poly（buthyl methacrylate）Poly（vinylidene fluoride-co-hexafluoropropylene）	CoCr alloy (L-605)
Nobori	Terumo®	Biolimus A9	Poly（lactic acid）	SUS316L
Taxus® Element™	Boston Scientific	Paclitaxel	Stylene-isobuthylene-stylene triblock copolymer	PtCr alloy
PROMUS® Element™	Boston Scientific	Everolimus	Poly（buthyl methacrylate）Poly（vinylidene fluoride-co-hexafluoropropylene）	PtCr alloy

＊　Tetsushi Taguchi　物質・材料研究機構　機能性材料研究拠点　バイオ機能分野
　　　バイオポリマーグループ　グループリーダー

た当時と比較して，再狭窄率が改善された。しかしながら，DES を長期間埋入後，ステント表面に血管内皮が形成されないことによる「ステント血栓症」の増加が報告されている[1]。ステント血栓症の要因として，SUS316L や CoCr 合金から溶出されるニッケルイオンが血管内皮形成を抑制していることが指摘されている[2]。すなわち，ニッケルを含有する SUS316L や CoCr 合金製のベアメタルステントはニッケルイオン溶出により再狭窄を促進するが，その再狭窄を抑制するためにステントから薬剤を溶出し，再狭窄を抑制していると考えられる。そのため，ニッケルを溶出せず，血管内皮形成能に優れた表面を有するステントができれば，再狭窄とステント血栓症を生じさせないと考えられる。

　本稿では，ステント素材として，物質・材料研究機構によって開発されたニッケルフリー高窒素ステンレス（HNS）鋼表面に，クエン酸から合成した架橋剤（Trisuccinimidyl Citrate；TSC）によるエステル結合を介して，血管内皮細胞増殖因子（VEGF）を固定化し，血管内皮細胞に対する増殖促進効果を評価した結果について紹介する[3]。

2　血管内皮細胞増殖因子固定化ニッケルフリー高窒素鋼の調製

　血管内皮細胞増殖因子（VEGF）固定化のための HNS は，N_2 ガス加圧式エレクトロスラグ再溶解（P-ESR）法によって HNS のインゴットを作成[4]し，鏡面研磨を施すことによって直径 10 mm×高さ 1 mm のディスク状サンプルを得た。表 2 には，得られた HNS および市販の医用金属材料の組成比較を示す。HNS は，他の医用金属材料と比較して Ni をほとんど含有せず，且つ優れた耐食性を有するため，Ni イオン溶出による炎症反応を発端とする種々の合併症を引き起こさない優れた基材である。得られた HNS 表面に VEGF を共有結合で固定化するため，VEGF と反応する何らかの官能基を導入する必要がある。そこで，我々は，クエン酸から合成した架橋剤（Trisuccinimidyl Citrate；TSC）[5]を用いて，基材表面に活性エステル基を導入した。図 1 には，HNS 表面への TSC の固定化方法を示す。TSC は三つの活性エステルを有しており，第一級アミノ基や水酸基と容易に反応することができる。一方，金属表面は非常に活性が高く，酸化被膜を形成したり，大気中に存在する有機物を吸着したりする特徴がある。そこで，TSC 固定化前の処理として HNS 表面に紫外線照射を行った。185 nm および 254 nm の紫外光には，表面の有機汚染物質を除去し，水酸基を増幅させるといった効果がある。図 2 に示すように，紫外線照射によって，継時的に表面が疎水性から親水性へと遷移することが確認された。照射 60

表 2　ニッケルフリー高窒素ステンレス鋼および市販医用金属材料の組成

（wt%）	C	Mn	Ni	Cr	Mo	N
HNS (23Cr-1Mo-1N)	0.029	0.06	<0.04	22.65	1.02	1.03
SUS316L	0.025	1.50	11.87	16.72	2.01	0.021
CoCr alloy	0.002	<0.01	0.73	30.01	5.80	0.001

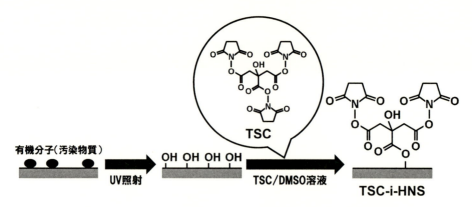

図1　ニッケルフリー高窒素ステンレス鋼表面への TSC 固定化方法

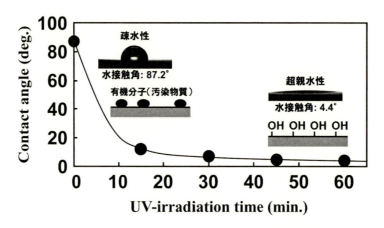

図2　HNS 表面へ紫外光を照射することによる接触角変化

分後には接触角が 4° 前後となり，超親水性となった。HNS 表面に TSC を固定化するため，紫外線によって前処理した後，室温・乾燥雰囲気下で TSC/ ジメチルスルホキシド（DMSO）に溶液に HNS を浸漬し，揮発性溶媒で十分に洗浄した。TSC 固定化のキャラクタリゼーションは，XPS 分析によって行った。図 3(a)のように，未処理の HNS 表面（Org-HNS）には，有機汚染物質由来の C1s ならびに酸化皮膜由来の O1s のピークが確認された。しかしながら，前処理として紫外線を 60 分間照射した HNS 表面（UV-irradiated HNS）には，C1s ピークの消失ならびに水酸基由来 O1s ピークの増幅が確認された（図 3(b)）。この表面に TSC が固定化した表面（TSC-i-HNS）には，N1s ならびに C1s のピークが観察された（図 3(c)）。さらに，TSC-i-HNS を，VEGF-A/PBS 溶液に 4℃下で 3 時間浸漬した結果，O1s，N1s ならびに C1s のピークが顕著に検出された（図 3(d)）。これは，TSC を介した VEGF 固定化 HNS（VEGF-i-HNS）が得られたことを意味している。ここで，固定化する VEGF の量を最大化するため，HNS 表面における TSC の固定化形態を分析した。表 3 は，TSC/DMSO 溶液への浸漬前後における HNS 表面の

XPS 分析の結果を示す。この結果から，浸漬時間によって，TSC 由来の N1s と C1s の存在比率が異なることが明らかとなった。この現象は，図 4 のように，TSC の固定化形態の違いによるものであると考えられる。すなわち，TSC 内の一つの活性エステルが HNS 表面の水酸基と結合する場合には，図 4 左の結合形態となり，N：C の比率が理論的には 1：7 となる。一方，二つの活性エステルが結合する場合には，図 4 右の結合形態となり，N：C は 1：10 である。この二種類の形態のうち，表面に残存する活性エステルの数がより多いのは，図 4 左である。このことから，VEGF を固定化するのに最適な表面は，20 mM TSC/DMSO 溶液に 15 分間浸漬して得られたものであるといえる。従って，VEGF の固定化には，当該条件で調製された TSC-i-HNS を用いた。HNS 表面における VEGF 固定化密度は，VEGF 抗体を用いた ELISA 法によって算出された。その結果，VEGF 固定化量は $12.0 \pm 1.2\,\mathrm{ng/cm^2}$ であった。これは，VEGF のサイズを $8.6\,\mathrm{nm} \times 8.6\,\mathrm{nm} \times 8.6\,\mathrm{nm}$ とした場合に，HNS 表面の $27.8 \pm 2.8\%$ を被覆していることに相当する。

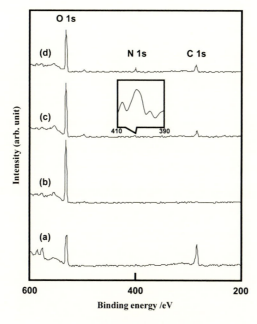

図 3　TSC 固定化前後の表面分析

表 3　XPS による TSC 固定化前後の表面分析結果（N/C 比）

基材	C%	N%	N/C
UV-irradiated HNS	0	0	–
TSC（20 mM, 15 min）-i-HNS	86.8	13.2	0.152
TSC（20 mM, 60 min）-i-HNS	91.3	8.66	0.095

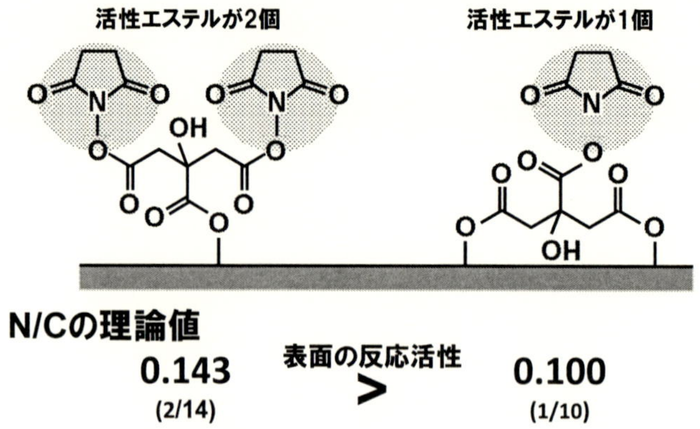

活性エステルが2個

活性エステルが1個

OH

N/Cの理論値

表面の反応活性

0.143
(2/14)

>

0.100
(1/10)

図4　TSC 初期濃度変化による HNS 表面への結合様式の違い

3　血管内皮細胞増殖因子固定化ニッケルフリー高窒素鋼の生物学的活性評価

　調製した VEGF 固定化 HNS（VEGF-i-HNS）の表面に正常ヒト臍帯静脈内皮細胞（HUVEC）を播種し，固定化された VEGF の生物学的活性を評価した。なお，VEGF の固定化効果を評価するため，成長因子を含まない培地を用いた。また，VEGF-i-HNS との比較として，固定化量と同量の VEGF が添加された HNS（VEGF-s-HNS），VEGF を固定化していない未処理の HNS（Org-HNS），同様の方法で VEGF を固定化した SUS316L（VEGF-i-SUS316L）である。図5には，HUVEC を種々の表面で HUVEC を 7 日間培養した様子を示す。VEGF-i-HNS 表面は，他のサンプル表面と比較して，HUVEC の細胞被覆率が有意に高いことが確認された。高い細胞被覆率は，HUVEC 表面に存在する VEGF レセプター2（VEGFR-2）と固定化した VEGF との相互作用により，細胞接着性が確保されたことと固定化された VEGF の細胞増殖のシグナルが VEGFR-2 を通じて継続的に伝達されたことに起因していると考えられる。一方，図6には，種々のサンプル表面で HUVEC を培養した後の細胞数の変化を示す。VEGF-i-HNS は，培養日数が増加するにつれて，細胞数も増加した。7 日間培養後には，細胞数が約 5 倍となった。すなわち，VEGF-i-HNS は，7 日間に渡って HUVEC の増殖を刺激し続けたと考えられる。これは，VEGF が固定化されていることによって，エンドサイトーシスによる VEGF レセプター（VEGFR-2）の分解（ダウンレギュレーション）が抑制され，増殖のシグナル伝達が持続されたことを意味している。一方，VEGF-s-HNS は，3 日間に渡って HUVEC の増殖を刺激したものの，7 日目にかけて増殖が抑制されていた。これは，VEGFR-2 と水溶性 VEGF との相互作用の後にレセプターダウンレギュレーションがもたらされたことによるものであると示唆される。一方，VEGF-i-HNS とニッケルを含有する SUS316L を基材として用いた VEGF-i-SUS316L 表面の接着数を比較すると，VEGF の固定化量は同程度であるにも関わらず，前者が有意に細胞数が多いことが明らかとなった。また，Org-HNS と VEGF-i-SUS316L 表面の接着数を比較しても，Org-

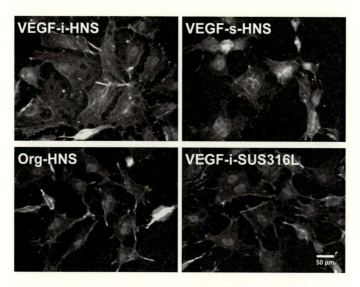

図 5　VEGF 固定化 HNS 表面における血管内皮細胞の被覆（培養 7 日目）

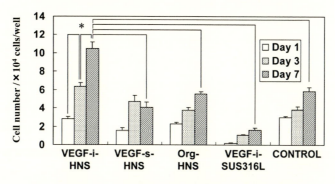

図 6　種々の VEGF 固定化表面で培養後の血管内皮細胞の
細胞数

HNS は VEGF を有していないのにも関わらず，VEGF-i-SUS316L より優れた細胞適合性を示した。これは，SUS316L から溶出した Ni イオンにより細胞増殖が妨げられた結果に起因していると考えられる。

　一方，HNS 表面において TSC を介した VEGF は，HNS と TSC 間ではエステル結合で固定化されている。エステル結合は中性〜塩基性領域において加水分解を受ける。すなわち，固定化された VEGF は一定期間 HUVEC の増殖を促進するが，その後，HNS-TSC 間のエステル結合の乖離により，固定化した VEGF からの増殖シグナルは減少することが予想される。そこで，細胞培養液中における VEGF の固定化量を算出し，被覆率の変化を評価した。固定化 VEGF による HNS 表面の被覆率は，サンプル調製直後に 27.8±2.8％であったが，細胞培養液浸漬 7 日後には 11.7±1.6％に減少した（図 7）。これは，TSC-HNS 界面のエステル結合が加水分解したこと

を意味している。

　一方，VEGFR-2 と VEGF との複合体の形成に応じて，VEGFR-2 のチロシン残基 1175（Tyr-1175）ならびに 1214（Tyr-1214）が自己リン酸化されることが報告されている。そこで，VEGF-i-HNS 表面に接着した HUVEC のリン酸化 Tyr-1175 を蛍光色素標識抗体によって染色した後，その面積を基に定性的な観察および定量を行った。図 8(a)のように，活性化された VEGF レセプターは培養時間の経過とともに染色頻度が低くなった。この活性化 VEGF レセプターの染色部分を定量化した結果を図 8(b)に示す。培養 1，3 日目におけるリン酸化領域はそれぞれ 21.0±5.7％，20.2±2.9％であったが，培養 7 日目に 15.6±1.1％に減少した。すなわち，継

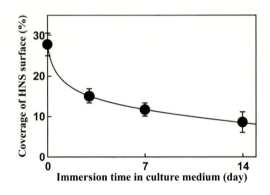

図 7　HNS 表面上に固定化された VEGF の被覆率変化

a)

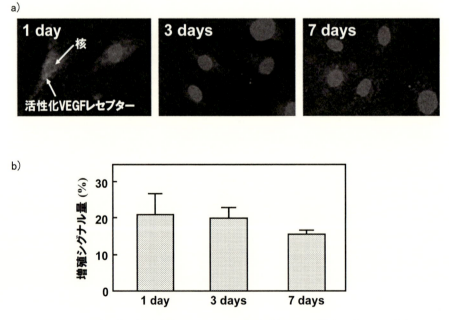

b)

図 8　HNS 表面上に固定化された VEGF の加水分解による増殖シグナルの減少

時的な細胞増殖の一方で，HNS-TSC 間のエステル結合が乖離することにより，VEGF による増殖シグナルのダウンレギュレーションも進行していると言える。

　以上の結果から，長期培養あるいは *in vivo* に用いられた場合，HNS-TSC 間のエステル結合の加水分解が引き金となり，細胞増殖調節機構が次第に機能し始めることが示唆された。

4　おわりに

　血管内皮細胞を特異的に増殖する VEGF を，エステル結合により金属材料表面へ固定化する手法および固定化された VEGF の生物学的機能について紹介した。冠動脈ステントに代表される循環器領域用のインプラントデバイスは，デバイス表面に血管内皮細胞が一層形成される（内皮化する）ことにより，抗血栓性が維持され，長期予後が改善される。VEGF をエステル結合で固定化した表面は，一定期間血管内皮細胞を特異的に増殖し，その後は VEGF の増殖シグナルが減少する。そのため，内皮化を促進しつつも，過増殖を抑制するための材料技術として有用であると考えられる。

実験項　血管内皮細胞増殖因子（VEGF）の金属表面への固定化

[実験操作]

　金属基板を直径 10 mm×高さ 1 mm のディスク状に加工した後，表面を鏡面研磨した。前処理として，ステンレス表面へ UV 照射を 60 分間行うことによって，金属表面に吸着した汚染物質を除去した。その後，室温・乾燥雰囲気下で Trisuccinimidyl Citrate（TSC）/ ジメチルスルホキシド（DMSO）溶液に浸漬した後，ヘキサフルオロプロパノールで十分に洗浄し，TSC 固定化金属基板を得た。その後，VEGF を固定化するために，TSC 固定化金属基板を 4℃において VEGF のリン酸緩衝液（PBS）に 3 時間浸漬した後，超純水で洗浄した。固定化された VEGF は，ホースラディッシュペルオキシダーゼ標識 VEGF 抗体，テトラメチルベンジジンおよび過酸化水素水を含有する溶液を用いて定性的に確認した。また，固定化された VEGF の定

量は，酵素結合免疫吸着測定法（ELISA）を用いた。固定化された VEGF の活性は，ヒト臍帯静脈内皮細胞（HUVEC）の細胞増殖試験により評価した。

文　　献

1) A. Kastrati, J. Mehilli, J. Pache, C. Kaiser, M. Valgimigli, H. Kelbak, M. Menichelli, M. Sabate, M. J. Suttorp, D. Baumgart, M. Seyfarth, M. E. Pfisterer, A. Schomig, *N. Engl. J. Med.*, **356**, 1030-1039 (2007)

2) R. Koster, D. Vieluf, M. Kiehn, M. Sommerauer, J. Kahler, S. Baldus, T. Meinertz, C.W. Hamm, *Lancet*, **356**, 1895-1897 (2000)

3) M. Sasaki, M. Inoue, Y. Katada, T. Taguchi, *Colloids Surf*：*B*, **92**, 1-8 (2012)

4) Y. Katada, M. Sagara, Y. Kobayashi, T. Kodama, *Mater. Manuf. Process*, **19**, 19-30 (2004)

5) M. Inoue, M. Sasaki, A. Nakasu, M. Takayanagi, T. Taguchi, *Adv. Healthcare Mater.*, **1**, 573-581 (2012)

第 27 章 バイオトランジスタ界面への 生体分子固定化技術と機能解析

田畑美幸*1, 宮原裕二*2

1 はじめに

1970 年 Bergveld ら[1]によって初めて Ion-sensitive field-effect transistor（ISFET）が報告されて以来，電界効果トランジスタ（Field-effective transistor（FET））の動作原理をイオン・たんぱく質・核酸・糖・細胞といった生体分子を検出するバイオセンサに応用した例は様々に報告されており[2~4]，特にバイオトランジスタと呼ばれる。

バイオトランジスタは検出ターゲットの種類に応じて次の 4 つに大別される。①水素イオン，カルシウムイオン，ナトリウムイオンなど，生体反応に関するイオンを検出する ISFET，②酵素反応や抗原抗体反応をトランジスタ上で行う Protein coupled FET，③遺伝子解析を行う Gen-FET，④細胞機能解析を行う Cell-FET。図 1 に示したように，バイオトランジスタの動作原理は MOSFET（Metal-oxide-semiconductor FET）とほぼ同様であるが，参照電極をゲートとした際に絶縁膜上で起こる分子認識イベントを電流値または閾値電圧の差として直接検出する。そのため，ターゲット生体分子を高感度で特異的に検出するためには電極材料や検出ターゲットの違いに応じてリガンド分子の固定化法，すなわちトランジスタ界面の機能化法を最適化することが重要である。通常，ターゲット分子と特異的相互作用を示すリガンドと呼ばれる補足分子との結合定数・リガンド分子の密度・スペーサー分子の長さ・非特異吸着の抑制などの項目が検討されることにより，高感度でハイスループットな検出を実現している。

自動車産業などの製造業で用いられる M(N)EMS（Micro(Nano)-Electro-Mechanical Systems）デバイスは機械要素部品，センサ，アクチュエータ，電子回路を一つの基板材料上に集積化したデバイスを指す。また，試験管内で行われる分析反応を微細空間内で行うことを目的としたマイクロ流体デバイスは μTAS（Micro-Total Analysis Systems）または Lab-on-a-chip と呼ばれ，混合槽，反応チャンバー，センサエリア等から構成される。これらの高度な微細加工技術を利用した微小デバイスは，産業界・アカデミアのあらゆる学問分野を巻き込んだ学際的な研究領域を形成しており，体液一滴からでも高感度なセンシングを実現する微量計測バイオセン

＊1 Miyuki Tabata 東京医科歯科大学 生体材料工学研究所 バイオエレクトロニクス分野 助教
＊2 Yuji Miyahara 東京医科歯科大学 生体材料工学研究所 バイオエレクトロニクス分野 教授

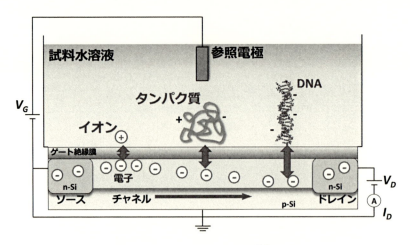

図1　バイオトランジスタの動作原理

サへの応用が国内外で活発に試みられている。このような MEMS・μTAS・Lab-on-a chip デバイスをバイオセンサとして利用する場合において，バイオトランジスタはデバイスのパフォーマンスに直接影響する検出部を担っており，半導体技術によりこれらのデバイスへ容易に搭載できるため近年ではシリコンやカーボンから成るナノスケールのゲート材料を用いたバイオトランジスタの研究が盛んになされている[5~7]。

　このように，最先端の技術を利用して高感度・ハイスループット・高精度な検出を実現するバイオトランジスタにおいて，界面への生体分子固定化は最も基本的でありながら最優先に検討しなければならない項目である。筆者らは工学の知識や技術に基づいて医学領域への応用を目指したバイオトランジスタの開発を積極的に推進しており[8~12]，バイオトランジスタ界面への生体分子固定化技術と機能解析の方法論について我々の最近の報告とともに紹介する。このようなバイオトランジスタの開発は，スマートフォンに代表されるモバイルデバイスへの搭載が容易であり，将来的な個別化医療やポイントオブケアテストにおける新たなプラットフォームとして活躍することが期待される。

2　バイオトランジスタ界面への生体分子固定化技術

　ターゲット生体分子は，リガンド分子によるセンサ表面の機能化後，分子認識反応を経てバイオトランジスタ界面へ固定化される。先に述べたように，バイオトランジスタは検出したい生体分子に応じて① ISFET，②酵素反応や抗原抗体反応をトランジスタ上で行う Protein coupled FET，③遺伝子解析を行う Gen-FET，④細胞機能解析を行う Cell-FET の4つに大きく分類されるが，リガンドの固定化法は目的の生体分子の種類に関わらずバイオトランジスタのゲート材料に依存する。主なゲート材料には，ISFET の場合 SiO_2/SiN や Ta_2O_5 など金属酸化物，延長

ゲート型トランジスタの場合は微細加工技術との親和性より Au が用いられる。それぞれに代表的なリガンド分子固定化法を紹介する。

2.1　シランカップリング

　SiO$_2$ や SiN がゲート材料である場合，リガンド分子はシランカップリングによりゲート上に化学的に固定化される。シランカップリング剤は生体分子と結合する部分である有機官能基と加水分解のためのアルコキシ基を有している。バイオトランジスタのリガンド分子固定化に利用される代表的なシランカップリング剤の構造は図2(a)に示した。通常，表面に付着している有機物を除去する目的で，H$_2$SO$_4$/H$_2$O$_2$（ピラニア溶液）または NH$_3$/H$_2$O$_2$ など過酷な溶液条件での処理や，酸素プラズマによる表面のクリーニングプロセスを必要とする。前処理を経てゲート材料上にシランカップリング溶液を塗布すると，シランカップリング剤の加水分解性基が加水分解さ

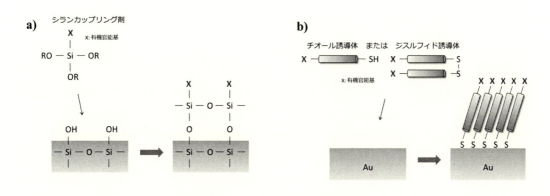

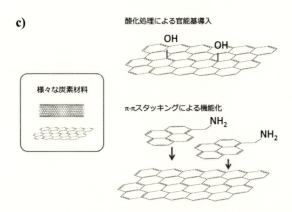

図2　バイオトランジスタに利用される分子固定化技術
(a) SiO$_2$/SiN バイオトランジスタに用いられる一般的なシランカップリング剤の
　　構造とカップリング反応
(b) チオール系自己組織化膜の形成
(c) 炭素材料への分子導入法

れシラノール基が生じる。生成したシラノール基はゲート表面の水酸基に吸着し，加熱処理によりメタロキサン結合の形成が促進されると同時にシランカップリング剤同士の縮合も進み，ゲート上に固定化される。シランカップリング剤溶液の濃度やpH，溶媒の種類などを検討することで単分子層被覆を実現している。

　一方で，リン酸基やホスホン酸基によるカップリング反応も様々な金属酸化物表面（ITO，Al_2O_3，Ta_2O_5，TiO_2，Nb_2O_5，ZrO_2など）に適用されており，安定性の高い自己組織化単分子膜（SAM）の形成が報告されている[11]。

2.2　チオール系自己組織化膜

　Au，Ag，Ptなどの金属表面では，操作の簡便性からチオール，ジスルフィド誘導体によるSAM形成能を利用した生体分子固定化技術が広く用いられている（図2(b)）。特にAuの場合はAu–Sの共有結合について配向過程が詳細に検討されており，Au（111）面ではチオール分子がAu原子に対して$\sqrt{3}$倍の距離で30°傾いて高密度に配向した（$\sqrt{3}\times\sqrt{3}$）R30°構造をとることが明らかにされている。アルカンチオールの溶液を金属材料上に滴下するだけで容易にSAMを形成するため，電気化学的なデバイスに限らず水晶振動子マイクロバランス（QCM）や表面プラズモン共鳴（SPR）などのバイオセンサにも利用されている。バイオセンサの高感度化やシグナル／ノイズ比向上のため，非特異吸着の抑制を検討する場合においても，Au–S結合を利用したポリエチレングリコール（PEG）鎖またはスルホベタイン基などの官能基の導入が検討される。

2.3　その他

　近年，カーボンナノチューブ，フラーレン，グラファイト，グラフェンなどの様々な炭素材料が産業分野において注目され，基礎・応用研究が盛んになされている。このような炭素材料は電極材料として電気化学分野でかねてより用いられているが，低コストで優れた電気特性を示し高感度検出が期待されることから，特にカーボンナノチューブやグラフェンはバイオトランジスタにおける新時代のゲート材料として活発に研究されている。図2(c)に示したように，理想的な単層カーボンナノチューブやグラフェン表面は官能基を持たないため，酸化処理することによって水酸基やカルボキシル基を導入し共有結合によりリガンド分子の固定化が実施される。また，C–C結合からなる特徴的な構造を利用して，分子間相互作用であるπ–πスタッキングによりリガンド分子が導入される。この非共有的な方式では導入量の観点から分子量の小さいピレニル基を有するリガンド分子が利用されることが多い。

　リガンド分子固定化後の分子認識反応には，一般的に酵素反応，抗原抗体反応，ビオチン–アビジン結合，一本鎖核酸同士のハイブリダイゼーションなど元々生体が有する特異的な相互作用が用いられる場合が多い。分子認識イベントは式1で示されたデバイ長外では遮蔽されるためデバイ長内（生理環境下では数nm）で誘起する必要があり，リガンド分子の低分子化が検討され

ている。アプタマーは代表的な低分子リガンドであるが，酵素や抗体と比較して結合定数が小さくセンサとして低感度であることが課題とされる。また，抗体の抗原認識部位である Fab 領域をリガンド分子として利用するバイオトランジスタも報告されているが，抗体の低分子化や二本鎖から構成される Fab 領域の一本鎖化などの多段階の工程が必要であることが課題とされ，それぞれに一長一短あるのが現状である。一方で，デバイ長は緩衝液のイオン強度に依存するため，構成イオンを希釈するのもデバイ長を拡張するのに有効である。一般的には緩衝液中のイオンの多数を占める NaCl が希釈される。

$$\delta = (\varepsilon \varepsilon_0 kT/2q^2 I)^{1/2} \tag{1}$$

ここで，ε は比誘電率，ε_0 は真空の誘電率，k はボルツマン定数，T は温度，q は電荷，I は溶液のイオン強度をそれぞれ表す。

　このように様々な表面修飾法を駆使することによって，目的に応じた生体分子固定化界面を構築することが可能である。

3　バイオトランジスタによる生体分子機能解析

　筆者らがこれまでに開発したバイオトランジスタの中でも，細胞機能解析を行う Cell-FET について，トランジスタ上への細胞の固定化技術とともにその代表的な評価例を紹介する。

3.1　シアル酸定量トランジスタ

　ボロン酸基は糖に代表される多価水酸基を有する化合物と可逆的に共有結合することが知られており，選択性をデザインできることからこれまでに様々な糖センサやアフィニティークロマトグラフィー，DDS デバイスの機能素子として研究されてきた。フェニルボロン酸（PBA）は，その解離体がジオールと化学的に共有結合するため様々な糖の検出素子として用いられるが，特にシアル酸（SA）に対しては非解離体も強い相互作用を示すことが報告されている[13]。シアル酸（SA）は細胞表面の糖鎖末端に存在し，その密度や分布が疾病，発生，分化と相関することが知られている。がん細胞表面では SA が豊富な糖タンパク質を発現している一方で，インスリン依存型糖尿病患者の赤血球表面では，SA は減少している。そのため細胞表面の SA 定量解析は，転移性腫瘍や糖尿病の診断において有力な指標となる。そこで我々は，シアル酸を特異的に認識する PBA を固定化したナノ界面を有するバイオトランジスタを作製し，ラベルフリーで簡便かつ細胞に非侵襲なシアル酸測定がおこなえる新たな細胞診断法を開発した[8,9]（図3）。具体的には，延長金電極ゲート表面にチオール基を有する pKa＝9 の PBA 誘導体の SAM を形成させ，SA に対する特異的認識能を評価した。その結果，測定した pH が 5 から 9 の領域で，SA のみが約 + 40 mV という大きな V_T 値を示し，マンノースやガラクトースの場合は顕著な信号が得られなかった。一方で，pH 9 以上で同様の測定を行った場合，PBA は解離するためマンノースや

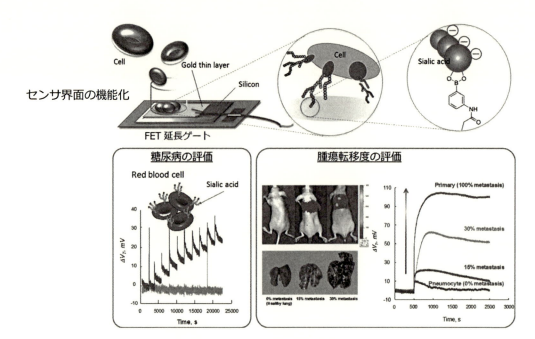

図3 フェニルボロン酸誘導体を固定化した界面を持つシアル酸定量トランジスタ
（A. Matsumoto *et al.*, *J. Am. Chem. Soc.*, **131** （34）, 12022-12023 （2009）, A. Matsumoto *et al.*, *Angew. Chem. Int. Ed.*, **49** （32）, 5494-5497 （2010） より）

ガラクトースに対しても認識能を示し，V_T 値は上昇した。このことから，PBA は生理条件下でシアル酸のジオール基と特異的に結合することにより，細胞膜上の SA を直接定量できることが明らかとなった。さらに，同様のシアル酸検出バイオトランジスタを用いて，I 型糖尿病モデルとしてのウサギ赤血球や，あるいはがんの転移度評価モデルとしてマウス黒色腫を転移させた肺細胞について，PBA 固定化界面を有するトランジスタ上に細胞を播種するだけでそれぞれ直接的な SA 定量解析に成功した。将来的には，組織のがん転移度や悪性度を，術中にその場で定量的に評価する簡易デバイスとしての応用が期待される。

3.2 トランスポーター活性評価トランジスタ

我々は，アフリカツメガエルの卵母細胞（オーサイト）と ISFET を組み合わせた Cell-FET による非破壊・ラベルフリーな細胞機能評価系を既に報告している[14, 15]。本技術は生殖医療や薬剤スクリーニングなど医療や生命科学の分野に今後大きく貢献すると考えられるため，オーサイトから哺乳類動物細胞へと展開した評価系のステップアップを継続して検討している。そこで，膜タンパク質の一つである Sodium（Na^+）-hydrogen（H^+）exchanger （NHE） とその活性阻害剤であるアミロライドの相互作用解析のため，Chinese hamster ovary （CHO），NHE3 欠損 Mouse skin fibroblasts （MSF） （MSF NHE3-/-），NHE3 欠損 MSF に NHE3 を発現させた細胞 （MSF NHE3 trans） の 3 種を用いて BTP 緩衝液 （140 mM NaCl, 4 mM KCl, 1 mM $MgCl_2$,

1 mM Bis-Tris-Propane，20 mM Sucrose）に溶解させた 10 μM EIPA との相互作用について *in situ* 評価を行った[10]。

　NHE は H$^+$ と Na$^+$ を交換輸送することで細胞内 pH や Na$^+$ 濃度の調節に関与する膜タンパク質であり，NHE ファミリーの中でも細胞膜に存在する NHE-1 および NHE-3 アイソフォームは分子細胞生物学的手法によりイオン輸送や分子機構の解明が活発になされている。このプロトン依存的な膜輸送は様々な生体反応に関与しているため，NHE の活性を阻害するアミロライド（5-（N-ethyl-N-isopropyl）amiloride（EIPA））との相互作用解析によって新規生理活性物質の生理的意義の探索が広く行われている。このように，NHE 分子の働きに関連した細胞外の pH を瞬時に正確に計測することで多くの生体情報を得ることができるが，細胞外の pH 計測は細胞外液の緩衝能のために大きく制限を受ける。ISFET はセンサ近傍の pH 変化に応答する。そのシグナル変化はアンモニアとアンモニウムイオンの平衡反応を用いた細胞内外の pH 操作により，さらに顕著化することが可能である。細胞は Poly-L-lysin を接着層として固定化した。図 4 に，細胞にアンモニアを暴露した際の典型的な pH 変化を示した。図 4 ①では NH$_4^+$ に暴露することで細胞内が塩基性化し，図 4 ②では還流システムで NH$_4^+$ を流し去ることで細胞内が酸性化する。この際，NHE は細胞内に貯蔵されている H$^+$ を放出する。EIPA を作用させた後の挙動を示した図 4 ③では，NHE により仲介されるプロトン放出が阻害され②と比較して細胞外 pH が高くなる（下に凸の電位変化は増加する）と予想される。図 4(a)に示したように，NHE と EIPA との相互作用の解析にはアンモニアを含まない系にて EIPA ありなしにおける電位値の差

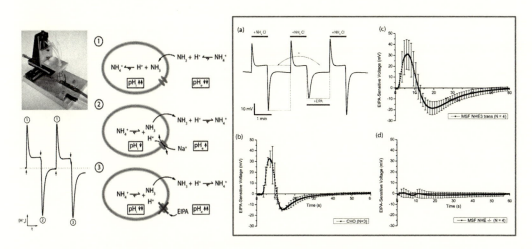

図 4　トランスポーター活性評価トランジスタと NH$_4$Cl 暴露による細胞内外 pH 操作に
　　　基づく ISFET シグナルの模式図
　　　(a) EIPA に対する感度評価（点線内は感度解析のために用いた電位値）
　　　(b) CHO 細胞に EIPA を暴露した際の差分解析結果（n＝3）
　　　(c) NHE-3 を発現した MSF 細胞の差分解析結果（n＝4）
　　　(d) NHE-3 が欠損した MSF 細胞の差分解析結果（n＝4）
　　　(D. Schaffhauser *et al., Biosensors,* **6**（**2**），11（2016）より）

分を用いた。図4(b)にはCHO細胞のEIPA応答を3回計測した平均を示した。7秒後に＋33 mV電位が変化し，14秒後に−15 mV変化し，最終的には定常状態に回復する挙動が得られた。一つ目の速いシグナル変化はEIPAの存在による細胞外の塩基性化は見かけ上認められないことを示し，一方で，二つ目の遅れたシグナル変化はEIPAによる細胞外の塩基性化によると示唆される。NHEはNH_4^+とNa^+の交換輸送にも関与することが報告されていることから，拡散により細胞膜を通過するNH_3が減少し結果的に細胞外の塩基性化が抑制されたと考えられる。この直感的な認識と異なる結果が得られたことについては，細胞外Na^+濃度にも依存しているためより詳細な考察を継続していく必要がある。MSF NHE3 transはCHO細胞と類似した電位挙動を示し，MSF NHE3−/−は予想されたように顕著な電位変化は認められなかった（図4（c, d））。

3.3 浮遊細胞機能解析トランジスタ

3.2項では哺乳類の接着細胞に対する評価を行ったが，3.2項の細胞固定化技術は血球細胞のような浮遊細胞には適用できない。そこで我々は浮遊細胞の機能解析を実現するCell-FETシステムの構築を目指し，細胞膜の基本構造である脂質二分子膜にアンカーリングするオレイル分子によるトランジスタ表面の機能化を試みた[11]。

具体的には，図5(a)に示したように，オレイル基，EG鎖，ホスホン酸から構成されるOleylacetamide triethylenglycol hexylphosphonic acid（OEP）分子のSAMで機能化した

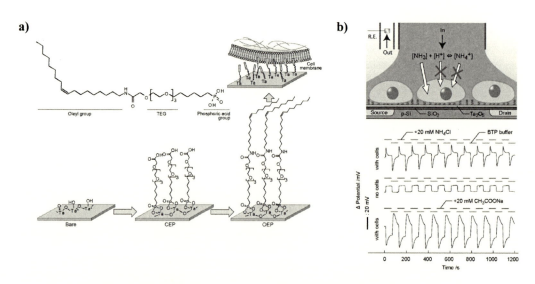

図5　オレイル基を有するホスホン酸SAMにより浮遊細胞を固定化した
　　　細胞機能解析トランジスタ
(a)浮遊細胞固定化の模式図
(b)NH_4Cl暴露およびCH_3COONaによる細胞内外pH操作に基づくISFETシグナル
　（Y. Imaizumi *et al.*, *Sci. Technol. Adv. Mater.*, **17**（1），337-345，（2016）より）

ISFET のゲート絶縁膜材料である Ta_2O_5 表面を分析した。XPS による高分解能分析結果より，SAM 修飾後にホスホン酸エステル結合に由来する P 2p ピークの存在が認められ，c/Ta の存在比が 2.5 倍増加したことから OEP SAM の導入を確認した。また，Ta_2O_5 表面，オレイル基を持たない Carboxyl trietylenglycol hexylphosphonic acid（CEP）SAM 表面，OEP SAM 表面についてモデル浮遊細胞として選定したヒト T 細胞性白血病由来の Jurkat T 細胞の捕捉能を蛍光染色にて評価したところ，OEP SAM 表面上にのみ顕著に細胞が存在していることが明らかとなった。引き続き，Jurkat T 細胞を ISFET 上に播種し 3.2 項で述べたアンモニア暴露法による pH 変化を計測した（図 5(b)）。細胞のありなしでその電位挙動は大きく異なり，細胞がない場合は緩衝液の pH そのものを計測しているのに対し，細胞がある場合は細胞膜のバリア性により NH_4Cl に暴露した際の典型的な電位挙動を示した。つまり，アンモニアガスは拡散により細胞を透過できるが NH_4^+ は細胞膜の選択的透過性により排除され，NH_4^+ の平衡反応により pH 応答の振る舞いに差が生じた結果を反映したものである。また，界面活性剤 TX-100 にて細胞膜破壊を引き起こした際の pH 応答の詳細を従来の測定法である赤血球溶血試験と比較すると，数倍高感度であることが示された。このことより，OEP SAM を構築した ISFET 上に Jurkat T 細胞が確かに存在し，Cell-FET システムを用いて接着細胞のみならず浮遊細胞の機能解析へも展開可能であることを明らかにした。

　創薬・医療・化粧品を対象とする研究分野においては，天然化合物ライブラリ及び新規合成化合物といった膨大な候補物質の中から活性の高い化合物についてスクリーニングを行う必要がある。各種毒性試験や薬物動態試験は一般的に哺乳動物を用いた *in vivo* 評価が行われており，効能評価や容量決定がなされている。しかし最近では動物愛護の観点から，様々な動物実験代替法が提唱されており，培養細胞を用いた解析技術が主流になると考えられる。培養細胞を用いた解析では，合成した新規化合物は貴重であるため，微量の試料でも解析可能であることが望ましく，反応場，検出場の微小化が必要であり，我々のトランジスタと組み合わせた細胞非破壊評価デバイスの利点と合致する。Cell-FET を多項目検出デバイスへと展開していくことで，将来的には新規薬剤開発に貢献する評価システムとなることが期待される。

4　おわりに

　IoT（Internet of things）により様々かつ膨大なモノや情報が共有される昨今，VR（Virtual reality）や AI（Artificial intelligence）との融合がますます推奨される社会の中でバイオトランジスタが果たす将来的な役割は重要なものとなっている。これらのナノバイオ融合領域の技術は，創薬スクリーニング，標的治療，テーラーメイド医療，在宅医療，テレメディシンといった新しい医療創出の基盤技術となるだけでなく新たな診断プラットフォームを提供する。超高齢社会の新たな社会基盤の構築を見据えて今後ますます発展が期待される。

謝辞

本研究の一部は国立研究開発法人科学技術振興機構（JST）の研究成果展開事業「センター・オブ・イノベーション（COI）プログラム」，生体医歯工学共同研究拠点，JSPS 科研費 15K16320, の支援によって行われた。

実験項　浮遊細胞固定化のためのオレイル誘導体による ISFET 界面の機能化

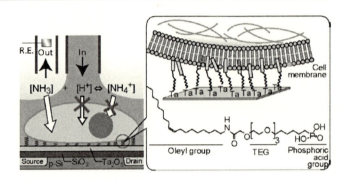

[実験操作]

本 Cell-FET 実験には，40 nm の Ta_2O_5 ゲート絶縁層を有する N チャネル型 ISFET（ISFETCOM 株式会社）を用いた。反応チャンバーとして，Ta_2O_5 ゲート絶縁層が内側に入るようガラスリングを設置した。100 : 1 の体積比で混合した n-hexane/2-propanol 溶液にて 500 μM に調製した Carboxyl trietylenglycol hexylphosphonic acid（CEP）を ISFET の Ta_2O_5 ゲート絶縁層上に添加し，室温で 48 時間静置した。CEP でコートした ISFET は 120℃で一昼夜ベイクした後，2-propanol でリンスした。形成した CEP SAM の末端にオレイル基を導入して Oleylacetamide triethylenglycol hexylphosphonic acid（OEP）SAM とするため，0.17 mg/mL の縮合剤 4-(4,6-dimethoxy-1,3,5-triazin-2-yl)-4-methylmorpholinium chloride n-hydrate（DMT-MM）を含む 1.3 μM Oleylamine メタノール溶液を添加し，50℃で 4 時間反応させた後，メタノールでリンスした。

文　　献

1)　P. Bergveld, *IEEE Trans. Biomed. Eng.*, **17** (1), 70-1 (1970)
2)　T. Sakata, Y. Miyahara, *Angew. Chem. Int. Edn.*, **45** (14), 2225-2228 (2006)
3)　T. Sakata, Y. Miyahara, *Anal. Chem.*, **80** (5), 1493-1496 (2008)
4)　A. Matsumoto, N. Sato, T. Sakata, R. Yoshida, K. Kataoka, Y. Miyahara, *Adv. Mater.*, **21**

(43), 4372-4378 (2009)

5)　E. Accastelli, P. Scarbolo, T. Ernst, P. Palestri, L. Selmi, C. Guiducci, *Biosensors*, **6** (1), 9 (2016)

6)　N. Gao, T. Gao, X. Yang, X. Dai, W. Zhou, A. Zhang, C. M. Lieber, *Proc. Natl. Acad. Sci. U. S. A.*, **113** (51), 14633-14638 (2016)

7)　J. Ping, R. Vishnubhotla, A. Vrudhula, A. T. C. Johnson, *ACS Nano*, **10** (9), 8700-8704 (2016)

8)　A. Matsumoto, N. Sato, H. Cabral, K. Kataoka, Y. Miyahara, *J. Am. Chem. Soc.*, **131** (34), 12022-12023 (2009)

9)　A. Matsumoto, H. Cabral, N. Sato, K. Kataoka, Y. Miyahara, *Angew. Chem. Int. Ed.*, **49** (32), 5494-5497 (2010)

10)　D. Schaffhauser, M. Fine, M. Tabata, T. Goda, Y. Miyahara, *Biosensors*, **6** (2), 11 (2016)

11)　Y. Imaizumi, T. Goda, Y. Toya, A. Matsumoto, Y. Miyahara, *Sci. Technol. Adv. Mater.*, **17** (1), 337-345 (2016)

12)　M. Tabata, K. Nogami, T. Goda, A. Matsumoto, Y. Miyahara, *IEEJ Trans. Sens. Micromachines*, **134** (10), 315-319 (2014)

13)　H. Otsuka, E. Uchimura, H. Koshino, T. Okano, K. Kataoka, *J. Am. Chem. Soc.*, **125** (12), 3493-3502 (2003)

14)　T. Sakata, Y. Miyahara, *Anal. Chem.*, **80** (5), 1493-1496 (2008)

15)　D. Schaffhauser, M. Patti, T. Goda, Y. Miyahara, I. C. Forster, P. S. Dittrich, *PLoS ONE*, **7** (7), e39238 (2012)

第28章　自己組織化単分子層の構築と固体表面への機能付与

近藤敏啓[*1]，佐藤　縁[*2]，魚崎浩平[*3]

1　はじめに

生体分子のもつ様々な機能を利用して高度な分子デバイスを構築するためには，分子を固体表面に固定・配列させる必要があり，代表的な分子固定法として自己組織化（Self-Assembly；SA）法がある[1~3]。1980年にSagivは末端にトリメトキシシリル基などをもつ長鎖アルキル化合物と固体表面の水酸基とを反応させると，分子が共有結合によって固体表面に固定されるとともに，アルキル鎖同士の疎水性相互作用によって高度な配向性をもった単分子層が構築されることを見出した[4]。自発的に高配向性の分子層が形成されることから，この過程は自己組織化（SA），形成した分子層は自己組織化単分子層（Self-Assembled Monolayer；SAM）と呼ばれる。その後，末端にチオール基をもつ長鎖アルキル化合物と金基板が反応してAu-S結合を形成するとともにアルキル鎖同士の疎水性相互作用によって配向性の高い単分子層（SAM）が形成することが見出されたこと[5,6]で，導電性基板上への高い配向性をもった分子層構築が実現し，基礎・応用両面での可能性が飛躍的に広がった。

SAMを形成した分子は図1のように3つの部分から成っている。第一の部分は固体表面原子と反応する結合性官能基であり，この部分が固体表面の特定の位置に分子を固定する。第二の部分は通常アルキル鎖であり，SAMの二次元的な規則構造は主としてこのアルキル鎖同士のvan der Waals力（疎水性相互作用）によって決まる。第三の部分は末端基で，アルキルチオール分子の場合はメチル基であるが，末端基に機能性官能基を導入することで固体表面に様々な機能を付与できる。

現在では，チオール基と金基板の組み合わせの他に，結合性官能基としてジスルフィド基やスルフィド基，また基板も金に限らず白金，銀，銅などの金属に加えGaAsやCdS，In_2O_3などの半導体にまで拡張されている。また，ラジカル反応を利用した末端ビニル基とシリコン基板との組み合わせや，電気化学反応を利用したジアゾニウム基と炭素基板との組み合わせなど，多種多様な高配向性SAMが報告されている。本章では，金基板上に形成されるチオール系分子の

＊1　Toshihiro Kondo　お茶の水女子大学　基幹研究院自然科学系　教授
＊2　Yukari Sato　産業技術総合研究所　省エネルギー研究部門
　　　　　　　　　　エネルギー変換・輸送システムグループ　研究グループ長
＊3　Kohei Uosaki　物質・材料研究機構　フェロー；北海道大学名誉教授

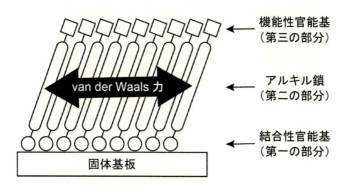

図 1　固体表面上に形成した SAM の模式図

SAM にしぼり，SAM を利用して固体基板へ生体機能を付与した研究例として，光合成反応を
モデルとした可視光誘起電子移動，糖鎖末端を有する SAM を利用したバイオセンシング，
SAM による非特異吸着の抑制について紹介し，最後に高度に配向したアルキルチオール SAM
の金基板上への構築法について実験項にて説明する。

2　光誘起電子移動機能の付与

　我々は，植物の葉の中で起こる光合成反応の反応中心をモデルとした高効率可視光誘起アップ
ヒル電子移動を達成している[7]。図 2(a)のように，電極（E）上に電子リレー基（R）と可視光感
応基（S）をもつ分子の SAM を構築できれば，図 2(b)のような可視光誘起のアップヒル電子移
動を起こすことが可能になると考え，図 2(c)のような一つの分子内に S としてポルフィリン（P）
を，R としてフェロセン（Fc）を，金基板との結合性官能基としてチオール基を有する分子
（PC8FcC11SH）を設計・合成した。この分子（PC8FcC11SH）の SAM を金単結晶（Au（111））
基板上に構築し，電子受容体としてメチルビオロゲン（MV）を含む電解質溶液中で可視光を照
射すると，電極電位に依存した光電流が観測された（図 2(d)）。電極電位が 600 mV（vs. Ag/
AgCl）よりも負電位側でのみカソード光電流が観測されること，および光電流のアクションス
ペクトルから，P および Fc がそれぞれ S および R として働いていることが確認されている。ま
た，MV の酸化還元電位（－630 mV）より，正電位側で観測された光電流は，可視光誘起アッ
プヒル電子移動を達成したことを示しており，当時の世界最高の量子収率を誇った。このような
高い効率で可視光誘起アップヒル電子移動が達成できたのは，基板表面の原子レベルでの平坦
さ，ならびに PC8FcC11SH SAM の配向性の高さによるものであることがわかっている[8,9]。さ
らに，金微粒子によるプラズモン共鳴によって，この光電流の大きさを数十倍にすることにも成
功している[10]。

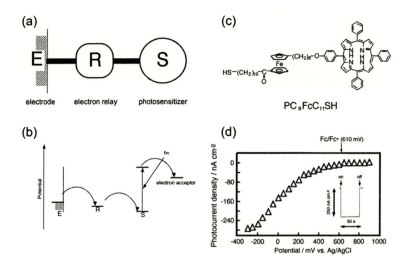

図2[7]　(a)光合成反応中心モデルの模式図，(b) (a)のエネルギー準位モデル図，
(c)使用した PC$_8$FcC$_{11}$SH 分子，(d)観測された光電流の電極電位依存性
内部の図は −200 mV のときの光電流応答

3　糖鎖部位を有する SAM を利用した機能付与

　糖鎖は核酸，タンパク質に続き，第三の生命鎖として生体を構成する一要素であり，発生・分化・感染症・癌・免疫・老化などの生命現象に深く関係している。特に疾病の発現に深く関連することが解明され，細胞表面での糖鎖の変化を追跡することが重要になっている。抗原抗体反応と同様，糖鎖-レクチン（糖と結合するタンパク質）も特異性がきわめて高い。この認識能をセンシングに有効に利用するためには，基板や固体表面に糖鎖を安定に固定させることが非常に重要である。金などの表面に強固に結合し安定な単分子層を形成する SAM の性質を利用して，糖鎖-タンパク質（レクチン）認識を行う系を構築するために，図3(a)，3(b)に示すような糖鎖含有アルキルチオール分子類を設計，合成した[11]。

　タチナタマメのレクチンであるコンカナバリン A（Con A）は，α-マンノシド結合（α-1,4 結合）を特異的に認識する。ノイズ応答が増加することを防ぐために，糖鎖部位とアルキル鎖との結合はあえて β 結合（この部分には Con A は結合しない）となるようにしている。糖鎖含有アルキルチオール分子の金微粒子表面への固定化，および Con A の認識についてのモデルを図3(c)に示す。

　粒径 13 nm の金微粒子表面を糖鎖含有アルキルチオールで修飾し，糖鎖修飾金微粒子を調製した。図4に示すように，未修飾金微粒子そのものの分散液（緩衝液／水溶液）は 520 nm に吸光度のピークを持つが，糖鎖微粒子で修飾したのちは若干ピークがブロードになり，ピークも 610 nm へとシフトしている。ここに最終濃度が 3 μM となるように Con A を添加すると，ピークはさらにブロードになり，写真（図4(i)）のように最終的には微粒子は分散できずに Con A

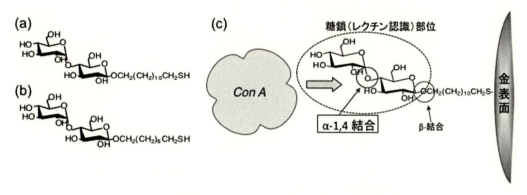

図 3[11]　(a), (b)糖鎖末端アルキルチオール分子の例, (c)糖鎖末端アルキル
　　　　チオール分子の金表面への結合と Con A 認識のモデル図
(a) 12-Mercaptododecyl β-D-maltoside（MalC$_{12}$SH）, (b) 8-Mercaptooctyl
β-D-maltoside（MalC$_8$SH）。いずれも α-マンノシド結合を認識するレク
チン（タンパク質）が特異的に認識する。(c) Con A は糖鎖部位の α-1,4 結
合を特異的に認識する。

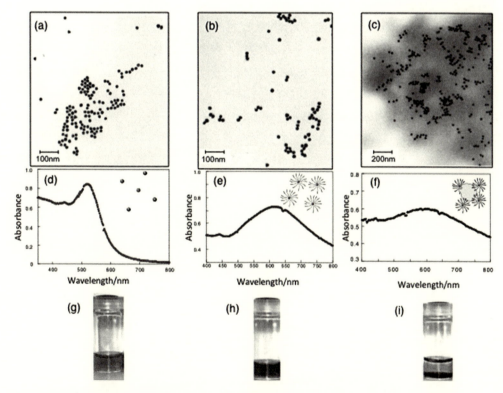

図 4[11]　糖鎖 SAM 修飾前（(a), (d), (g)）, 修飾後（(b), (e), (h)）, および Con A 添加後
　　　　（(c), (f), (i)）の TEM 像（(a), (b), (c)）, 吸収スペクトル（(d), (e), (f)）, 微
　　　　粒子溶液の写真（(g), (h), (i)）

とともに沈澱した。透過型電子顕微鏡（Transmittance Electron Microscope；TEM）像からもわかるように，未修飾金微粒子の状態ではよく分散しており（図4(a)），糖鎖SAM修飾後も若干の凝集はみられるがよく分散している（図4(b)）。Con Aを入れた後は，Con A近傍に糖鎖SAM修飾微粒子が見られるようになっていることがわかる（図4(c)）。

Con Aのかわりに，この糖鎖SAM修飾金微粒子溶液にイヌエンジュレクチンなど，他の糖鎖と結合するレクチンを入れても全く凝集などは起こらない。一方，図4に示したようにCon Aと結合した糖鎖SAM金微粒子は，Con Aよりもより強い親和性を示すα-D-マンノピラノサイド溶液を添加すると，直ちに糖鎖SAM修飾金微粒子の再分散が観察できる（図5）。このように特定のレクチンを認識する糖鎖SAM修飾金微粒子は，少量でも特定レクチンの有無を認識するツールとして使える[11]。

さらに糖鎖SAMを利用したレクチンセンシングを簡便に行うために，金基板に糖鎖SAMを構築した。糖鎖含有アルキルチオール分子にて表面プラズモン共鳴（Surface Plasmon Resonance；SPR）用の金基板上にSAMを形成し，レクチンの吸着量を測定した（図6）。SPRによる糖鎖末端へのレクチンの吸着量の測定は，Biacore T-100（GE Helthcare製）およびDual SPR（メビウスアドバンストテクノロジー社製）を使用した。

糖鎖（マルトシド）末端の分子（MalC$_{12}$SH）を用いてSPR基板上に100％糖鎖SAMとしたときよりも，水酸基末端のアルキルチオール分子を共吸着させ，糖鎖部分の存在割合を少なくした場合の方がCon Aの検出により適することを見出した。実際には，SAM修飾時の溶液内割合で10％程度（実表面上で約30％程度）の糖鎖末端分子（70％は水酸基末端の分子）が存在するようなSAM表面がCon Aの認識に最適であることがわかった（図6）[12]。これはCon Aの吸着には糖鎖周りにある程度のスペースがあった方がよいことを示しており，糖鎖末端を分散させると，解離定数の変化からCon Aが糖と多点結合していることも明らかになり，DNAセンシング

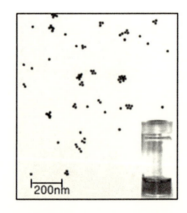

図5[11]　糖鎖SAM修飾金微粒子＋Con A（図4(c)，(f)，(i)）の中に，
α-D-マンノピラノサイドを添加したのちのTEM像
図中の写真は糖鎖SAM修飾金微粒子の再分散溶液。

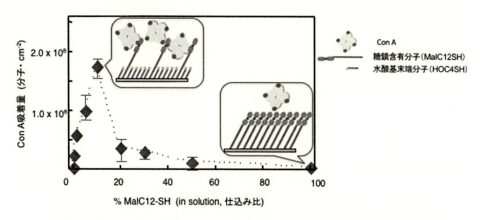

図 6[10)]　糖鎖末端および水酸基末端混合 SAM 修飾金基板上での Con A の吸着量変化
Con A 吸着量は SPR 角度変化の測定結果を吸着分子数に変換したもの。

の場合と同様，レクチン認識の場合も認識部位周辺に適当なスペースが必要であることがわかった。

4　非特異吸着抑制能の重要性と SAM

前節ではレクチンの認識に寄与しない分子として，水酸基末端のアルキルチオールを混合SAM に利用したが，糖鎖-レクチンなどのように，抗原抗体反応よりも弱い結合を利用した分子認識や，雑多なサンプルからごく微量のターゲット分子を検出する場合は，非特異的な吸着（non-specific adsorption）をできるだけ押さえ，ノイズ応答を低くする必要がある。これにも，SAM が役立つ。

タンパク質や細胞の認識基板への非特異吸着を抑えるために，例えば抗原抗体反応を見る際は牛血清アルブミン（Bovine Serum Albumin；BSA）が用いられてきた。活性カルボン酸の表面に抗体を固定化し，その後からBSA などの無関係なタンパク質で抗体周辺を埋める。BSA 自体がタンパク質であること，また牛海綿性脳症（狂牛病，Bovine Spongiform Encephalopathy；BSE）の問題，何よりも非特異吸着抑制能が十分ではないなどの問題もあった。また高分子のPEG（ポリエチレングリコール）類も非特異吸着抑制分子としてよく使われている。検出ターゲット分子を，界面に敏感な SPR 法や電気化学手法等で再現性よく検出するためには，非特異吸着分子もできるだけ低分子で緻密で，かつ高機能なものが望まれ，SAM の持つ性質が十分に期待される。

柔軟性が高く自由に動くことができるトリエチレングリコール（TEG）部分と，緻密な膜を形成する部分（アルキル鎖），金表面に結合するためのチオール基を持つ分子を設計，合成し，SAM 膜を形成，この上でのさまざまな分子量のタンパク質・ペプチドの吸着量を SPR で測定した（図 7）。TEGCnSH 類は緻密な膜を形成するため，分子量の大きいものから小さいペプチド

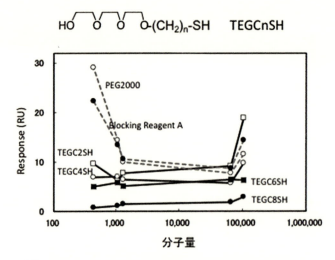

図7[13, 14]　設計, 合成した非特異吸着を抑える分子 TEGCnSH 類（n＝2,
4, 6, 8）と, これを用いた SAM 上での非特異的なタンパク
質（およびペプチド）の吸着応答
縦軸：Response（RU）は Biacore システム（GE ヘルスケア）での
Resonance Unit 単位：1000 RU＝0.1 度の角度シフトに相当する。
PEG2000（分子量 2000, 市販試薬）, Blocking Reagent A（提供試薬）
での結果も表示。

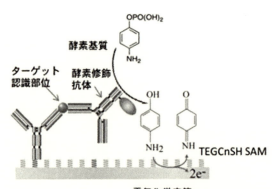

図8[15]　電気化学イムノアッセイの模式図
ターゲット分子を抗体で認識させ, さらに酵素修飾抗体でサンドイッチし,
基質を反応させる。反応後にできた分子（パラアミノフェノール）は
TEGCnSH 膜を通過し, 電極で酸化できる。この電気量でターゲット分子
の濃度を求める。

まで僅か一分子層で完全に吸着を抑えていることがわかる[13,14]。また，市販の PEG2000 等では比較的大きな分子を抑えることはできるが，小さい分子になればなるほど，難しいことがわかる。現在，より小さい非特異吸着抑制分子の考え方はさらに浸透し「吸着防止ポリマー」として大手会社より市販もされている。

　TEGCnSH 分子の SAM は緻密で非特異吸着を抑えることにも優れているが，分子量がさらに小さい化合物（分子量 100 程度）は通すことがわかっており，TEGCnSH の SAM を分子ふるいのように利用して，抗原抗体反応と組み合わせ，電気化学イムノアッセイを行った（図 8）[15]。なお抗体は，カルボキシル基末端のアルキルチオール（HOOCC10SH）を利用して表面に固定しており，TEGCnSH と HOOCC10SH の共吸着 SAM を利用している。

5　おわりに

　自己組織化単分子層（SAM）を利用して生体機能を固体表面に付与できることを，我々の研究結果を例にあげて概説した。生体機能の付与という明確な目的を有する研究には，表面構造を追跡し理解できる SAM であるからこそ，そこで起こる反応を定量的に取り扱うことが可能となる。固体基板（電極）表面近傍での応答を取り扱う，電気化学的手法や各種分光学的手法，走査型プローブ顕微鏡（Scanning Probe Microscope；SPM）や水晶振動子マイクロバランス（Quartz Crystal Microbalance；QCM）などによる高感度で精密な測定が可能となるのも，実は組成と構造がよくわかっている SAM の性質を利用した分子修飾およびその上での生体分子固定やターゲット検出が可能となるためであり，超高分子のままではわからなかった様々なことがわかるようになる。各種測定，検出法のさらなる発展とともに，機能部位のみならず固体基板への接合部（アンカー部位）もさらに自由に選べるようになって，より高度な生体機能付与の研究が進むことを期待したい。

実験項　アルキルチオール分子の金基板上への SAM 構築法

[実験操作][1,3,16,17]

　適当な濃度でアルキルチオール分子を溶かした有機溶液に，十分に洗浄した金基板を室温で浸しておくと，数分〜数時間で分子の吸着が起こる。吸着した分子のアルキル鎖同士の相互作用の結果，高度に配向した単分子層，すなわち SAM が形成する。表面が規則正しい原子配列をもつ Au（111）単結晶基板などの金基板を用いると，SAM も二次元構造を持つことが知られており，Au（111）表面に形成した SAM には数 nm サイズの pit と呼ばれる欠陥や単分子太さの線欠陥（missing row）が含まれていることがわかっている（下図(a)）[16,17]。これらの欠陥の密度は，膜形成時の温度[18]や溶媒[19]によって大きく変化する。修飾時の温度を高くするとドメインの面積が大きくなる。このとき欠陥（pit）の数は減るが，一つあたりの面積は大きくなり，表面積に占

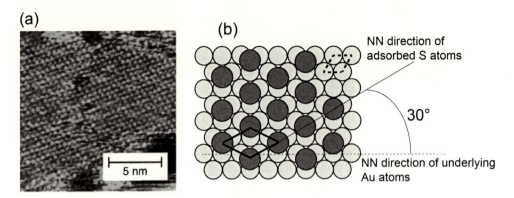

(a) Au（111）単結晶基板上に構築したデカンチオール（C$_{10}$SH）
SAM の STM 像。(b) (a)のモデル図[3, 16, 17]
黄色および赤色の丸はそれぞれ下地の金原子および吸着した C$_{10}$SH 分
子の硫黄原子を，太い点線と実線はそれぞれ金原子および硫黄原子の
単位格子を，細い点線と実線はそれぞれ金原子と硫黄原子の配列の最
近接（NN）方向を表している。

める欠陥の面積の割合は，温度によらずほぼ一定となる。同様の効果が溶媒を変化させた際にも
観察される。飽和吸着のときの SAM の分子配列は，SPM の 1 つである走査型トンネル顕微鏡
（Scanning Tunneling Microscope；STM）観察によって決定されており，最近接（Nearest
Naighbor；NN）の吸着分子間距離は基板表面の金原子間の距離（0.289 nm）の√3 倍に対応し，
分子列の方向が基板金原子の配列方向と 30°ずれていることから，この構造は（√3×√3）*R30°*
構造と呼ばれる（下図(b)）。なお，STM 観察の際の金基板としては，金線をガスバーナーの炎
で溶融することで作成される（111）ファセット面を用いるのが一般的である。また，SAM は
負電位を印加することで電気化学的に還元脱離されるが[20]，そのときの電気量から表面吸着量
が，また還元電流のピーク位置から配向性を評価できる。さらに，正電位の印加により，還元脱
離反応の逆反応により電気化学的に SAM を形成することも可能である[21]。

文　　献

1)　A. Ulman, In An Introduction to Ultrathin Organic Films from Langmuir-Blodgett to Self-
Assembly, Academic Press, New York（1991）

2)　H. O. Finklea, In Electroanalytical Chemistry, A. J. Bard, I. Rubinstein, Eds., Marcel
Dekker, New York, **19**, 109（1996）

3)　T. Kondo, R. Yamada, K. Uosaki, In Organized Organic Ultrathin Films-Fundamentals and Applications, K. Ariga, Ed., Wiley VCH, Weinheim, Chap. 2, p.7 (2012)

4) J. Sagiv, *J. Am. Chem. Soc.*, **102**, 92 (1980)

5) I. Taniguchi, K. Toyosawa, H. Yamaguchi, K. Yasukouchi, *J. Chem. Soc., Chem. Commun.*, 1032 (1982)

6) R. G. Nuzzo, D. L. Allara, *J. Am. Chem. Soc.*, **105**, 4481 (1983)

7) K. Uosaki, T. Kondo, X.-Q. Zhang, M. Yanagida, *J. Am. Chem. Soc.*, **119**, 8367 (1997)

8) M. Yanagida, T. Kanai, X.-Q. Zhang, T. Kondo, K. Uosaki, *Bull. Chem. Soc. Jpn.*, **71**, 2555 (1998)

9) T. Kondo, M. Yanagida, X.-Q. Zhang, K. Uosaki, *Chem. Lett.*, **29**, 964 (2000)

10) K. Ikeda, K. Takahashi, T. Masuda, K. Uosaki, *Angew. Chem. Int. Ed.*, **50**, 1280 (2011)

11) Y. Sato, T. Murakami, K. Yoshioka, O. Niwa, *Anal. Biochem. Chem.*, **391**, 2527 (2008)

12) Y. Sato, K. Yoshioka, T. Murakami, S. Yoshimoto, O. Niwa, *Langmuir*, **28**, 1846 (2012)

13) Y. Sato, K. Yoshioka, M. Tanaka, T. Murakami, M. N. Ishida, O. Niwa, *Chem. Commun.*, 4909 (2008)

14) K. Yoshioka, Y. Sato, M. Tanaka, T. Murakami, O. Niwa, *Anal. Sci.*, **26**, 33 (2010)

15) T. Nishimura, Y. Sato, M. Tanaka, R. Kurita, K. Nakamoto, O. Niwa, *Anal. Sci.*, **27**, 465 (2011)

16) R. Yamada, K. Uosaki, *Langmuir*, **13**, 5218 (1997)

17) R. Yamada, K. Uosaki, *Langmuir*, **14**, 855 (1998)

18) R. Yamada, H. Wano, K. Uosaki, *Langmuir*, **16**, 5523 (2000)

19) R. Yamada, H. Sakai, K. Uosaki, *Chem. Lett.*, **28**, 667 (1999)

20) C. A. Widrig, C. Chung, M. D. Porter, *J. Electroanal. Chem.*, **310**, 335 (1991)

21) K. Uosaki, *Chem. Rec.*, **9**, 199 (2009)

第29章 アスベスト結合ペプチドによる蛍光標識化と ライブセルイメージングによる毒性解析への展開

黒田章夫[*1]，石田丈典[*2]

1 はじめに

我々の身の回りの大気には様々な有害・危険物質が存在する。例えば，肺ガンを引き起こすアスベストや，呼吸器疾患や心疾患による死亡率が高くなると言われている PM2.5 や PM0.1 等がある。また最先端材料であるカーボンナノチューブの一部にもアスベスト様の毒性があることが報告されている。これらの無機物質がどのようにして細胞に影響を与えるかについては，十分な解析が行われているとは言えない。その理由の一つは，無機物質の細胞内挙動を解析するツールが不足していることがあげられる。細胞内の特定の物質の挙動を生きたまま解析するには，蛍光顕微鏡が最適である。しかし，無機物質の多くは可視領域で蛍光を示さない。本書のテーマは「細胞・生体分子の固定化と機能発現」である。そこで本章では，無機物質に結合するペプチドを蛍光で修飾し，固定化することで無機物質を標識する。それをライブセルイメージングに利用することで無機物質の細胞内挙動と毒性を解析するためのツールとして利用する研究を紹介したい。

2 アスベストの問題

本章では毒性のある無機物質としてアスベストを取り上げる。アスベストは繊維状のケイ酸塩鉱物であり，蛇紋石アスベスト（クリソタイル）と角閃石アスベスト（アモサイト，クロシドライト，アクチノライト，アンソフィライト，トレモライト）が存在する。アスベストは，非常に高い引張強度，低い熱伝導率，耐薬品性などの優れた性質を持っていることから建材として広く用いられてきた。一方で，アスベスト繊維は肺に吸引されると肺組織を傷害し，肺がんや胸膜中皮腫などの重篤な健康被害を引き起こすことも分かってきた。そのため，現在ではほとんどの先進国でアスベストの使用が禁止されている。しかし過去に大量に使用されたアスベストが古い建物にとり残されており，その脅威はなくなっていない。例えば，日本では古い建物に約 4,000 万トンのアスベストを含む建材が取り残されている。国交省の調べでは，アスベストを含む建物の数は 250 万棟にも及ぶとされる。アスベストは我々には見えていないだけで，いたるところに存

＊1 Akio Kuroda 広島大学 大学院先端物質科学研究科 分子生命機能科学専攻 教授
＊2 Takenori Ishida 広島大学 大学院先端物質科学研究科 分子生命機能科学専攻 講師

在すると言っても良い。したがって，古い建物が解体される時に，アスベストが大気中に飛散する危険性がある。現在でもアスベストに関連したガンの発症は世界中で増加し続けており，アスベスト問題は深刻な広がりをみせている[1]。

3　アスベスト結合ペプチドと蛍光プローブ

　著者らの専門は，細胞内から無機結合タンパク質／ペプチドを探索して利用することである。その一つとして，アスベスト結合タンパク質を探し出し，蛍光プローブとして利用することでアスベストの検査が可能になる他，本章で述べるアスベストのバイオイメージングにも利用できる。ここでは，どの様にしてアスベスト蛍光プローブを開発したかを述べる。

3.1　無機物質に結合するペプチドの研究

　一部の生物はアパタイトや炭酸カルシウム等の鉱物の形成に関与する。そこでは無機結合タンパク質／ペプチドが関与し，鉱物化（バイオミネラリゼーション）が起こることが知られている。一方，生物では見られない鉱物や人工的な無機材料に対する結合ペプチドは，主にファージディスプレイ法（ファージの外殻タンパク質にランダムなアミノ酸配列を提示させ，そのライブラリーから特定の標的に結合する配列を提示するファージを選択する手法）によって選択されてきた。無機材料を標的にしたペプチドの取得は，進化分子工学が生まれた比較的早い段階から報告されていたが，2000 年に化合物半導体材料であるガリウムヒ素を標的にしたペプチドが創られて以降[2]，ナノテクノロジーの台頭とともに，にわかに注目を集めることとなった。金（Au）をはじめ 10 種類以上の様々な無機物質に対するペプチドアプタマーが選択されている[3]。

3.2　細胞内タンパク質から無機結合タンパク質／ペプチドを選択する

　ファージディスプレイ法によるランダムペプチドからの無機結合ペプチドの取得は成功をおさめていたが，一部には問題も指摘されていた。例えば，ランダムとはいうものの，表示されるペプチドには偏りがあり，塩基性アミノ酸を多く含むペプチドは提示されにくいなどの欠点があった。さらに，結合ペプチドの多くは，μM レベルの結合定数になることも予想できていた。そこで，著者らは，細胞内タンパク質をライブラリーとして，シリコンの粒子に結合するタンパク質を探索した。このタンパク質とシリコン粒子（表面はシリコン酸化膜）の解離定数は，0.5 nM 前後であり，一旦結合するとほとんどシリコン基板から剥がれなかった[4]。それまでシリコン酸化膜に結合することが知られていたポリアルギニン（R9）ペプチドより 100 倍前後強くシリコン基板に結合する。結合タンパク質と目的タンパク質の融合タンパク質として大腸菌内で作る必要があるが，任意の目的タンパク質の活性を保ったままシリコン基板上に固定化することが可能になった[4]。シリコン半導体センサーを全く修飾する必要がなく，目的のタンパク質を容易に配置してバイオセンサーを作り上げることができる[5]。シリコン酸化膜に結合するタンパク質の性

質を調べたところ，様々な金属酸化膜に結合する天然変性タンパク質であることがわかった[4]。天然変性タンパク質とは相手によって自分の形を変えるタンパク質である。シリコン表面に合わせて自分の形を変えて結合すると考えている。このタンパク質はリボソームサブユニットのタンパク質であり，バイオミネラリゼーションとは関連がない。偶然その変性領域がシリコン酸化膜に結合するために適していたと考えられる。

　同様の方法でアスベストに結合するタンパク質を探し出した（図1）。特にアスベストは病気を引き起こす物質なので，細胞の中の何らかのタンパク質とアスベストに相互作用があってもおかしくない。最初にマウスの肺細胞をすりつぶし，そこに含まれるタンパク質とクリソタイルを混合し，クリソタイルを遠心によって沈殿させた。界面活性剤や塩を含む緩衝液で洗浄後，なおもクリソタイルに結合しているタンパク質を SDS-ポリアクリルアミド電気泳動（SDS-PAGE）と質量分析により分析した。アクチンを含めいくつかのタンパク質と結合することがわかった。また細菌の細胞抽出液から，蛇紋石アスベストであるクリソタイルに結合するタンパク質として DksA を，角閃石アスベストに結合するタンパク質として HNS を細胞内から単離して同定することができた[6]。話はそれるが，探索して見つからない場合は，創成しなければならない。著者らは目的の無機結合タンパク質の基になるタンパク質を自然界から選びだし，そこに変異を加えて創成することにした。例えば，氷結合タンパク質は天然の無機結合タンパク質である。それを土台として結合サイトに変異を加えることで新たな無機結合タンパク質を創成することにも成功している[7]。まだ確信できるまでデータが蓄積できているわけではないが，結合力を優先する際には天然変性タンパク質を使うことが良さそうである。一方，特異性を重視する際には，構造のしっかりした土台となるタンパク質を選び，変異を加える方が良いと考えている。

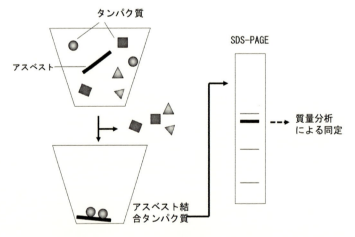

図1　細胞抽出液からアスベスト結合タンパク質を同定するスキーム
細胞質タンパク質ライブラリーにアスベストを加える。遠心操作でアスベストを沈殿させて，結合タンパク質を解析する。

3.3　アスベスト蛍光プローブを使った新しい検査方法

　DksA のクリソタイルに対する特異性は高く単独で十分利用できたが，HNS は角閃石アスベストの他，二酸化チタン繊維，ワラストナイト（ケイ酸カルシウム繊維）などの無機繊維と結合することから特異性が十分ではないことがわかった。そこで，HNS の特異性を向上させるためにアスベストの結合に関与する領域を限定し，その他の領域を取り除くことで非特異結合を減少させることができるのではないかと考えた。アスベストへの結合領域を同定したところ，60〜90番目の領域（HNS_{60-90}）であることが分かり，その領域だけを利用することで特異性を向上させることができた。さらに，ストレプトアビジン（4量体を形成するタンパク質）上に，ビオチンで標識したアスベスト結合ペプチド（HNS_{60-90}）を複数提示することにより，分子全体の結合力を単体と比べて約 250 倍向上させることができた（解離定数は 1 nM）[6]。アスベスト結合タンパク質を蛍光で修飾したプローブを使えば，電子顕微鏡でしか検出できないような細いクリソタイル単繊維も，蛍光顕微鏡を用いて簡便に検出できることが分かっている（図2）。もちろん蛍光顕微鏡も光学顕微鏡であるため，光学的な解像度の限界（200〜250 nm）が存在する。そのため，30〜35 nm の直径のクリソタイル繊維の正確な幅が検出できているわけではないが，暗視野の中で光っているので分解能よりもかなり小さい対象物でもその存在が検出できる蛍光顕微鏡の長所が発揮されている[8]。

　従来のアスベストの検査法では，大気浮遊物をフィルターに捕捉して位相差顕微鏡で観察する。位相差顕微鏡では，アスベストであるかどうかは判定できないため，繊維種の同定は電子顕微鏡を用いて，X 線による元素分析によって行われている。そのため，解体現場のような工期が

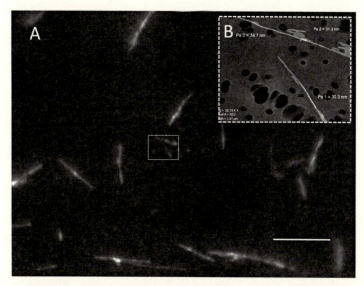

図2　蛍光ペプチド（プローブ）で標識したアスベスト
A：蛍光顕微鏡による観察。スケールは 10 μm。四角で囲んだ部分を電子顕微鏡によって観察した（B）。アスベストの直径は 30 nm であることがわかった。

短い現場では，時間のかかる従来の電子顕微鏡法では対応することが難しかった。アスベスト蛍光プローブを使った検出方法では，大気捕集から検査まで1時間程度で終了することができる。本手法は現場での迅速なアスベスト検出方法として，2017年7月，環境省のアスベスト検査の公定法として採用されている[9]。

4 アスベストの細胞毒性における未解明な問題

アスベストは，肺に吸引されると肺胞に到達し，炎症反応を引き起こすことが知られている。肺胞マクロファージは，呼吸器官に侵入した粒子状物質や微生物を貪食することで除去している。マクロファージは繊維状物質も同様に除去しようとする。5 μm より短い繊維はマクロファージの貪食によって肺から排出されるため，慢性炎症も引き起こさないことが知られている。一方，長い繊維もマクロファージに貪食されるが，細胞よりも大きいため完全に取り込まれず長期間肺に留まることが知られている。不完全な貪食であることから，frustrated phagocytosis と呼ばれている[10]。細胞のアスベスト繊維は，NLRP3 インフラマソームを活性化し，炎症反応の引き金となるインターロイキン1βの成熟化を誘導する[11]。排除されず残存している長いアスベスト繊維は慢性炎症をもたらし，ガンの発症を促進すると考えられている。

frustrated phagocytosis はアスベストの毒性の出発点でもあるが，不明な部分も多い。frustrated phagocytosis は細胞膜を閉じることができず，細胞内容物の漏出をもたらすのではないかと考えられていた[10]。この考えが正しいとすると，frustrated phagocytosis は早期に細胞を死滅させると考えられるが，真相は明らかになっていない。また，アスベストの中には肺から胸膜へ移行し，胸膜中皮腫を引き起こすことが知られている。アスベストを貪食したマクロファージの運動性は，アスベストの肺からの移行に関与していると考えられるが，その動的プロセスもほとんど解明されていないままである。

5 アスベスト蛍光プローブを用いたライブセルイメージングと毒性解析

細胞内のアスベスト繊維については，これまでに透過型電子顕微鏡（TEM）や原子間力顕微鏡（AFM）と軟X線顕微鏡を組み合わせた方法によって分析されている。しかしながら，これらの方法は光学顕微鏡よりも詳細な観察が可能となるが，動的な生物学的プロセスの分析には適していない。Jensen らは，微分干渉光学顕微鏡法を用いて，アスベストの貪食作用の生細胞イメージングを行った[12]。彼らは，分裂溝に捕捉された長い繊維は，立体的に細胞分裂を阻害し，時には二核細胞の形成をもたらすことを見出した[12]。しかしながら，細くて短いアスベスト繊維は，特に細胞内へ取り込まれたときには，位相差顕微鏡では観察することが困難となる。細胞の中まで詳細に生きたままイメージングを実施するためには，蛍光顕微鏡がもっとも適している。そこで，著者らはアスベスト蛍光プローブを用いてアスベストを標識し，マクロファージの貪食過程

におけるアスベストのイメージングを行った。

　蛍光標識するアスベストとして角閃石アスベストであるアモサイトを使用し，アスベスト結合ペプチド（HNS$_{60-90}$）を基に調製したアスベスト蛍光プローブ（HNS$_{60-90}$-Streptavidin-Cy3）で標識を行った。アモサイトのゼータ電位を測定したところ，アスベスト蛍光プローブによる影響はほとんどなかったことから，アスベストの性質を変化させるほどの修飾ではないと判断した。マクロファージは疑わしい粒子状物質を見つけると，フィロポディアと呼ばれる突起状の長い触手を使ってそれらを捕捉し，細胞側に引っ張り込み，内部に取り込んだ後にそれらを破壊する。蛍光標識したアモサイト繊維は，マクロファージのフィロポディアに捕捉され，貪食する様子を観察することができた（図3，4）。約3時間で，ほとんどのアモサイト繊維はマクロファージに貪食され，少なくとも15時間は細胞内に保持されていることが分かった。また，複数のアモサイト繊維を取り込んでいるものも存在したが，興味深いことに，一見正常に分裂する様子が観察できた。これは，アモサイト繊維が細胞内に存在しても，すぐに（少なくとも15時間では）細胞死を引き起さないことを示唆している。さらに，複数のアスベスト繊維を細胞内に保持した

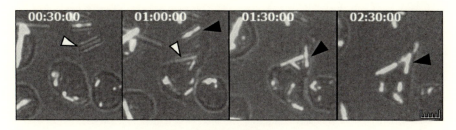

図3　蛍光標識したアスベスト（白矢印，黒矢印）のマクロファージによる貪食

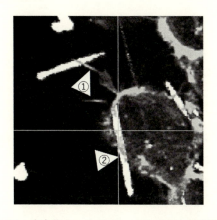

図4　アスベスト貪食後のマクロファージの共焦点蛍光顕微鏡の観察
フィロポディアによりアスベストが捕捉されている様子（矢印①）と細胞の一部を突き抜ける frustrated phagocytosis（矢印②）。蛍光標識したアスベスト，DAPIとアクチン染色（ActinGreen™ 488）を行い，共焦点蛍光顕微鏡を用いて解析。

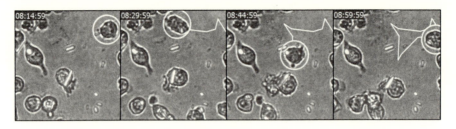

図5　アスベスト繊維を細胞内に保持したマクロファージの移動
丸枠で囲った細胞が，図中の軌跡（白線）のように移動する様子を観察した。

状態でも，マクロファージが運動性を示すことがわかった（図5）。

　マクロファージの中には，10 μm 以上のアモサイト繊維を取り込んでいる frustrated phagocytosis を示すものも観察された（図4）。予想に反し，frustrated phagocytosis が見られても，すぐには細胞死を引き起さないことがわかった。一方，アスベストが引き抜かれることで，細胞死が見られることがあった。連続で観察した結果，1本の長い繊維の両端が2つのマクロファージによって取り込まれたところから始まる。おそらく，長い繊維を同時に2つのマクロファージによって貪食された，または長い繊維が貪食された後，その先端が隣接する細胞に垂直に貫通したことにより起こったと考えられる。この長い繊維を取り込んだ片方の細胞が，もう片方の細胞から繊維を引き出すと，細胞の内容物が漏れ出ることで即時的な死を引き起こす様子をとらえることに成功した。つまり，アスベストを細胞に取り込むことは即時的な細胞死を誘導しないが，細胞からアスベスト繊維が強制的に引き抜かれると即時的な細胞死が起こると考えられた。

6　おわりに

　蛍光タンパク質や生細胞染色剤を用いた蛍光ライブセルイメージングは，実質的な細胞のプロセスを顕微鏡で調べるための幅位広いツールとして活用できる。著者らは，アスベスト蛍光プローブを応用し，アスベスト繊維とマクロファージの相互作用を蛍光顕微鏡と共焦点蛍光顕微鏡を用いて解析を行った。蛍光標識したアスベストを用いた初めての試みによって，アスベスト繊維の細胞内に取り込まれる動的な生物学的プロセスを可視化することができた。

　最も細いクリソタイル単繊維の直径は，約 30～35 nm である。アスベスト蛍光プローブを用いれば，この単繊維を蛍光顕微鏡で検出することができる[8]。近年，生細胞にナノ材料を添加すると，細胞内部にナノ材料が取り込まれる事例が報告されており人体や生体に対する影響が心配されている。現在，ナノ材料の研究開発は活発に行われており，医療・産業など様々な分野において製品化が進められている。蛍光プローブによる可視化技術は，光学顕微鏡では検出できないような PM 0.1 やナノマテリアルの検出にも応用できると考えられる[13]。これらのナノ材料の生

体動態を解析する方法として，本稿で紹介した方法が有効であると考えられる。紙面上紹介できないが，nm サイズの酸化チタンが細胞に取り込まれる様子を蛍光イメージングすることができている。将来の安全・安心社会の構築のために，ナノ材料の動態解析する方法として本技術が貢献できると考えている。

実験項　アスベストの蛍光標識とライブセルイメージング

[実験操作]

　ビオチン修飾したアスベスト結合ペプチド HNS_{60-90} と蛍光修飾ストレプトアビジンと混合しアスベスト蛍光プローブを調製した。具体的には，1 μM の蛍光修飾したストレプトアビジン（Streptavidin-Cy3，Thermo Fisher Scientific 社）と 20 μM のビオチン修飾したアスベスト結合ペプチド HNS_{60-90} を 0.1 M Tris-HCl（pH 8.0）の緩衝液中で混合し，1 時間静置することで，アスベスト蛍光プローブ（HNS_{60-90}-Streptavidin-Cy3）を調製した。100 μg のアモサイトと 20 nM の HNS_{60-90}-Streptavidin-Cy3 を Phosphate Buffer Saline（PBS，ナカライテスク社）で希釈した溶液（0.5 ml）と混合した。1 時間反応後，遠心分離（12,000×g，3 分，4℃）し上清を取り除き，PBS で洗浄した。この洗浄操作を 2 回繰り返した後，遠心分離（12,000×g，3 分，4℃）し，沈殿物を 0.1 ml の PBS で懸濁した。

　35 mm ガラスボトムシャーレ（Greiner Bio-One 社）に，2 ml の DMEM 培地（Thermo Fisher Scientific 社）を添加，RAW264.7 細胞（$2.0×10^5$ cells）を播種し，CO_2 インキュベーター（37℃，5% CO_2）にて培養した。2 日後，培地をアスピレーターで取り除き，2 ml の新しい DMEM 培地を添加した。タイムラプス観察には，ステージトップ型インキュベーター（TOKAI HIT 社）をステージに固定化し蛍光顕微鏡（IX71，OLYMPUS 社）を使用した。上記で調製した RAW264.7 細胞の培養シャーレを，ステージトップ型インキュベーターに設置した。サンプル温度制御にて培地温度が 37℃に設定し，蛍光標識したアモサイト（50 μg/ml）を添加した後，タイムラプス観察（5 分間隔，合計 15 時間）を開始した。画像は，EM-CCD カメラ（浜松ホトニクス社）にて取得した。

文　　　献

1)　B. W. S. Robinson, R. A. Lake. *N. Engl. J. Med.*, **353**, 1591 (2005)

2)　S. R. Whaley *et al.*, *Nature*, **405**, 665 (2000)

3)　M. Sarikaya *et al. Ann. Rev. Mat. Res.*, **34**, 373 (2004)

4)　T. Ikeda, A. Kuroda, *Colloid. Surf. B. Biointerfaces*, **86**, 359 (2011)

5) M. Fukuyama *et al.*, *J. J. A. P.*, **49**, 04DL09 (2010)

6) T. Ishida *et al.*, *PLoS One*, **8**, e76231 (2013)

7) A. Kuroda, T. Ishida, PCT/JP2016/077292 (2016)

8) T. Ishida *et al.*, *J. Fluoresc.*, **22**, 357 (2012)

9) 環境省アスベストモニタリングマニュアル第 4.1 版, p.68 (2017)

10) A. Schinwald, K. Donaldson, *Part. Fibre. Toxicol.*, **9**, 34 (2012)

11) C. Dostert *et al.*, *Science*, **320**, 674 (2008)

12) C. G. Jensen *et al.*, *Carcinogenesis*, **17**, 2013 (1996)

13) A. Kuroda *et al.*, *Biotechnol. J.*, **11**, 757 (2016)

細胞・生体分子の固定化と機能発現

2018 年 4 月 24 日　第 1 刷発行

監　　修　　黒田章夫　　　　　　　　　　　　　　　　　　(T1075)
発 行 者　　辻　賢司
発 行 所　　株式会社シーエムシー出版
　　　　　　東京都千代田区神田錦町 1－17－1
　　　　　　電話 03（3293）7066
　　　　　　大阪市中央区内平野町 1－3－12
　　　　　　電話 06（4794）8234
　　　　　　http://www.cmcbooks.co.jp/
編集担当　　伊藤雅英／仲田祐子

〔印刷　倉敷印刷株式会社〕　　　　　　　　　© A. Kuroda, 2018

ISBN978-4-7813-1326-9　C3045　¥80000E